幾何学入門教室

藤岡敦 著

線形代数から
丁寧に学ぶ

Introduction to Geometry
from Linear Algebra

共立出版

まえがき

　数学は代数学，幾何学，解析学とよばれる3つの分野に大きく分けること
ができる．代数学，幾何学，解析学はそれぞれ数，図形，関数に関わる概念に
ついて研究する分野である．もちろん，このことは数学が上の3つの分野に
完全に分かれることやお互いの分野がまったく無関係に存在していることを
意味しているわけではない．数学で扱われる対象は実にさまざまであり，さ
まざまな対象がお互いに関わりを持っている．

　1872年，フェリックス・クライン (1849–1925) はエルランゲン大学にお
ける教授就任にあたり，エルランゲン目録 (Erlangen program) とよばれる
指針を示し，幾何学を集合とその上に作用する群の組として捉え，群の作用
で不変な集合の性質を研究することが幾何学であるとした．例えば，ユーク
リッド幾何学とは等長変換の作用で不変なユークリッド空間内の図形の性質
を研究する分野であるといえる．

　本書はクラインによる指針にしたがい，幾何学を学ぶにあたって，その入
門となるべき内容を扱ったものであり，筆者が関西大学において過去何年か
にわたって担当してきた授業科目「幾何学概論1」がもとになっている．「幾
何学概論1」が履修対象とする学生はシステム理工学部数学科の2年生と中
学校，高等学校の数学の教育職員免許状の取得を目指す理工系学部の2年生
以降である．また，「幾何学概論1」は数学科向けに開講されている幾何学関
係の授業の中では最初に履修すべき最も易しい科目であり，その先の内容に
ついては他の科目が用意されている．一方，教育職員免許状の取得を目指す
数学科以外の学生に対して期待できる数学的な予備知識は微分積分や線形代
数の初歩であろう．このような背景をもとに，本書は線形代数の初歩を予備
知識として，幾何学と関わりの深い代数的概念である群とその作用について
述べつつ，2次超曲面の分類を最終的な目標とした．なお，線形代数の初歩
については，行列の基本的な演算から対称行列の直交行列による対角化まで

を想定しているが，すべてを予備知識として仮定するのではなく，ところどころ説明を補ったり，例として紹介したりしている．

　本書の構成は以下の5章からなる．まず，第1章，第2章では，準備として，それぞれ集合，写像について，本書を理解する上で必要最低限の内容を扱う．第3章はユークリッド空間の等長変換を扱う．とくに，等長変換を具体的に表す際に現れる直交行列について，その幾何学的な意味を述べる．なお，直交行列の標準形の存在については，1次から3次までの場合について証明を行い，やや発展的な線形代数の内容を必要とする一般の場合は，その存在を事実として認めて用いることとした．第4章は，幾何学と関連の深い群とその作用について述べる．また，群の作用に伴って現れる商空間や軌道に関連して，幾何学のみならず数学全体において重要な概念である同値関係についても扱う．第5章では，複数個の変数についての2次方程式を2次超曲面とよばれるユークリッド空間内の図形として捉える．とくに，群の作用との関係や標準形とよばれる各軌道の代表元を選ぶことについて述べる．

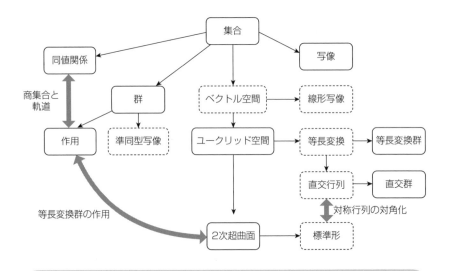

　本書では，線形代数の初歩を予備知識として，幾何学と関わりの深い代数的概念である群とその作用について述べつつ，2次超曲面の分類を行う．

　ここで，幾何学を学ぶための心得について，少し述べておこう．そもそも，幾何学とは図形に関わる概念について研究する分野なので，図を描いて考えることは幾何学を学ぶ上でとても重要なことである．また，図を描くことは考えを整理したり，抽象的な議論を進めたりする際にもとても有効である．一方，命題や定理といった数学的な主張の証明は，公理や定義といったあらかじめ前提とされていることや用語の意味を用いて行われるべきものであり，図を描いたらこんな風になっているから，という具合に行うものではない．また，図というものは紙や黒板といった平面の一部に描かれることがほとんどである．よって，図を描いて考える際には気を付けていないと，自分がたまたま描いた図のもっている特徴や平面の中でしかなりたたないような性質を，いかにも一般になりたつことであるかのように錯覚してしまいかねない．すなわち，幾何学を学ぶ上で，図はあくまでも直感を補うものとして認識し，一般的になりたつ性質は論理的に丁寧に証明して理解することが大切である．したがって，図を描いて考えることは諸刃の剣であることを心得ておくべきであろう．また，幾何学を学ぶからといって，幾何学のみにこだわることも避けた方がよい．始めに述べたように，数学で扱われる対象は実にさまざまであり，さまざまな対象がお互いに関わりを持っている．本書で中心となる主題は幾何学であるとはいえ，線形代数や群といった代数的な概念も多く用いられる．「数学」とは基本的に一つなのであり，始めは無関係に見えた事柄を思いもよらないアイデアで関係付けることも数学の醍醐味の一つである．

　本書は全体の流れを前著『学んで解いて身につける 大学数学 入門教室』（共立出版，2022）に沿ったものとしている．本文中にはところどころ「問」を設けた他，章末にも関連する内容や発展的な内容に関する「章末問題」を設けた．これらの問題については，易しいものには 易，難しいものには 難 の記号を付けた．また，本文の理解のためにとくに重要であると思われるものには 重要，問題の内容や結果を後で用いるものには ✪ の記号を付けた．さらに，章末問題は「標準問題」と「発展問題」の2種類に分けて掲載した．また，詳細な解答も巻末に用意したので，是非活用してほしい．なお，線形代数に関連する「問」については，予備知識として想定していることもあり，重要 の記号は付けていないことが多い．あえて言えば，線形代数は本書や幾何学のみ

ならず，数学のほとんどすべてにおいて重要なのである．

　本書の執筆にあたり，貴重な意見を寄せてくれた関西大学数学教室の同僚諸氏に感謝する．また，共立出版編集部の菅沼正裕氏，松永立樹氏には終始大変お世話になった．この場を借りて心より御礼申し上げたい．

2023 年 11 月　　藤岡　敦

目　次

まえがき　　　　　　　　　　　　　　　　　　　　　　　　iii

第1章　集　合　　　　　　　　　　　　　　　　　　　　1

1.1　集合とベクトル空間 ・・・・・・・・・・・・・・・・・・・・・・　1

　1.1.1　集合の定義と数からなる集合／ 1.1.2　集合の元と数ベクトル空
　間／ 1.1.3　ベクトル空間／ 1.1.4　零ベクトルと逆ベクトル／
　1.1.5　相等関係／ 1.1.6　外延的記法と内包的記法／ 1.1.7　空集合,
　有限集合, 無限集合／ 1.1.8　包含関係／ 1.1.9　ベクトル空間の部分
　空間

1.2　集合の演算 ・・・・・・・・・・・・・・・・・・・・・・・・・・　15

　1.2.1　和, 共通部分, 差／ 1.2.2　和と共通部分に関する基本的性質／
　1.2.3　差に関する基本的性質／ 1.2.4　ド・モルガンの法則／
　1.2.5　ベクトルが生成する部分空間／ 1.2.6　和空間／ 1.2.7　ベクト
　ル空間の直和

　章末問題 ・・・・・・・・・・・・・・・・・・・・・・・・・・・・・　29

第2章　写　像　　　　　　　　　　　　　　　　　　　　33

2.1　写像と線形写像 ・・・・・・・・・・・・・・・・・・・・・・・・　33

　2.1.1　写像の定義と例／ 2.1.2　相等関係／ 2.1.3　直積とグラフ／
　2.1.4　行列の演算／ 2.1.5　線形写像／ 2.1.6　像と逆像／ 2.1.7　線
　形写像の像と核

2.2　合成写像と逆写像 ・・・・・・・・・・・・・・・・・・・・・・・　47

　2.2.1　合成写像／ 2.2.2　全射と単射／ 2.2.3　行列の基本変形と階数
　／ 2.2.4　行列を用いて定められる線形写像／ 2.2.5　逆写像／
　2.2.6　正則行列

章末問題 · 61

第3章 ユークリッド空間の等長変換 65

3.1 直交行列と行列式 · 65
　　3.1.1 直交行列の定義と例／ 3.1.2 置換／ 3.1.3 行列式の定義／
　　3.1.4 行列式の基本的性質／ 3.1.5 積の行列式／ 3.1.6 直交行列の
　　行列式

3.2 ユークリッド空間と等長変換 · · · · · · · · · · · · · · · · 79
　　3.2.1 実ベクトル空間の内積／ 3.2.2 内積空間のノルム／ 3.2.3 基
　　底／ 3.2.4 正規直交基底／ 3.2.5 内積空間の距離／
　　3.2.6 等長変換／ 3.2.7 等長変換の具体的表示

3.3 等長変換の幾何学的意味 · · · · · · · · · · · · · · · · · · 93
　　3.3.1 1 次および 2 次の直交行列／ 3.3.2 固有値と固有ベクトル／
　　3.3.3 3 次の直交行列／ 3.3.4 直交行列の標準形／ 3.3.5 鏡映

章末問題 · 108

第4章 群とその作用 113

4.1 群 · 113
　　4.1.1 クラインのエルランゲン目録／ 4.1.2 群の定義と例／
　　4.1.3 半群とモノイド／ 4.1.4 単位元と逆元／ 4.1.5 群に関する基
　　本的用語／ 4.1.6 部分群／ 4.1.7 部分群となるための条件／
　　4.1.8 準同型写像／ 4.1.9 準同型写像の基本的性質／ 4.1.10 準同
　　型写像の像と核

4.2 同値関係と商集合 · 127
　　4.2.1 二項関係と同値関係／ 4.2.2 同値類／ 4.2.3 商集合／
　　4.2.4 基底変換行列／ 4.2.5 表現行列／ 4.2.6 正方行列の相似関係

4.3 群の作用 · 141
　　4.3.1 作用の定義と例／ 4.3.2 固定部分群／ 4.3.3 円の対称性／
　　4.3.4 三角形の対称性／ 4.3.5 二面体群／ 4.3.6 軌道と軌道分解／
　　4.3.7 軌道の例

章末問題 · 156

第 5 章　2 次超曲面　　　　　　　　　　　　　　　　　　　　161

5.1　2 次超曲面と群の作用・・・・・・・・・・・・・・・・・・・・・・・・　161
5.1.1　2 次方程式の解／ 5.1.2　2 次超曲面の定義と例／ 5.1.3　2 次
超曲面の表示／ 5.1.4　2 次超曲面の変換／ 5.1.5　等長変換群の作用／
5.1.6　直交群の作用／ 5.1.7　対称行列の対角化／ 5.1.8　対称行列が
正則な場合

5.2　2 次超曲面の標準形・・・・・・・・・・・・・・・・・・・・・・・・・・　175
5.2.1　2 次超曲面の中心／ 5.2.2　有心または無心な 2 次曲線の例／
5.2.3　有心または無心な 2 次超曲面の例／ 5.2.4　有心 2 次超曲面の標準
形／ 5.2.5　無心 2 次超曲面の標準形／ 5.2.6　固有または非固有な 2
次超曲面／ 5.2.7　2 次曲線の分類／ 5.2.8　固有な 2 次超曲面の分類／
5.2.9　非固有な 2 次超曲面の分類

章末問題・・・・・・・・・・・・・・・・・・・・・・・・・・・・・・・・・・・　189

あとがき　　　　　　　　　　　　　　　　　　　　　　　　　　　　195

解答例　　　　　　　　　　　　　　　　　　　　　　　　　　　　199

索　引　　　　　　　　　　　　　　　　　　　　　　　　　　　　239

ギリシャ文字

大文字	小文字	読み方	大文字	小文字	読み方
A	α	アルファ	N	ν	ニュー
B	β	ベータ	Ξ	ξ	クサイ（クシー）
Γ	γ	ガンマ	O	o	オミクロン
Δ	δ	デルタ	Π	π, ϖ	パイ（ピー）
E	ϵ, ε	イプシロン（エプシロン）	P	ρ, ϱ	ロー
Z	ζ	ゼータ（ツェータ）	Σ	σ, ς	シグマ
H	η	イータ（エータ）	T	τ	タウ
Θ	θ, ϑ	シータ（テータ）	Υ	υ	ウプシロン（ユープシロン）
I	ι	イオタ（イオータ）	Φ	ϕ, φ	ファイ（フィー）
K	κ	カッパ	X	χ	カイ（クヒー）
Λ	λ	ラムダ	Ψ	ψ	プサイ（プシー）
M	μ	ミュー	Ω	ω	オメガ

第1章

集　合

1.1　集合とベクトル空間

現代数学は集合や写像の概念を用いて記述される．本書においても，それは例外ではない．そこで，本節では集合に関する基本用語を扱うことにする．また，集合の基本的な例であるベクトル空間についても簡単に述べる[1]．

§1.1.1　集合の定義と数からなる集合

集合 (set) とはものの集まりのことである．ただし，ものの集まりといっても，数学では集められるものがはっきりと定まる必要がある．

◇ **例 1.1**（自然数全体の集合 $\mathbf{N}$）　自然数全体の集まりは集合である[2]．自然数全体の集合を $\mathbf{N}$ と表す．これに対して，例えば，かなり大きい自然数全体の集まりは集合とはいわない．「かなり大きい」という言葉の意味が数学的にははっきりしないからである．なお，$\mathbf{N}$ は「自然数」を意味する英単語 "natural number" の頭文字の太文字である．　　　　　　　　　　　　　　　◇

$\mathbf{N}$ 以外にも数学でよく現れる，数からなる集合を挙げておこう．

◇ **例 1.2**（整数全体の集合 $\mathbf{Z}$）　整数全体の集合を $\mathbf{Z}$ と表す．なお，$\mathbf{Z}$ は「数」を意味するドイツ語 "Zahl"（ツァール）の頭文字の太文字である．　　　　　　◇

◇ **例 1.3**（有理数全体の集合 $\mathbf{Q}$）　有理数全体の集合を $\mathbf{Q}$ と表す．$\mathbf{Q}$ は「商」を意味する英単語 "quotient" の頭文字の太文字である．　　　　　　　　　◇

---

[1] 第 1 章，第 2 章は基本的部分において，あとがきの参考文献 [1] 第 1 章，第 2 章と重なる部分が多い．ただし，本書では，第 3 章以降に必要となる事項や線形代数と関わる例などを中心に扱う．

[2] 本書では，自然数は正の整数のことであるとする．

◇ **例 1.4**（実数全体の集合 **R**）　実数全体の集合を **R** と表す．**R** は「実数」を意味する英単語 "real number" の頭文字の太文字である．　　　　　　　　　　◇

◇ **例 1.5**（複素数全体の集合 **C**）　複素数全体の集合を **C** と表す．**C** は「複素数」を意味する英単語 "complex number" の頭文字の太文字である．　　　　　◇

§1.1.2　集合の元と数ベクトル空間 ················· ◇◇◇

A を集合とする．A を構成する 1 つ 1 つのものを A の<ruby>元<rt>げん</rt></ruby> (element) または**要素**という．a が A の元であることを $a \in A$ または $A \ni a$ と表す．a が A の元であることを a は A に**属する** (belong)，a は A に**含まれる** (contained)，または，A は a を**含む** (contain) ともいう．a が A の元でないときは，否定を意味する記号「 $/$ 」を用いて，$a \notin A$ または $A \not\ni a$ と表す．

◇ **例 1.6**（実数ベクトル空間）　n を自然数とする．このことは $n \in \mathbf{N}$ と表すことができる．このとき，実数を成分とする n 次列ベクトル全体の集合を $\mathbf{R}^n$ と表し，これを n **次元実数ベクトル空間** (n-dimensional numerical real vector space) という [3]．

例えば，$\begin{pmatrix} 1 \\ 2 \end{pmatrix} \in \mathbf{R}^2$ である．これを $\mathbf{R}^2 \ni \begin{pmatrix} 1 \\ 2 \end{pmatrix}$ とも表す．しかし，

$\begin{pmatrix} 1 \\ 2 \end{pmatrix} \notin \mathbf{R}^3$ である．これを $\mathbf{R}^3 \not\ni \begin{pmatrix} 1 \\ 2 \end{pmatrix}$ とも表す．　　　　　◇

◇ **例 1.7**（複素数ベクトル空間）　$n \in \mathbf{N}$ とする．このとき，複素数を成分とする n 次列ベクトル全体の集合を $\mathbf{C}^n$ と表し，これを n **次元複素数ベクトル空間** (n-dimensional numerical complex vector space) という．

例えば，$\begin{pmatrix} 1+2i \\ 3 \\ -4i \end{pmatrix} \in \mathbf{C}^3$ である．しかし，$\begin{pmatrix} 1+2i \\ 3 \\ -4i \end{pmatrix} \notin \mathbf{C}^4$ である．ただし，i は虚数単位である．　　　　　　　　　　　　　　　　　　　◇

　実数ベクトル空間，複素数ベクトル空間をあわせて**数ベクトル空間**という．数ベクトル空間は単なる集合としてではなく，和やスカラー倍といった演算を兼ね備えたものとして考えることが多い．簡単のため，本書でよく現れる

---

[3] 実数を成分とする n 次行ベクトル全体の集合を $\mathbf{R}^n$ と定めることもある．例 1.7 の $\mathbf{C}^n$ についても同様である．

実数ベクトル空間 $\mathbf{R}^n$ の場合について述べよう.

まず, x および y を $\mathbf{R}^n$ の元, すなわち, $x, y \in \mathbf{R}^n$ とする. このとき, x, y はある $x_1, x_2, \ldots, x_n, y_1, y_2, \ldots, y_n \in \mathbf{R}$ を用いて,

$$
x = \begin{pmatrix} x_1 \\ x_2 \\ \vdots \\ x_n \end{pmatrix}, \quad y = \begin{pmatrix} y_1 \\ y_2 \\ \vdots \\ y_n \end{pmatrix} \tag{1.1}
$$

と表すことができる. ここで, $\mathbf{R}$ に対しては通常の和が定められていることを用いて, x と y の和 $x + y \in \mathbf{R}^n$ を

$$
x + y = \begin{pmatrix} x_1 + y_1 \\ x_2 + y_2 \\ \vdots \\ x_n + y_n \end{pmatrix} \tag{1.2}
$$

により定める. さらに, $k \in \mathbf{R}$ とし, $\mathbf{R}$ に対しては通常の積が定められていることを用いて, x の k 倍 $kx \in \mathbf{R}^n$ を

$$
kx = \begin{pmatrix} kx_1 \\ kx_2 \\ \vdots \\ kx_n \end{pmatrix} \tag{1.3}
$$

により定める. 数のことをスカラー (scalar) ともいうことから, この演算はスカラー倍とよばれる.

このように定めた $\mathbf{R}^n$ の和とスカラー倍に関して, 次がなりたつ.

> **定理 1.1** $x, y, z \in \mathbf{R}^n$, $k, l \in \mathbf{R}$ とすると, 次の (1)〜(8) がなりたつ.
> (1) $x + y = y + x$. (和の**交換律**:commutative law)
> (2) $(x + y) + z = x + (y + z)$. (和の**結合律**:associative law)
> (3) すべての成分が 0 となる $\mathbf{R}^n$ の元を $\mathbf{0}$ とおくと, 任意の x に対して, $x + \mathbf{0} = \mathbf{0} + x = x$ となる. この $\mathbf{0}$ を**零ベクトル** (zero vector) という.

(4) $k(l\boldsymbol{x}) = (kl)\boldsymbol{x}$. （スカラー倍の**結合律**）

(5) $(k+l)\boldsymbol{x} = k\boldsymbol{x} + l\boldsymbol{x}$. （**分配律**：distributive law）

(6) $k(\boldsymbol{x} + \boldsymbol{y}) = k\boldsymbol{x} + k\boldsymbol{y}$. （**分配律**）

(7) $1\boldsymbol{x} = \boldsymbol{x}$.

(8) $0\boldsymbol{x} = \boldsymbol{0}$.

【証明】 (1) のみ示し，(2)〜(8) の証明は問 1.1 とする.

(1) $\boldsymbol{x}, \boldsymbol{y}$ を (1.1) のように表しておく．**R** に対する和については交換律がなりたつ
ことに注意すると，和の定義 (1.2) より，

$$\boldsymbol{x} + \boldsymbol{y} = \begin{pmatrix} x_1 + y_1 \\ x_2 + y_2 \\ \vdots \\ x_n + y_n \end{pmatrix} = \begin{pmatrix} y_1 + x_1 \\ y_2 + x_2 \\ \vdots \\ y_n + x_n \end{pmatrix} = \boldsymbol{y} + \boldsymbol{x} \tag{1.4}$$

となる．よって，(1) がなりたつ. □

$\boxed{\text{問 1.1}}$ (1) 定理 1.1 (2) を示せ. 易 (2) 定理 1.1 (3) を示せ. 易
(3) 定理 1.1 (4) を示せ. 易 (4) 定理 1.1 (5) を示せ. 易
(5) 定理 1.1 (6) を示せ. 易 (6) 定理 1.1 (7)，(8) を示せ. 易

§1.1.3 ベクトル空間 ···◇◇◇

実数ベクトル空間のみたす基本的性質 定理 1.1 をもとに，**R** 上のベクトル
空間とよばれる和とスカラー倍といった演算を兼ね備えた集合が次のように
定められる.

定義 1.1 V を集合とし，$\boldsymbol{x}, \boldsymbol{y} \in V$, $k \in \mathbf{R}$ に対して，$\boldsymbol{x}$ と $\boldsymbol{y}$ の和 $\boldsymbol{x}+\boldsymbol{y} \in V$
および $\boldsymbol{x}$ の k 倍 $k\boldsymbol{x} \in V$ が定められているとする．$\boldsymbol{x}, \boldsymbol{y}, \boldsymbol{z} \in V$, $k, l \in \mathbf{R}$
とすると，次の (1)〜(8) がなりたつとき，V を **R 上** (over **R**) の**ベクト
ル空間** (vector space) または**線形空間** (linear space) という．また，V の
元を**ベクトル** (vector) ともいう.

(1) $\boldsymbol{x} + \boldsymbol{y} = \boldsymbol{y} + \boldsymbol{x}$. （和の**交換律**）

(2) $(\boldsymbol{x} + \boldsymbol{y}) + \boldsymbol{z} = \boldsymbol{x} + (\boldsymbol{y} + \boldsymbol{z})$. （和の**結合律**）

(3) ある特別な元 $\boldsymbol{0} \in V$ が存在し[4)]，任意の $\boldsymbol{x}$ に対して，$\boldsymbol{x}+\boldsymbol{0} = \boldsymbol{0}+\boldsymbol{x} = \boldsymbol{x}$
となる．この $\boldsymbol{0}$ を**零ベクトル**という.

(4) $k(l\boldsymbol{x}) = (kl)\boldsymbol{x}$. （スカラー倍の**結合律**）

(5) $(k+l)\boldsymbol{x} = k\boldsymbol{x} + l\boldsymbol{x}$. （**分配律**）

(6) $k(\boldsymbol{x} + \boldsymbol{y}) = k\boldsymbol{x} + k\boldsymbol{y}$. （**分配律**）

(7) $1\boldsymbol{x} = \boldsymbol{x}$.

(8) $0\boldsymbol{x} = \boldsymbol{0}$.

！注意 1.1　定義 1.1 において，条件 (2) より，$(\boldsymbol{x} + \boldsymbol{y}) + \boldsymbol{z}$ および $\boldsymbol{x} + (\boldsymbol{y} + \boldsymbol{z})$ は，通常の数の和と同様に，ともに $\boldsymbol{x} + \boldsymbol{y} + \boldsymbol{z}$ と書いても構わない．また，$\mathbf{R}$ とした部分をすべて $\mathbf{C}$ に置き換えると，$\mathbf{C}$ 上のベクトル空間の定義が得られる．

◇ 例 1.8　実数ベクトル空間 $\mathbf{R}^n$ は $\mathbf{R}$ 上のベクトル空間であり，その零ベクトル $\boldsymbol{0}$ は定理 1.1 (3) で定めたものに他ならない．同様に，複素数ベクトル空間 $\mathbf{C}^n$ は $\mathbf{C}$ 上のベクトル空間となる．　　　　　　　　　　　　　　　　　　　　◇

◇ 例 1.9（零空間）　定義 1.1 の条件 (3) より，ベクトル空間は零ベクトルを元として必ず含むが，零ベクトルのみからなる $\mathbf{R}$ 上または $\mathbf{C}$ 上のベクトル空間 $\{\boldsymbol{0}\}$ を考えることができる．実際，和やスカラー倍はすべて零ベクトルになると定めればよいからである．ベクトル空間 $\{\boldsymbol{0}\}$ を**零空間** (null space) という．　　◇

　$m, n \in \mathbf{N}$ に対して，m 行 n 列の実行列[5] 全体の集合を $M_{m,n}(\mathbf{R})$ と表すことにする．とくに，例 1.6 より，$M_{m,1}(\mathbf{R})$ は $\mathbf{R}^m$ のことに他ならない．また，n 次実行列[6] 全体の集合は $M_n(\mathbf{R})$ とも表す．

　$A, B \in M_{m,n}(\mathbf{R})$ とし[7]，A, B の (i,j) 成分[8] をそれぞれ $a_{ij} \in \mathbf{R}$, $b_{ij} \in \mathbf{R}$ とする．このとき，

$$A = (a_{ij})_{m \times n}, \quad B = (b_{ij})_{m \times n} \tag{1.5}$$

と表す．ここで，$\mathbf{R}$ に対しては通常の和が定められていることを用いて，A と B の和 $A + B \in M_{m,n}(\mathbf{R})$ を

$$A + B = (a_{ij} + b_{ij})_{m \times n} \tag{1.6}$$

---

[4] とくに，V は空ではない §1.1.7．

[5] 実数を成分とする行列のことである．一方，複素数を成分とする行列を複素行列という．

[6] n 行 n 列の実行例を n 次実正方行列，または，n 次実行例という．

[7] A, B といった記号は集合に対しても行列に対してもよく用いられるが，混乱しないように気を付けよう．

[8] i は添字としても虚数単位としても用いられるが，混乱しないように気を付けよう．

により定める．$n=1$ のときは，この演算は実数ベクトル空間 $\mathbf{R}^m$ の和に他ならない (1.2)．さらに，$k \in \mathbf{R}$ とし，$\mathbf{R}$ に対しては通常の積が定められていることを用いて，A の k 倍 $kA \in M_{m,n}(\mathbf{R})$ を

$$kA = (ka_{ij})_{m \times n} \tag{1.7}$$

により定める．$n=1$ のときは，この演算は実数ベクトル空間 $\mathbf{R}^m$ のスカラー倍に他ならない (1.3)．

例題 1.1　次の計算をせよ．

$$\begin{pmatrix} 0 & -2 \\ 1 & -1 \\ 2 & 0 \end{pmatrix} + 3\begin{pmatrix} 4 & 6 \\ 5 & 5 \\ 6 & 4 \end{pmatrix}. \tag{1.8}$$

解説　和およびスカラーの定義 (1.6)，(1.7) を用いて計算すると，

$$\begin{pmatrix} 0 & -2 \\ 1 & -1 \\ 2 & 0 \end{pmatrix} + 3\begin{pmatrix} 4 & 6 \\ 5 & 5 \\ 6 & 4 \end{pmatrix} = \begin{pmatrix} 0 & -2 \\ 1 & -1 \\ 2 & 0 \end{pmatrix} + \begin{pmatrix} 3\cdot4 & 3\cdot6 \\ 3\cdot5 & 3\cdot5 \\ 3\cdot6 & 3\cdot4 \end{pmatrix}$$

$$= \begin{pmatrix} 0 & -2 \\ 1 & -1 \\ 2 & 0 \end{pmatrix} + \begin{pmatrix} 12 & 18 \\ 15 & 15 \\ 18 & 12 \end{pmatrix} = \begin{pmatrix} 0+12 & -2+18 \\ 1+15 & -1+15 \\ 2+18 & 0+12 \end{pmatrix} = \begin{pmatrix} 12 & 16 \\ 16 & 14 \\ 20 & 12 \end{pmatrix} \tag{1.9}$$

である．　　　□

問 1.2　次の計算をせよ．🅔

$$3\begin{pmatrix} 4 & 5 & 6 \\ 6 & 5 & 4 \end{pmatrix} + \begin{pmatrix} 0 & 1 & 2 \\ -2 & -1 & 0 \end{pmatrix}. \tag{1.10}$$

(1.6)，(1.7) のように行列の和とスカラー倍を定めると，次がなりたつ．

∥ **定理 1.2** $M_{m,n}(\mathbf{R})$ は $\mathbf{R}$ 上のベクトル空間である.

【証明】 $M_{m,n}(\mathbf{R})$ がベクトル空間の定義 定義 1.1 の条件 (1)〜(8) をみたすことを示せばよいが,基本的な考え方は定理 1.1 の証明と同様である.ここでは,条件 (1) をみたすことと条件 (3) についての証明の方針のみ示し,その他についての証明は問 1.3 とする.

条件 (1) $A = (a_{ij})_{m \times n}, B = (b_{ij})_{m \times n} \in M_{m,n}(\mathbf{R})$ とすると,和の定義 (1.6) より,

$$A + B = (a_{ij} + b_{ij})_{m \times n} = (b_{ij} + a_{ij})_{m \times n} = B + A \tag{1.11}$$

となる.よって,$M_{m,n}(\mathbf{R})$ は条件 (1) をみたす.

条件 (3) の方針　すべての成分が 0 の m 行 n 列の行列を $O_{m,n}$ と表すことにすると,$O_{m,n} \in M_{m,n}(\mathbf{R})$ である.$O_{m,n}$ を**零行列** (zero matrix) という.$O_{m,n}$ が $M_{m,n}(\mathbf{R})$ の零ベクトルであることを示す. □

✏ **注意 1.2** $m, n \in \mathbf{N}$ に対して,m 行 n 列の複素行列全体の集合を $M_{m,n}(\mathbf{C})$ と表すと,定理 1.2 と同様に,$M_{m,n}(\mathbf{C})$ は $\mathbf{C}$ 上のベクトル空間となる.

| 問 1.3 | $M_{m,n}(\mathbf{R})$ について,次の問に答えよ. 🎴

(1) $M_{m,n}(\mathbf{R})$ はベクトル空間の定義 定義 1.1 の条件 (2) をみたすことを示せ.

(2) $O_{m,n}$ は $M_{m,n}(\mathbf{R})$ の零ベクトルであることをを示せ.

(3) $M_{m,n}(\mathbf{R})$ はベクトル空間の定義 定義 1.1 の条件 (4) をみたすことを示せ.

(4) $M_{m,n}(\mathbf{R})$ はベクトル空間の定義 定義 1.1 の条件 (5) をみたすことを示せ.

(5) $M_{m,n}(\mathbf{R})$ はベクトル空間の定義 定義 1.1 の条件 (6) をみたすことを示せ.

(6) $M_{m,n}(\mathbf{R})$ はベクトル空間の定義 定義 1.1 の条件 (7), (8) をみたすことを示せ.

§1.1.4　零ベクトルと逆ベクトル ·····························◇◇◇

ここで,ベクトル空間の定義 定義 1.1 から導かれる基本的な事実をいくつか述べておこう.

∥ **定理 1.3**　ベクトル空間 [9] の零ベクトルは一意的である.

【証明】 V をベクトル空間とし,$\mathbf{0}, \mathbf{0}'$ をともに V の零ベクトルとする.このとき,

$$\mathbf{0} = \mathbf{0} + \mathbf{0}' = \mathbf{0}' \tag{1.12}$$

である.ただし,1 つめの等号では $\mathbf{0}'$ を零ベクトルとみなし,2 つめの等号では $\mathbf{0}$

---

[9] このベクトル空間は $\mathbf{R}$ 上のものでも $\mathbf{C}$ 上のものでもよい.このようなときには単に「ベクトル空間」と書くことにする.

を零ベクトルとみなし，定義 1.1 の条件 (3) を用いた．よって，$\boldsymbol{0} = \boldsymbol{0}'$ となり，零ベクトルは一意的である． $\square$

次に，逆ベクトルについて述べよう．

定義 1.2 V をベクトル空間とし，$\boldsymbol{x} \in V$ とする．このとき，

$$\boldsymbol{x} + \boldsymbol{x}' = \boldsymbol{0} \tag{1.13}$$

をみたす $\boldsymbol{x}' \in V$ を $\boldsymbol{x}$ の**逆ベクトル** (opposite vector) という．

逆ベクトルに関して，次がなりたつ．

定理 1.4 V をベクトル空間とすると，任意の $\boldsymbol{x} \in V$ に対して，$\boldsymbol{x}$ の逆ベクトルが一意的に存在する．

【証明】 逆ベクトルの存在のみ示し，一意性の証明は問 1.4 とする．
逆ベクトルの存在 ベクトル空間の定義 定義 1.1 の条件を適宜用いると，

$$\boldsymbol{x} + (-1)\boldsymbol{x} = 1\boldsymbol{x} + (-1)\boldsymbol{x} = \{1 + (-1)\}\boldsymbol{x} = 0\boldsymbol{x} = \boldsymbol{0} \tag{1.14}$$

となる．よって，定義 1.2 より，$(-1)\boldsymbol{x}$ は $\boldsymbol{x}$ の逆ベクトルである． $\square$

✏注意 1.3 通常の数の演算の場合と同様に，ベクトル $\boldsymbol{x}$ の逆ベクトルを $-\boldsymbol{x}$ と表す．さらに，$\boldsymbol{x} + (-\boldsymbol{y})$ を $\boldsymbol{x} - \boldsymbol{y}$ と表す．

問 1.4 定理 1.4 において，逆ベクトルの一意性を示せ．

問 1.5 V を $\mathbf{R}$ 上のベクトル空間，$\boldsymbol{0}$ を V の零ベクトルとする．このとき，任意の $k \in \mathbf{R}$ に対して，$k\boldsymbol{0} = \boldsymbol{0}$ であることを示せ．✪

補足 同様に，V を $\mathbf{C}$ 上のベクトル空間，$\boldsymbol{0}$ を V の零ベクトルとすると，任意の $k \in \mathbf{C}$ に対して，$k\boldsymbol{0} = \boldsymbol{0}$ である．

§1.1.5 相等関係 ◆◆◆

2 つの集合が等しいという関係，すなわち，**相等関係** (identity relation) について述べておこう．A, B を集合とする．A のどの元も B に含まれ，B のどの元も A に含まれるとき，すなわち，$x \in A$ ならば $x \in B$ となり，$x \in B$ ならば $x \in A$ となるとき，$A = B$ と表し，A と B は**等しい** (equal)，また

は，A は B と**等しい**という．また，A と B が等しくないとき，すなわち，$A = B$ でないときは $A \neq B$ と表す．$A = B$ でないとは，$x \in A$ であるが $x \notin B$ となる x が存在するか，または，$x \in B$ であるが $x \notin A$ となる x が存在することである．

◇ **例 1.10** A を素数ではない正の偶数全体の集合，B を 2 より大きい偶数全体の集合とする．このとき，$A = B$ である． ◇

◇ **例 1.11** $m, n \in \mathbf{N}$ とし，すべての成分が虚数単位 i の m 行 n 列の行列を A とおく．このとき，$A \in M_{m,n}(\mathbf{C})$ であるが，$A \notin M_{m,n}(\mathbf{R})$ である．よって，$M_{m,n}(\mathbf{R}) \neq M_{m,n}(\mathbf{C})$ である． ◇

§1.1.6　外延的記法と内包的記法 ·····················◇◇◇

集合を表すには構成するすべての元を中括弧{ } の中に書き並べる方法が 1 つに挙げられる．これを**外延的記法** (roster notation) という．外延的記法においては，書き並べる元の順序は替えてもよいし，同じ元を複数回書き並べてもよい．

◇ **例 1.12** 1 と 2 からなる集合は $\{1, 2\}$，$\{2, 1\}$，$\{1, 1, 2\}$ などと表すことができる． ◇

問 1.6 10 以下の素数全体の集合を外延的記法により表せ．🈓

自然数全体の集合 $\mathbf{N}$ の元を完全に書き尽くすことはできないが，

$$\{1, 2, 3, \dots\} \tag{1.15}$$

と表される集合は $\mathbf{N}$ と等しいと推察することができる．よって，(1.15) は $\mathbf{N}$ の外延的記法による表し方であるといえる．しかし，このような表し方は誤解が生じる恐れもある．また，100 個や 1000 個といった多くの元からなる集合に対しても，外延的記法はあまり向かない．そこで，集合を表すもう 1 つの方法として**内包的記法** (set-builder notation) が挙げられる．これはある条件 C をみたすもの全体の集合を

$$\{x \mid x \text{ は条件 } C \text{ をみたす}\} \tag{1.16}$$

のように表す方法である．「$\mid$」の部分は代わりにコロン「$:$」やセミコロン

「;」を用いることもある．また，集合 A の元であり，さらに条件 C をみた
すもの全体の集合は

$$\{x \mid x \in A, \, x \text{ は条件 } C \text{ をみたす} \} \tag{1.17}$$

と表すことができるが，これを

$$\{x \in A \mid x \text{ は条件 } C \text{ をみたす} \} \tag{1.18}$$

とも表す．

◇ **例 1.13**　負の整数全体の集合は

$$\{n \mid n \in \mathbf{Z}, \, n < 0\} \tag{1.19}$$

または

$$\{n \in \mathbf{Z} \mid n < 0\} \tag{1.20}$$

と表すことができる．　　　　　　　　　　　　　　　　　　　　　◇

§1.1.7　空集合，有限集合，無限集合 ‥‥‥‥‥‥‥‥‥◇◇◇

　元を 1 つも含まない集合も考え，これを**空** (empty) であるという．空であ
る集合，すなわち，**空集合** (empty set) は外延的記法では { } と表すことが
できるが，$\emptyset$ と表すことが多い．

◇ **例 1.14**　x の 2 次方程式

$$x^2 = 2 \tag{1.21}$$

の解は実数の範囲では存在し，$x = \pm\sqrt{2}$ であるが，有理数の範囲では存在しない．
よって，

$$\{x \in \mathbf{R} \mid x^2 = 2\} = \{\pm\sqrt{2}\} \tag{1.22}$$

であるが，

$$\{x \in \mathbf{Q} \mid x^2 = 2\} = \emptyset \tag{1.23}$$

である．ただし，集合 $\{\sqrt{2}, \, -\sqrt{2}\}$ を簡単に $\{\pm\sqrt{2}\}$ と表した．　　　◇

　元を有限個しか含まない，すなわち，元の個数がある $n \in \mathbf{N}$ を用いて n 個
となる集合と空集合 $\emptyset$ をあわせて**有限集合** (finite set) という．有限集合でな

い集合を**無限集合** (infinite set) という.

◇ **例 1.15**　集合

$$\{n \in \mathbf{N} \mid n \le 100\} \tag{1.24}$$

は 100 個の元からなる有限集合である. 一方, 集合

$$\{n \in \mathbf{Z} \mid n \le 100\} \tag{1.25}$$

は無限集合である.　　　　　　　　　　　　　　　　　　　　　　◇

§1.1.8　包含関係 ···◇◇◇

　2 つの集合に対して, 次のように含む, あるいは, 含まれないという関係, すなわち, **包含関係** (inclusion relation) というものを考えることができる. A, B を集合とする. A のどの元も B に含まれるとき, すなわち, $x \in A$ ならば $x \in B$ となるとき, $A \subset B$ または $B \supset A$ と表し, A を B の**部分集合** (subset) という. このとき, A は B に**含まれる** (included), または, B は A を**含む** (include) ともいう. ただし, 空集合は任意の集合の部分集合とみなす. すなわち, A がどのような集合であろうとも, $\emptyset \subset A$ である. また, $A \subset B$ でないときは $A \not\subset B$ または $B \not\supset A$ と表す. $A \subset B$ でないとは, $x \in A$ であるが $x \notin B$ となる x が存在することである. なお, $A \subset B$, $A \ne B$ のときは $A \subsetneq B$ または $B \supsetneq A$ とも表し, A を B の**真部分集合** (proper subset) という.

　包含関係は集合を丸などで囲まれた領域として表した, **オイラー図** (Euler diagram) という図を描いて説明することができる (図 1.1).

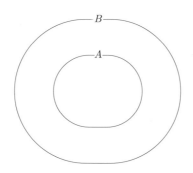

図 1.1　オイラー図による包含関係の説明

◇ **例 1.16** $m, n \in \mathbf{N}$ とすると，$M_{m,n}(\mathbf{R}) \subset M_{m,n}(\mathbf{C})$ である．さらに，$M_{m,n}(\mathbf{R}) \subsetneq M_{m,n}(\mathbf{C})$ と表すこともできる．   ◇

包含関係に関して，次がなりたつ．

定理 1.5 A, B, C を集合とすると，次の (1)〜(3) がなりたつ．
 (1) $A \subset A$.
 (2) $A \subset B$, $B \subset A$ ならば，$A = B$.
 (3) $A \subset B$, $B \subset C$ ならば，$A \subset C$（図 1.2）.

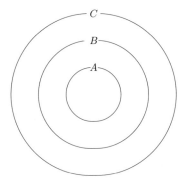

図 1.2 $A \subset B$, $B \subset C \Rightarrow A \subset C^{10)}$

【証明】 (1), (2) を示し，(3) の証明は問 1.7 とする．
(1) $x \in A$ ならば，$x \in A$ である．よって，包含関係の定義より，$A \subset A$ である．
(2) $A \subset B$ および包含関係の定義より，$x \in A$ ならば $x \in B$ である．また，$B \subset A$ および包含関係の定義より，$x \in B$ ならば $x \in A$ である．よって，集合の相等関係の定義 §1.1.5 より，$A = B$ である．   □

問 1.7   定理 1.5 (3) を示せ．

§1.1.9   ベクトル空間の部分空間 ·······················◇◇◇
ベクトル空間の部分集合を考える際には，単なる部分集合ではなく，次に

---

10) 記号「⇒」は「ならば」という意味を表す．

定めるようなそれ自身がベクトル空間となるようなものを考えることが多い.

定義 1.3　V をベクトル空間, W を V の部分集合とする. W が V の和およびスカラー倍により, ベクトル空間となるとき, W を V の**部分空間** (subspace) という.

注意 1.4　定義 1.3 において, W が V の部分空間のとき, W の零ベクトルは V の零ベクトルである. 実際, $\boldsymbol{x} \in W$ とし [11], $\boldsymbol{0}$ を V の零ベクトルとすると, 定義 1.1 の条件 (8) より,

$$\boldsymbol{0} = 0\boldsymbol{x} \in W \tag{1.26}$$

となり, さらに, 定義 1.1 の条件 (3) より, $\boldsymbol{0}$ は W の零ベクトルとなるからである. このことから, ベクトル空間 V の零ベクトルと V の部分空間 W の零ベクトルを, 区別せず $\boldsymbol{0}$ と書いてもよいことがわかる.

ベクトル空間の部分集合が部分空間となるためには, 定義 1.1 の条件 (1)〜(8) をすべてみたさなければならないが, 実は, 次の定理の 3 つの条件のみから, これらすべての条件を導くことができる. なお, 簡単のため, $\mathbf{R}$ 上のベクトル空間の場合を述べるが, $\mathbf{C}$ 上のベクトル空間の場合も同様である.

定理 1.6　V を $\mathbf{R}$ 上のベクトル空間, W を V の部分集合とする. W が V の部分空間であることと, 次の条件 (a)〜(c) がなりたつことは同値である.

　　　　(a) $\boldsymbol{0} \in W$.

　　　　(b) $\boldsymbol{x}, \boldsymbol{y} \in W$ ならば, $\boldsymbol{x} + \boldsymbol{y} \in W$.

　　　　(c) $\boldsymbol{x} \in W$, $k \in \mathbf{R}$ ならば, $k\boldsymbol{x} \in W$.

【証明】　まず, W が V の部分空間ならば, 注意 1.4 および部分空間の定義 定義 1.3 より, 条件 (a)〜(c) がなりたつ.

次に, W が条件 (a)〜(c) をみたすとする. このとき, 条件 (b), (c) より, V の和およびスカラー倍はそれぞれ W の和およびスカラー倍を定めることに注意する. ここで, V は定義 1.1 の条件 (1), (2), (4)〜(7) をみたすので, W も定義 1.1 の条件 (1), (2), (4)〜(7) をみたす. 次に, (a) より, $\boldsymbol{0} \in W$ である. また, $\boldsymbol{0}$ は V の零ベクトルであり, V は定義 1.1 の条件 (3) をみたす. よって, $\boldsymbol{0}$ は W の零ベ

---

[11] 例えば, $\boldsymbol{x}$ として, W の零ベクトルを選ぶことができる.

クトルとなり，W は定義 1.1 の条件 (3) をみたす．さらに，V は定義 1.1 の条件 (8) をみたし，$\mathbf{0}$ は W の零ベクトルでもあるので，W は定義 1.1 の条件 (8) をみたす．したがって，W は V の部分空間である．

以上より，W が V の部分空間であることと，条件 (a)〜(c) がなりたつことは同値である． $\square$

部分空間の例について考えよう．

◇ **例 1.17** V をベクトル空間とする．このとき，V および零空間 $\{\mathbf{0}\}$ は V の和およびスカラー倍により，ベクトル空間となる．よって，V および $\{\mathbf{0}\}$ はともに V の部分空間である． ◇

◇ **例 1.18**（連立 1 次方程式） 簡単のため，数を実数の範囲で考えよう．まず，n 個の未知変数 $x_1, x_2, \ldots, x_n$ についての連立 1 次方程式は定数 $a_{11}, a_{12}, \ldots, a_{mn}, b_1, b_2, \ldots, b_m \in \mathbf{R}$ を用いて，

$$\begin{cases} a_{11}x_1 + a_{12}x_2 + \cdots + a_{1n}x_n = b_1, \\ a_{21}x_1 + a_{22}x_2 + \cdots + a_{2n}x_n = b_2, \\ \qquad\qquad\qquad\vdots \\ a_{m1}x_1 + a_{m2}x_2 + \cdots + a_{mn}x_n = b_m \end{cases} \tag{1.27}$$

と表すことができる．とくに，

$$b_1 = b_2 = \cdots = b_m = 0 \tag{1.28}$$

のとき，連立 1 次方程式 (1.27) は**同次** (homogeneous) または**斉次**であるという．実は，$\mathbf{R}^n$ の部分空間はある同次連立 1 次方程式の解全体の集合として表されることが分かる． ◇

次の問 1.8 で定める $\mathbf{R}^2$ の部分集合は例 1.18 で述べた事実を認めれば，ただちに部分空間ではないことが分かるが，定理 1.6 の条件 (a)〜(c) のいずれかがなりたたないことを確かめてみよう．

$\boxed{\text{問 1.8}}$ 次の (1)〜(3) により定めた $\mathbf{R}^2$ の部分集合 W が定理 1.6 の条件 (a)〜(c) をみたすかどうかを調べよ．

(1) $W = \left\{ \begin{pmatrix} x_1 \\ x_2 \end{pmatrix} \in \mathbf{R}^2 \,\middle|\, x_1 + x_2 = 1 \right\}.$

(2) $W = \left\{ \begin{pmatrix} x_1 \\ x_2 \end{pmatrix} \in \mathbf{R}^2 \ \middle| \ x_1 x_2 = 0 \right\}.$

(3) $W = \left\{ \begin{pmatrix} x_1 \\ x_2 \end{pmatrix} \in \mathbf{R}^2 \ \middle| \ x_1 \geq 0 \right\}.$

本節のまとめ

- ☑ 集合とはものの集まりである．§1.1.1
- ☑ 自然数全体の集合を $\mathbf{N}$，整数全体の集合を $\mathbf{Z}$，有理数全体の集合を $\mathbf{Q}$，実数全体の集合を $\mathbf{R}$，複素数全体の集合を $\mathbf{C}$ と表す．§1.1.1
- ☑ 集合を構成する 1 つ 1 つのものを元という．§1.1.2
- ☑ ベクトル空間は和とスカラー倍が定められた集合である．§1.1.3
- ☑ ベクトル空間の例として，数ベクトル空間，零空間，行列からなるベクトル空間が挙げられる．§1.1.2 §1.1.3
- ☑ ベクトル空間の零ベクトルやベクトルに対する逆ベクトルは一意的である．定理 1.3 定理 1.4
- ☑ 2 つの集合に対して，相等関係を考えることができる．§1.1.5
- ☑ 集合を表す方法として，外延的記法や内包的記法が挙げられる．§1.1.6
- ☑ 元を 1 つも含まない集合を空集合という．§1.1.7
- ☑ 集合は有限集合と無限集合に分けることができる．§1.1.7
- ☑ 2 つの集合に対して，包含関係を考えることができる．§1.1.8
- ☑ ベクトル空間に対しては，部分空間とよばれる特別な部分集合を考えることができる．§1.1.9

1.2 集合の演算

集合に対して，いろいろな演算を考えることができる．すなわち，いくつかの集合から新たな集合を定めることができる．本節では，2 つの集合に対して，和，共通部分，差といった演算を定め，それらの演算に関する基本的性質を扱う．また，線形代数に関連して，ベクトルが生成する部分空間や和空間について述べる．

§1.2.1 　和，共通部分，差 ···◇◇◇

A, B を集合とする．まず，集合 $A \cup B$ を

$$A \cup B = \{x \,|\, x \in A \text{ または } x \in B\} \tag{1.29}$$

により定め，これを A と B の**和** (sum) という．

次に，集合 $A \cap B$ を

$$A \cap B = \{x \,|\, x \in A \text{ かつ } x \in B\} \tag{1.30}$$

により定め，これを A と B の**共通部分** (intersection) という．$A \cap B \neq \emptyset$ のとき，A と B は**交わる** (intersect) という．

A と B が交わらないとき，すなわち，$A \cap B = \emptyset$ のとき，A と B は**互いに素** (mutually disjoint) であるともいう．また，このとき，$A \cup B$ を A と B の**直和** (direct sum) という．$A \cup B$ が A と B の直和であることを $A \sqcup B$ や $A \amalg B$ とも表す．

さらに，集合 $A \setminus B$ を

$$A \setminus B = \{x \,|\, x \in A \text{ かつ } x \notin B\} \tag{1.31}$$

により定め，これを A と B の**差** (difference) という．$A \setminus B$ は $A - B$ とも表す．

✏注意 1.5　2 つの集合に対する和，共通部分，差は集合を丸などで囲まれた領域として表した，**ベン図** (Venn diagram) という図を描いて表すことができる（図 1.3～図 1.5）．なお，ベン図という用語に対して，§1.1.8 で述べたオイラー図は集合を表す各領域がすべて互いに交わっているとは限らない場合に用いられる．

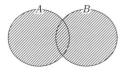

図 1.3 和 $A \cup B$

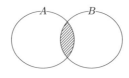

図 1.4 共通部分 $A \cap B$

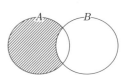

図 1.5 差 $A \setminus B$

◇ **例 1.19** 集合 A, B を

$$A = \{1, 2\}, \quad B = \{2, 3, 4\} \tag{1.32}$$

により定める．このとき，和，共通部分，差の定義 (1.29)〜(1.31) にしたがって考えると，

$$A \cup B = \{1, 2, 3, 4\}, \quad A \cap B = \{2\}, \quad A \setminus B = \{1\}, \quad B \setminus A = \{3, 4\} \tag{1.33}$$

である．とくに，(1.33) 第 2 式より，A と B は交わる． ◇

§1.2.2 和と共通部分に関する基本的性質 ·················◇◇◇

まず，和および共通部分について，次がなりたつ．

定理 1.7 A, B を集合とすると，次の (1)，(2) がなりたつ．
 (1) $A \subset A \cup B$, $B \subset A \cup B$.
 (2) $A \cap B \subset A$, $A \cap B \subset B$.

【証明】(1) のみ示し，(2) の証明は問 1.9 とする．
(1) $x \in A$ ならば，和の定義 (1.29) より，$x \in A \cup B$ である．よって，包含関係の定義 §1.1.8 より，$A \subset A \cup B$ である．同様に，$B \subset A \cup B$ である． □

問 1.9 定理 1.7 (2) を示せ．📖

また，次がなりたつ．

定理 1.8 A, B, C を集合とすると，次の (1)，(2) がなりたつ．
 (1) $A \subset C$, $B \subset C$ ならば，$A \cup B \subset C$.
 (2) $C \subset A$, $C \subset B$ ならば，$C \subset A \cap B$.

【証明】(1) のみ示し，(2) の証明は問 1.10 とする．
(1) $x \in A \cup B$ とする．このとき，和の定義 (1.29) より，$x \in A$ または $x \in B$ である．$x \in A$ のとき，$A \subset C$ および包含関係の定義 §1.1.8 より，$x \in C$ である．また，$x \in B$ のとき，$B \subset C$ および包含関係の定義より，$x \in C$ である．よって，$x \in A \cup B$ ならば $x \in C$ となり，包含関係の定義より，$A \cup B \subset C$ である． □

問 1.10 定理 1.8 (2) を示せ．

✏ **注意 1.6** 定理 1.7 (1) と定理 1.8 (1) より，$A \cup B$ は A と B を含む集合の中で，

包含関係に関して最小のものであるという言い方をすることができる．また，定理 1.7 (2) と定理 1.8 (2) より，$A \cap B$ は A と B に含まれる集合の中で，包含関係に関して最大のものであるという言い方をすることができる．

さらに，和および共通部分の定義 (1.29), (1.30) より，次がなりたつ．

> **定理 1.9**　A, B, C を集合とすると，次の (1)〜(4) がなりたつ．
> 　(1) $A \cup B = B \cup A$. （和の**交換律**）
> 　(2) $A \cap B = B \cap A$. （共通部分の**交換律**）
> 　(3) $(A \cup B) \cup C = A \cup (B \cup C)$. （和の**結合律**）
> 　(4) $(A \cap B) \cap C = A \cap (B \cap C)$. （共通部分の**結合律**）

✎**注意 1.7**　和の結合律より，$(A \cup B) \cup C$ および $A \cup (B \cup C)$ は括弧を省略して，ともに $A \cup B \cup C$ と表しても構わない．さらに，和の交換律より，

$$A \cup B \cup C = A \cup C \cup B = B \cup A \cup C = B \cup C \cup A$$
$$= C \cup A \cup B = C \cup B \cup A \tag{1.34}$$

である．共通部分についても同様である．

和および共通部分については，次もなりたつ．

> **定理 1.10（分配律）**　A, B, C を集合とすると，次の (1), (2) がなりたつ．
> 　(1) $(A \cup B) \cap C = (A \cap C) \cup (B \cap C)$.
> 　(2) $(A \cap B) \cup C = (A \cup C) \cap (B \cup C)$.

【証明】 左辺の集合を内包的記法 §1.1.6 で表し，元に対する条件を言い換えていくことにより示す．ここでは，(1) のみ示し，(2) の証明は問 1.11 とする．
(1) 集合の演算の定義 §1.2.1 より，

$$(A \cup B) \cap C = \{x \mid x \in (A \cup B) \cap C\} = \{x \mid x \in A \cup B \text{ かつ } x \in C\}$$
$$= \{x \mid \lceil x \in A \text{ または } x \in B \rfloor \text{ かつ } x \in C\}$$
$$= \{x \mid \lceil x \in A \text{ かつ } x \in C \rfloor \text{ または } \lceil x \in B \text{ かつ } x \in C \rfloor\}$$
$$= \{x \mid x \in A \cap C \text{ または } x \in B \cap C\} = (A \cap C) \cup (B \cap C) \tag{1.35}$$

である．よって，(1) がなりたつ．　　　　　　　　　　　　　□

✎**注意 1.8**　定理 1.10 の程度の事実であれば，ベン図を描いて確認することができ

る（図 1.6，図 1.7）．しかし，より多くの個数の集合が現れるような包含関係や相等関係を示す際には，ベン図も描けなくなり，元に対する条件の言い換えも難しくなる．そのため，後で述べる例題 1.2 の解説のように，定理 1.5 (2) を用いて考えることが有効となる．

問 1.11 定理 1.10 (2) を示せ．

1

集

合

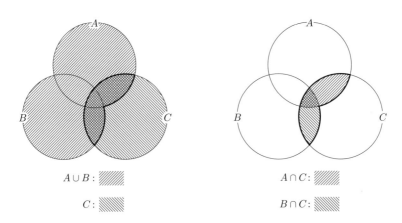

$A \cup B:$▨▨　　　　　$A \cap C:$▨▨

$C:$▨▨　　　　　$B \cap C:$▨▨

図 1.6 分配律 $(A \cup B) \cap C = (A \cap C) \cup (B \cap C)$ のベン図による説明

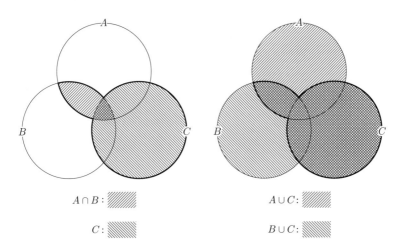

$A \cap B:$▨▨　　　　　$A \cup C:$▨▨

$C:$▨▨　　　　　$B \cup C:$▨▨

図 1.7 分配律 $(A \cap B) \cup C = (A \cup C) \cap (B \cup C)$ のベン図による説明

§1.2.3 差に関する基本的性質 ⋯⋯⋯⋯⋯⋯⋯⋯⋯⋯⋯⋯⋯⋯◇◇◇

次に，差に関する基本的性質について述べよう．まず，例 1.19 において，(1.33) 第 3 式, 第 4 式より，$A \setminus B \neq B \setminus A$ であり，差は一般に交換律をみたさない．また，次の問からも分かるように，差は一般に結合律もみたさない．

問 1.12 集合 A, B, C を

$$A = \{1, 2\}, \quad B = \{2, 3\}, \quad C = \{1, 2, 3\} \tag{1.36}$$

により定める．$(A \setminus B) \setminus C$ および $A \setminus (B \setminus C)$ を外延的記法 §1.1.6 により表し，$(A \setminus B) \setminus C \neq A \setminus (B \setminus C)$ であることを確かめよ．

差について，次がなりたつ．

定理 1.11 A, B, C を集合とする．$A \subset B$ ならば，次の (1), (2) がなりたつ．
(1) $A \setminus C \subset B \setminus C$ （図 1.8）．
(2) $C \setminus B \subset C \setminus A$ （図 1.9）．

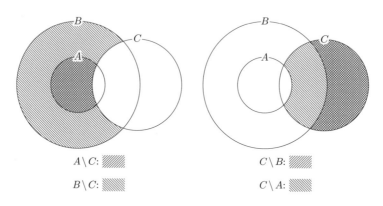

図 1.8 $A \subset B \Rightarrow A \setminus C \subset B \setminus C$ の　図 1.9 $A \subset B \Rightarrow C \setminus B \subset C \setminus A$ の
ベン図による説明　　　　　　　　　　ベン図による説明

【証明】 (1) のみ示し，(2) の証明は問 1.13 とする．
(1) $x \in A \setminus C$ とする．このとき，差の定義 (1.31) より，$x \in A$ かつ $x \notin C$ である．

ここで，$x \in A$，$A \subset B$ および包含関係の定義 §1.1.8 より，$x \in B$ である．よって，$x \in B$ かつ $x \notin C$，すなわち，差の定義より，$x \in B \setminus C$ である．したがって，$x \in A \setminus C$ ならば $x \in B \setminus C$ となり，包含関係の定義より，(1) がなりたつ． □

| 問 1.13 | 定理 1.11 (2) を示せ.

例題 1.2 A, B を集合とすると，

$$A \setminus B = (A \cup B) \setminus B \tag{1.37}$$

がなりたつことを示せ（図 1.10）．

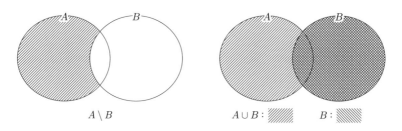

$A \setminus B$

$A \cup B :$ $B :$

図 1.10 $A \setminus B = (A \cup B) \setminus B$ のベン図による説明

| 解説 | 定理 1.5 (2) を用いることにより示す．まず，

$$A \setminus B \subset (A \cup B) \setminus B \tag{1.38}$$

を示す．(1.38) は定理 1.7 (1) と定理 1.11 (1) を用いれば，包含関係の定義 §1.1.8 を用いなくとも示すことができる．実際，定理 1.7 (1) より，$A \subset A \cup B$ なので，定理 1.11 (1) より，(1.38) がなりたつからである．

次に，包含関係の定義にしたがって，

$$(A \cup B) \setminus B \subset A \setminus B \tag{1.39}$$

を示す．$x \in (A \cup B) \setminus B$ とする．このとき，$x \in A \cup B$ かつ $x \notin B$ である．よって，$x \in A$ かつ $x \notin B$，すなわち，$x \in A \setminus B$ である．したがって，包含関係の定

義より，(1.39) がなりたつ．

(1.38)，(1.39) および定理 1.5 (2) より，(1.37) がなりたつ． □

問 1.14 A, B を集合とする．次の (1)，(2) を示せ．
(1) $A \setminus B \subset A \setminus (A \cap B)$.   (2) $A \setminus (A \cap B) \subset A \setminus B$.

補足 (1)，(2) および定理 1.5 (2) より，

$$A \setminus B = A \setminus (A \cap B) \tag{1.40}$$

である（図 1.11）．

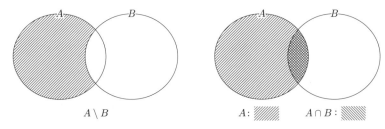

$$A \setminus B \qquad\qquad A: \text{▨} \quad A \cap B: \text{▨}$$

図 1.11 $A \setminus B = A \setminus (A \cap B)$ のベン図による説明

§1.2.4 ド・モルガンの法則 ◇◇◇

集合の演算に関する重要な事実として，次のド・モルガンの法則を紹介しておこう．

定理 1.12（ド・モルガンの法則 (De Morgan's law)**）** X, A, B を集合とし，$A, B \subset X$ とする．このとき，次の (1)，(2) がなりたつ．
(1) $X \setminus (A \cup B) = (X \setminus A) \cap (X \setminus B)$（図 1.12）.
(2) $X \setminus (A \cap B) = (X \setminus A) \cup (X \setminus B)$（図 1.13）.

【証明】 定理 1.10 の証明のように，左辺の集合を内包的記法 §1.1.6 で表し，元に対する条件を言い換えていくことにより示す．ここでは，(1) のみ示し，(2) の証明は問 1.15 とする．
(1) 集合の演算の定義 §1.2.1 より，

$$X \setminus (A \cup B) = \{x \mid x \in X,\ x \notin A \cup B\} = \{x \in X \mid x \notin A \cup B\}$$

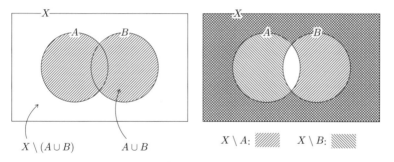

図 1.12 $X \setminus (A \cup B) = (X \setminus A) \cap (X \setminus B)$ のベン図による説明

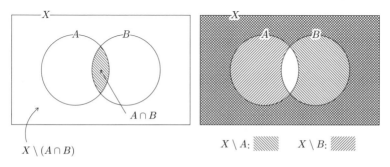

図 1.13 $X \setminus (A \cap B) = (X \setminus A) \cup (X \setminus B)$ のベン図による説明

$$= \{x \in X \mid \lceil x \in A \text{ または } x \in B \rfloor \text{ ではない}\} = \{x \in X \mid x \notin A \text{ かつ } x \notin B\}$$

$$= \{x \mid x \in X \setminus A \text{ かつ } x \in X \setminus B\} = (X \setminus A) \cap (X \setminus B) \tag{1.41}$$

である. よって, (1) がなりたつ. □

問 1.15 定理 1.12 (2) を示せ.

§1.2.5 ベクトルが生成する部分空間 ··◇◇◇

ベクトル空間に対しては, まず, いくつかのベクトルがあたえられると, 1
次結合とよばれるものを考えることにより, 新たなベクトルを定めることが
できる. 簡単のため, **R** 上のベクトル空間の場合について述べよう [12].

---

[12] **C** 上のベクトル空間の場合もまったく同様である.

定義 1.4 V を $\mathbf{R}$ 上のベクトル空間とし, $\boldsymbol{x}_1, \boldsymbol{x}_2, \ldots, \boldsymbol{x}_m \in V$, $k_1, k_2,$ $\ldots, k_m \in \mathbf{R}$ とする. このとき,

$$k_1\boldsymbol{x}_1 + k_2\boldsymbol{x}_2 + \cdots + k_m\boldsymbol{x}_m \in V \tag{1.42}$$

を $\boldsymbol{x}_1, \boldsymbol{x}_2, \ldots, \boldsymbol{x}_m$ の **1 次結合**または**線形結合** (linear combination) という.

1 次結合を用いて, 部分空間を定めることができる. まず, 次を示そう.

定理 1.13 V を $\mathbf{R}$ 上のベクトル空間とし, $\boldsymbol{x}_1, \boldsymbol{x}_2, \ldots, \boldsymbol{x}_m \in V$ とする. このとき,

$$\begin{aligned} W &= \{k_1\boldsymbol{x}_1 + k_2\boldsymbol{x}_2 + \cdots + k_m\boldsymbol{x}_m \mid k_1, k_2, \ldots, k_m \in \mathbf{R}\} \\ &= \left\{ \boldsymbol{x} \,\middle|\, \begin{array}{l} \text{ある } k_1, k_2, \ldots, k_m \in \mathbf{R} \text{ が存在し,} \\ \boldsymbol{x} = k_1\boldsymbol{x}_1 + k_2\boldsymbol{x}_2 + \cdots + k_m\boldsymbol{x}_m \end{array} \right\} \end{aligned} \tag{1.43}$$

とおくと, W は V の部分空間である.

【証明】 W が定理 1.6 の条件 (a)〜(c) をみたすことを示せばよい. ここでは, 条件 (a) についてのみ示し, 条件 (b), (c) については問 1.16 とする.

条件 (a)　$0 \in \mathbf{R}$ であり, W の定義 (1.43) より,

$$\boldsymbol{0} = 0\boldsymbol{x}_1 + 0\boldsymbol{x}_2 + \cdots + 0\boldsymbol{x}_m \in W \tag{1.44}$$

である. よって, $\boldsymbol{0} \in W$ となり, W は定理 1.6 の条件 (a) をみたす.　□

問 1.16　定理 1.13 において, 次の (1), (2) を示せ.
(1) W は定理 1.6 の条件 (b) をみたす.　　(2) W は定理 1.6 の条件 (c) をみたす.

(1.43) で定めた V の部分空間 W を

$$W = \langle \boldsymbol{x}_1, \boldsymbol{x}_2, \ldots, \boldsymbol{x}_m \rangle_{\mathbf{R}} \tag{1.45}$$

とも表し, $\boldsymbol{x}_1, \boldsymbol{x}_2, \ldots, \boldsymbol{x}_m$ で**生成される** (generated) または**張られる** (spanned) V の**部分空間**という [13].

◇ **例 1.20**　$n \in \mathbf{N}$ とし, $i = 1, 2, \ldots, n$ に対して, 第 i 成分が 1 であり, その他

---

[13] V が $\mathbf{C}$ 上のベクトル空間の場合は $\langle \boldsymbol{x}_1, \boldsymbol{x}_2, \ldots, \boldsymbol{x}_m \rangle_{\mathbf{C}}$ と表す.

の成分がすべて 0 である n 次列ベクトルを e_i と表す．このとき，$e_i \in \mathbf{R}^n$ である．$e_1, e_2, \ldots, e_n$ を $\mathbf{R}^n$ の**基本ベクトル** (elementary vector) という [14]．ここで，

$$x = \begin{pmatrix} x_1 \\ x_2 \\ \vdots \\ x_n \end{pmatrix} \in \mathbf{R}^n \tag{1.46}$$

とすると，

$$x = x_1 e_1 + x_2 e_2 + \cdots + x_n e_n \tag{1.47}$$

となる．よって，

$$\mathbf{R}^n = \langle e_1, e_2, \ldots, e_n \rangle_{\mathbf{R}} \tag{1.48}$$

である． $\diamondsuit$

§1.2.6 和空間 ···◇◇◇

次に，ベクトル空間の 2 つの部分空間に対して，和空間とよばれる部分空間を定めよう．

> **定義 1.5** V をベクトル空間，W_1, W_2 を V の部分空間とし，
>
> $$\begin{aligned} W_1 + W_2 &= \{x_1 + x_2 \mid x_1 \in W_1,\ x_2 \in W_2\} \\ &= \{x \mid \text{ある } x_1 \in W_1,\ x_2 \in W_2 \text{ が存在し，} x = x_1 + x_2\} \end{aligned} \tag{1.49}$$
>
> とおく．$W_1 + W_2$ を W_1 と W_2 の**和空間** (sum space) という．

和空間が部分空間となることを述べる前に，和空間は集合の和 (1.29) とは異なるものであることを具体的な例で見ておこう．まず，$\mathbf{R}^2$ の部分集合 W_1, W_2 を

$$W_1 = \left\{ \begin{pmatrix} x_1 \\ 0 \end{pmatrix} \middle| x_1 \in \mathbf{R} \right\}, \quad W_2 = \left\{ \begin{pmatrix} 0 \\ x_2 \end{pmatrix} \middle| x_2 \in \mathbf{R} \right\} \tag{1.50}$$

により定める．e_1, e_2 を $\mathbf{R}^2$ の基本ベクトル 例 1.20 とすると，

---

[14] $e_i \in \mathbf{C}^n$ とみなすと，$e_1, e_2, \ldots, e_n$ は $\mathbf{C}^n$ の基本ベクトルである．

$$W_1 = \langle \boldsymbol{e}_1 \rangle_{\mathbf{R}}, \quad W_2 = \langle \boldsymbol{e}_2 \rangle_{\mathbf{R}} \tag{1.51}$$

となるので，W_1, W_2 は $\mathbf{R}^2$ の部分空間である．さらに，例 1.20 で述べたことより，

$$W_1 + W_2 = \mathbf{R}^2 \tag{1.52}$$

である．一方，W_1 と W_2 の和 $W_1 \cup W_2$ は $x_1 x_2$ 平面内の x_1 軸と x_2 軸をあわせたものを表し，$\mathbf{R}^2$ とは等しくない（図 1.14）．

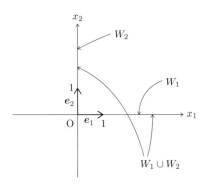

図 1.14　$W_1 \cup W_2$

　それでは，和空間が部分空間となることを述べよう．

定理 1.14　V をベクトル空間，W_1, W_2 を V の部分空間とすると，和空間 $W_1 + W_2$ は V の部分空間である．

【証明】　V が $\mathbf{R}$ 上のベクトル空間の場合に示す．$W_1 + W_2$ が定理 1.6 の条件 (a)〜(c) をみたすことを示せばよい．V が $\mathbf{C}$ 上のベクトル空間の場合もまったく同様に示すことができる．ここでは，条件 (a) についてのみ示し，条件 (b), (c) については問 1.17 とする．

<u>条件 (a)</u>　W_1, W_2 は V の部分空間なので，$\boldsymbol{0} \in W_1$, $\boldsymbol{0} \in W_2$ である．よって，$W_1 + W_2$ の定義 (1.49) より，

$$\boldsymbol{0} = \boldsymbol{0} + \boldsymbol{0} \in W_1 + W_2 \tag{1.53}$$

である．したがって，$\boldsymbol{0} \in W_1 + W_2$ となり，$W_1 + W_2$ は定理 1.6 の条件 (a) をみたす．　　　　　　　　　　　　　　　　　　　　　　　　　　　□

問 **1.17** 定理 1.14 において，次の (1)，(2) を示せ.
(1) $W_1 + W_2$ は定理 1.6 の条件 (b) をみたす.
(2) $W_1 + W_2$ は定理 1.6 の条件 (c) をみたす.

§**1.2.7 ベクトル空間の直和** ⋯⋯⋯⋯⋯⋯⋯⋯⋯⋯⋯⋯⋯◇◇◇

和空間の定義 (1.49) において，$x \in W_1 + W_2$ を

$$x = x_1 + x_2 \quad (x_1 \in W_1, \ x_2 \in W_2) \tag{1.54}$$

と表すときの x_1, x_2 は一意的であるとは限らない．すなわち，$x_1, y_1 \in W_1$, $x_2, y_2 \in W_2$ に対して，

$$x_1 = y_1, \quad x_2 = y_2 \tag{1.55}$$

がなりたたなくても，

$$x_1 + x_2 = y_1 + y_2 \tag{1.56}$$

となることがありうる.

◇ **例 1.21** V をベクトル空間，W_1, W_2 を $W_1 \subset W_2$ となる V の部分空間とする．このとき，**0** は W_1 の零ベクトルでもあり，$x \in W_2$ は

$$x = \mathbf{0} + x \in W_1 + W_2 \tag{1.57}$$

と表される．ここで，$W_1 \neq \{\mathbf{0}\}$ であると仮定する．このとき，ある $y \in W_1 \setminus \{\mathbf{0}\}$ が存在する．さらに，$W_1 \subset W_2$ であり，W_2 は V の部分空間なので，$x - y \in W_2$ となり，x は

$$x = y + (x - y) \in W_1 + W_2 \tag{1.58}$$

と表すこともできる．すなわち，W_2 の元を W_1 の元と W_2 の元の和として表すときの表し方は一意的ではない．   ◇

そこで，次のように定める.

定義 1.6 V をベクトル空間，W_1, W_2 を V の部分空間とする．任意の $x \in W_1 + W_2$ が

$$x = x_1 + x_2 \quad (x_1 \in W_1, \ x_2 \in W_2) \tag{1.59}$$

と一意的に表されるとき，

$$W_1 + W_2 = W_1 \oplus W_2 \tag{1.60}$$

と表し，$W_1 + W_2$ は W_1 と W_2 の**直和**であるという [15]．

ベクトル空間の部分空間の直和に関して，次がなりたつ．

> **定理 1.15**　V をベクトル空間，W_1, W_2 を V の部分空間とすると，次の
> (1)〜(3) は互いに同値である．
> (1) $W_1 + W_2$ は W_1 と W_2 の直和である．
> (2) $\boldsymbol{x}_1 \in W_1$，$\boldsymbol{x}_2 \in W_2$ に対して，$\boldsymbol{x}_1 + \boldsymbol{x}_2 = \boldsymbol{0}$ ならば，$\boldsymbol{x}_1 = \boldsymbol{x}_2 = \boldsymbol{0}$
> である．
> (3) $W_1 \cap W_2 = \{\boldsymbol{0}\}$ である．

【証明】　(1) $\Rightarrow$ (2)，(2) $\Rightarrow$ (3)，(3) $\Rightarrow$ (1) の順に示せばよい．ここでは，(1) $\Rightarrow$
(2)，(2) $\Rightarrow$ (3) のみ示し，(3) $\Rightarrow$ (1) の証明は問 1.18 とする．
<u>(1) $\Rightarrow$ (2)</u>　$\boldsymbol{x}_1 + \boldsymbol{x}_2 = \boldsymbol{0}$ とすると，$\boldsymbol{0}$ は W_1, W_2 の零ベクトルでもあり，

$$\boldsymbol{x}_1 + \boldsymbol{x}_2 = \boldsymbol{0} + \boldsymbol{0} \tag{1.61}$$

と表すことができる．よって，(1) および直和の定義 定義 1.6 より，(2) がなりたつ．
<u>(2) $\Rightarrow$ (3)</u>　$\boldsymbol{x} \in W_1 \cap W_2$ とする．このとき，$\boldsymbol{x} \in W_1$ である．また，$\boldsymbol{x} \in W_2$ で
もあり，W_2 は V の部分空間なので，$-\boldsymbol{x} \in W_2$ である．さらに，

$$\boldsymbol{x} + (-\boldsymbol{x}) = \boldsymbol{0} \tag{1.62}$$

である．よって，(2) より，$\boldsymbol{x} = -\boldsymbol{x} = \boldsymbol{0}$ である．したがって，(3) がなりたつ．　□

問 1.18　定理 1.15 において，(3) $\Rightarrow$ (1) を示せ．

本節のまとめ

☑ 2 つの集合に対して，和，共通部分，差といった演算を定めることが

---

[15] §1.2.1 で定めた集合の直和とは意味が異なるので注意しよう．

できる. §1.2.1
- ☑ 和および共通部分は交換律，結合律，分配律をみたす. 定理 1.9 定理 1.10
- ☑ 集合に対して，ド・モルガンの法則がなりたつ. 定理 1.12
- ☑ ベクトル空間のいくつかのベクトルの 1 次結合を考えることにより，それらが生成する部分空間を定めることができる. §1.2.5
- ☑ ベクトル空間の 2 つの部分空間があたえられると，和空間を定めることができる. 定義 1.5
- ☑ 直和となる和空間のベクトルは，それぞれの部分空間の元の和として一意的に表される. 定義 1.6

1

集
合

章末問題

◇┉━━━━━━━━━━━━━━━━━━━━━━━━━━━┉◇

━━━━━━━━━━ **標準問題** ━━━━━━━━━━

問題 1.1　A, B を集合とする. このとき，集合 $A \ominus B$ を

$$A \ominus B = (A \setminus B) \cup (B \setminus A) \tag{1.63}$$

により定め，これを A と B の**対称差** (symmetric difference) という（図 1.15）. 対称差について，次の (1)〜(4) がなりたつことを示せ.

(1) $A \ominus A = \emptyset$. 👓　　　　　(2) $A \ominus \emptyset = A$. 👓

(3) $A \ominus B = B \ominus A$.（**交換律**）👓　　(4) $A \ominus B = (A \cup B) \setminus (A \cap B)$.

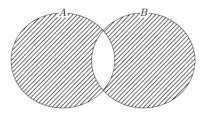

図 1.15　対称差 $A \ominus B$

問題 1.2　V を **R** 上のベクトル空間，W_1, W_2 を V の部分空間とする. このとき，次の (1)〜(3) を示せ.

(1) $W_1 \cap W_2$ は定理 1.6 の条件 (a) をみたす.

(2) $W_1 \cap W_2$ は定理 1.6 の条件 (b) をみたす.

(3) $W_1 \cap W_2$ は定理 1.6 の条件 (c) をみたす.

補足 (1)〜(3) より，$W_1 \cap W_2$ は V の部分空間である．また，$\mathbf{C}$ 上のベクトル空間についても，同様の事実がなりたつ.

問題 1.3 $A \in M_{m,n}(\mathbf{C})$ に対して，A の行と列を入れ替えて得られる行列を $^t A$, A^t, $^\top A$ または $A^\top$ などと表し，A の**転置行列** (transposed matrix) という．すなわち，

$$A = \begin{pmatrix} a_{11} & a_{12} & \cdots & a_{1n} \\ a_{21} & a_{22} & \cdots & a_{2n} \\ \vdots & \vdots & \ddots & \vdots \\ a_{m1} & a_{m2} & \cdots & a_{mn} \end{pmatrix} \tag{1.64}$$

のとき，

$$^t A = \begin{pmatrix} a_{11} & a_{21} & \cdots & a_{m1} \\ a_{12} & a_{22} & \cdots & a_{m2} \\ \vdots & \vdots & \ddots & \vdots \\ a_{1n} & a_{2n} & \cdots & a_{mn} \end{pmatrix} \in M_{n,m}(\mathbf{C}) \tag{1.65}$$

である．とくに，

$$^t(^t A) = A \tag{1.66}$$

である．転置行列について，次の (1)，(2) がなりたつことを示せ.

(1) $A, B \in M_{m,n}(\mathbf{C})$ とすると，$^t(A + B) = {}^t A + {}^t B$. ✪

(2) $A \in M_{m,n}(\mathbf{C})$，$k \in \mathbf{C}$ とすると，$^t(kA) = k\,{}^t A$. ✪

補足 $A \in M_{m,n}(\mathbf{C})$ に対して，A のすべての成分を共役複素数に代えて得られる行列を $\overline{A}$ と表す．このとき，

$$A^* = \overline{^t A} = {}^t(\overline{A}) \tag{1.67}$$

とおき，A^* を A の**随伴行列** (adjoint matrix) という．すなわち，A が (1.64) のように表されるとき，

$$A^* = \begin{pmatrix} \overline{a_{11}} & \overline{a_{21}} & \cdots & \overline{a_{m1}} \\ \overline{a_{12}} & \overline{a_{22}} & \cdots & \overline{a_{m2}} \\ \vdots & \vdots & \ddots & \vdots \\ \overline{a_{1n}} & \overline{a_{2n}} & \cdots & \overline{a_{mn}} \end{pmatrix} \in M_{n,m}(\mathbf{C}) \tag{1.68}$$

である．とくに，

$$(A^*)^* = A \tag{1.69}$$

である．転置行列と同様に，随伴行列について，次の (1)，(2) がなりたつ．

(1) $A, B \in M_{m,n}(\mathbf{C})$ とすると，$(A + B)^* = A^* + B^*$．

(2) $A \in M_{m,n}(\mathbf{C})$，$k \in \mathbf{C}$ とすると，$(kA)^* = \bar{k}A^*$．

問題 1.4 $A \in M_n(\mathbf{R})$ とする．${}^t A = A$ となるとき，A を**対称行列** (symmetric matrix) という．n 次の対称行列全体の集合を $\mathrm{Sym}(n)$ と表す．また，${}^t A = -A$ となるとき，A を**交代行列** (skew-symmetric matrix) または**反対称行列** (antisymmetric matrix) という．n 次の交代行列全体の集合を $\mathrm{Skew}(n)$ と表す．次の (1)〜(4) を示せ．

(1) $A, B \in \mathrm{Sym}(n)$ とすると，$A + B \in \mathrm{Sym}(n)$．

(2) $A \in \mathrm{Sym}(n)$，$k \in \mathbf{R}$ とすると，$kA \in \mathrm{Sym}(n)$．

(3) $A, B \in \mathrm{Skew}(n)$ とすると，$A + B \in \mathrm{Skew}(n)$．

(4) $A \in \mathrm{Skew}(n)$，$k \in \mathbf{R}$ とすると，$kA \in \mathrm{Skew}(n)$．

補足 O を n 次の零行列とすると，$O \in \mathrm{Sym}(n)$ である．このことと (1)，(2) より，$\mathrm{Sym}(n)$ は定理 1.6 の条件 (a)〜(c) をみたす．よって，$\mathrm{Sym}(n)$ は $M_n(\mathbf{R})$ の部分空間である．また，$O \in \mathrm{Skew}(n)$ でもあり，このことと (3)，(4) より，$\mathrm{Skew}(n)$ は定理 1.6 の条件 (a)〜(c) をみたす．よって，$\mathrm{Skew}(n)$ は $M_n(\mathbf{R})$ の部分空間である．

━━━━━━━━━ **発展問題** ━━━━━━━━━

問題 1.5 A を集合とする．A の部分集合全体からなる集合を 2^A や $\mathfrak{P}(A)$ などと表し [16]，A の**べき集合** (power set) という．例えば，$A = \emptyset$ のとき，A の部分集合は $\emptyset$ のみなので，$2^A = \{\emptyset\}$ である [17]．次の問に答えよ．

(1) $A = \{1\}$ のとき，2^A を外延的記法 §1.1.6 により表せ．

(2) $A = \{1, 2\}$ のとき，2^A を外延的記法により表せ．

(3) n を 0 以上の整数とし，$k \in \{0, 1, 2, \dots, n\}$ とする．このとき，n 個のものから k 個選ぶ組合せの総数を ${}_n\mathrm{C}_k$ と表す．すなわち，${}_n\mathrm{C}_k$ は二項係数であり，

---

[16] $\mathfrak{P}$ は P のドイツ文字である．

[17] $\emptyset$ が空集合を表すのに対して，$\{\emptyset\}$ は空集合という 1 つの集合を元とする集合であることに注意しよう．

$$_n\mathrm{C}_k = \frac{n!}{k!(n-k)!} \tag{1.70}$$

である．二項係数に関して，二項定理

$$(x+y)^n = {}_n\mathrm{C}_0 x^n + {}_n\mathrm{C}_1 x^{n-1}y + \cdots + {}_n\mathrm{C}_k x^{n-k}y^k + \cdots + {}_n\mathrm{C}_n y^n$$

$$= \sum_{k=0}^{n} {}_n\mathrm{C}_k x^{n-k}y^k \tag{1.71}$$

がなりたつ．A を n 個の元からなる有限集合 §1.1.7 とする．二項定理を用いることにより，2^A は 2^n 個の元からなる有限集合であることを示せ．🖊

補足　(3) の結果が一般の集合 A に対しても A のべき集合を 2^A と表す理由である．

問題 1.6　$A \in M_n(\mathbf{R})$ とする．次の問に答えよ．

(1) $\frac{1}{2}(A + {}^t\!A) \in \mathrm{Sym}(n)$ であることを示せ．🖊

(2) $\frac{1}{2}(A - {}^t\!A) \in \mathrm{Skew}(n)$ であることを示せ．🖊

(3) ある $B \in \mathrm{Sym}(n)$ および $C \in \mathrm{Skew}(n)$ が存在し，$A = B + C$ となることを示せ．

(4) $A \in \mathrm{Sym}(n) \cap \mathrm{Skew}(n)$ ならば，$A = O$ であることを示せ．

補足　問題 1.4 の補足および (4) と定理 1.15 の (3)⇒(1)，問題 1.6(3) より，$M_n(\mathbf{R})$ は $\mathrm{Sym}(n)$ と $\mathrm{Skew}(n)$ の直和，すなわち，

$$M_n(\mathbf{R}) = \mathrm{Sym}(n) \oplus \mathrm{Skew}(n) \tag{1.72}$$

である．

第2章

写　像

2.1　写像と線形写像

 2つの集合があたえられたとき，一方の集合の元を選ぶごとにもう一方の集合の元を対応させる，ということを数学ではしばしば考える．写像とはこのような対応のことである．本節では写像に関する基本用語を扱う．また，ベクトル空間の間の写像としてよく現れる線形写像についても述べる.

§2.1.1　写像の定義と例

まず，写像を次のように定める.

> **定義 2.1**　X, Y を空でない集合とし，X の各元に対して Y のある元を1つ対応させる規則 f があたえられているとする．このことを
>
> $$f : X \to Y \tag{2.1}$$
>
> と表し，f を X から Y への**写像** (map) または X で定義された Y への**写像**という（図 2.1）.

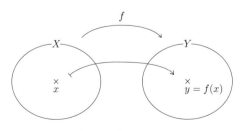

図 2.1　写像 $f : X \to Y$

　　また，X を f の**定義域** (domain of definition)，**始域** (domain) または**始集合** (initial set)，Y を f の**値域** (range)，**終域** (codomain) または**終集合** (terminal set) という.

　　$Y \subset \mathbf{R}$ や $Y \subset \mathbf{C}$ のときは，f をそれぞれ**実数値関数** (real-valued function)，**複素数値関数** (complex-valued function) ともいう. さらに，実数値関数，複素数値関数を単に**関数** (function) ともいう.

　　写像 f により $x \in X$ に対して $y \in Y$ が対応するとき，$y = f(x)$ と表す. このとき，y を f による x の**像** (image)，x を f による y の**逆像** (inverse image) または**原像**という.

✒注意 2.1　写像により元 x に対して元 y が対応することを，矢印「→」の始点に縦の棒を付け加えて，$x \mapsto y$ とも書く.

写像の例をいくつか挙げておこう.

◇ 例 2.1　1 変数関数の微分積分では，$\mathbf{R}$ の部分集合を定義域とする実数値関数を考える [1]. A を $\mathbf{R}$ の空でない部分集合とすると，A を定義域，$\mathbf{R}$ を値域とする実数値関数 f は $f : A \to \mathbf{R}$ と表すことができる. なお，「関数 f」のことを「関数 $f(x)$」のように書くこともあるが，厳密には $f(x)$ は関数ではなく，値域の元のことを意味するので注意しよう.

　　例えば，$p \in \mathbf{R}$ を定数とし，関数 $f : A \to \mathbf{R}$ を

$$f(x) = p \quad (x \in A) \tag{2.2}$$

により定めると，f は任意の $x \in A$ に対して p を対応させる定数関数である.

　　また，$p \in \mathbf{R} \setminus \{0\}$ を 0 でない定数，$q \in \mathbf{R}$ を定数とし，関数 $f : A \to \mathbf{R}$ を

$$f(x) = px + q \quad (x \in A) \tag{2.3}$$

により定めると，f は 1 次関数である.　　　　　　　　　　　　　　　◇

◇ 例 2.2（定値写像）　X, Y を空でない集合とし，$y_0 \in Y$ を 1 つ選んで固定しておく. このとき，写像 $f : X \to Y$ を

$$f(x) = y_0 \quad (x \in X) \tag{2.4}$$

───────────────

[1] 定義域は区間とすることが多いであろう.

により定める. f を**定値写像** (constant map) という. (2.2) で定義した定数関数 f は定値写像の例でもある. ◇

◇ **例 2.3** (包含写像と恒等写像) X, Y を空でない集合とし, $X \subset Y$ とする. このとき, $x \in X$ とすると, $X \subset Y$ より, $x \in Y$ なので, 写像 $\overset{\text{イオタ}}{\iota} : X \to Y$ を

$$\iota(x) = x \quad (x \in X) \tag{2.5}$$

により定めることができる. ι を**包含写像** (inclusion map) という. とくに, $X = Y$ のときは ι は id_X または 1_X と表し, X 上の**恒等写像** (identity map) という. ◇

◇ **例 2.4** (制限写像) X, Y を空でない集合, $f : X \to Y$ を写像とし, $A \subset X$, $A \neq \emptyset$ とする. このとき, $x \in A$ とすると, $A \subset X$ より, $x \in X$ であり, さらに, 写像 $f : X \to Y$ があたえられているので, 写像 $f|_A : A \to Y$ を

$$f|_A(x) = f(x) \quad (x \in A) \tag{2.6}$$

により定めることができる. $f|_A$ を f の A への**制限** (restriction) または**制限写像** (restriction map) という. ◇

§2.1.2 相等関係 ◇◇◇

写像の相等関係について述べておこう.

> **定義 2.2** X_1, X_2, Y_1, Y_2 を空でない集合, $f : X_1 \to Y_1$ および $g : X_2 \to Y_2$ を写像とする. 次の (1)〜(3) がなりたつとき, $f = g$ と表し, f と g は**等しい**, または, f は g と**等しい**という.
>
> (1) $X_1 = X_2$.
>
> (2) $Y_1 = Y_2$.
>
> (3) 任意の $x \in X_1 (= X_2)$ に対して [2)], $f(x) = g(x)$.
>
> $f = g$ でないときは $f \neq g$ と表す.

✐ **注意 2.2** 定義 2.2 において, $f = g$ でないとは, 次の (1)〜(3) の**少なくとも 1 つ**がなりたつことである.

(1) $X_1 \neq X_2$.

(2) $Y_1 \neq Y_2$.

(3) $X_1 = X_2$ ではあるが, ある $x \in X_1 (= X_2)$ が存在し, $f(x) \neq g(x)$ となる.

---

2) 条件 (1) のもとで考えている.

例題 2.1 関数 f_1, f_2, f_3, f_4 をそれぞれ

$$f_1 : \mathbf{R} \to \mathbf{R}, \quad f_1(x) = x \quad (x \in \mathbf{R}), \tag{2.7}$$

$$f_2 : \{0, 1\} \to \mathbf{R}, \quad f_2(x) = x \quad (x \in \{0, 1\}), \tag{2.8}$$

$$f_3 : \mathbf{R} \to \mathbf{R}, \quad f_3(x) = x^2 \quad (x \in \mathbf{R}), \tag{2.9}$$

$$f_4 : \{0, 1\} \to \mathbf{R}, \quad f_4(x) = x^2 \quad (x \in \{0, 1\}), \tag{2.10}$$

により定める. f_1, f_2, f_3, f_4 の中で, f_1 と等しいものが存在するかどうかを調べよ.

解説 f_1 と f_1, f_1 と f_2, f_1 と f_3, f_1 と f_4 について, 定義 2.2 の条件 (1)〜(3) がなりたつかどうかを調べる.

まず, f_1 と f_1 は明らかに定義 2.2 の条件 (1)〜(3) をみたすので, $f_1 = f_1$ である.

次に, 定義 2.2 の条件 (1), (2) に注目すると, f_1 と定義域および値域がそれぞれ等しいものは f_1 以外には f_3 のみである [3]. ここで, $f_1\left(\frac{1}{2}\right) = \frac{1}{2}$, $f_3\left(\frac{1}{2}\right) = \frac{1}{4}$ なので, $f_1(\frac{1}{2}) \neq f_3(\frac{1}{2})$ である. よって, $f_1 \neq f_3$ である 注意 2.2 条件 (3).

したがって, f_1, f_2, f_3, f_4 の中で, f_1 と等しいものは f_1 のみである. □

[問 2.1] 例題 2.1 の f_1, f_2, f_3, f_4 の中で, f_2 と等しいものが存在するかどうかを調べよ.

§2.1.3 直積とグラフ ◇◇◇

写像に対してグラフという集合を対応させることができる. まず, グラフを定義するための準備として, 2 つの集合の直積について述べよう. X, Y を集合とする. このとき, $x \in X$, $y \in Y$ の組 (x, y) を考え, これら全体からなる集合を $X \times Y$ と表し, X と Y の**直積** (direct product) という. すなわち,

$$X \times Y = \{(x, y) \mid x \in X, \, y \in Y\} \tag{2.11}$$

である. ただし, 上の組 (x, y) は順序も含めて考えたものであり, (x, y), $(x', y') \in X \times Y$ に対して, $(x, y) = (x', y')$ となるのは $x = x'$ かつ $y = y'$

---

[3] f_1, f_2, f_3, f_4 の値域はすべて $\mathbf{R}$ であるが, f_1, f_3 の定義域は $\mathbf{R}$, f_2, f_4 の定義域は $\{0, 1\}$ である.

のときであるとする.

> **例題 2.2** $X = \{1, 2\}$, $Y = \{3\}$ のとき, $X \times Y$ および $X \times X$ を外延的記法 §1.1.6 により表せ.

解説 直積の定義 (2.11) より,

$$X \times Y = \{(1,3), (2,3)\}, \quad X \times X = \{(1,1), (1,2), (2,1), (2,2)\} \quad (2.12)$$

である. $X \times X$ の元 $(1,2)$ と $(2,1)$ は異なるものであることに注意しよう. なお, $X \times X$ は X^2 とも表す. □

2

写

像

問 2.2 例題 2.2 の X, Y について, $Y \times X$ および Y^2 を外延的記法 §1.1.6 により表せ. 易

写像のグラフは定義域と値域の直積の部分集合として, 次のように定める.

> **定義 2.3** X, Y を空でない集合, $f : X \to Y$ を写像とする. このとき, $G(f) \subset X \times Y$ を
>
> $$G(f) = \{(x, f(x)) \,|\, x \in X\} \quad (2.13)$$
>
> により定め, $G(f)$ を f の**グラフ** (graph) という.

◇ **例 2.5** 例 2.1 で述べた, $\mathbf{R}$ の空でない部分集合 A を定義域とする実数値関数 $f : A \to \mathbf{R}$ のグラフは

$$G(f) = \{(x, f(x)) \,|\, x \in A\} \quad (2.14)$$

である. $\mathbf{R}$ と $\mathbf{R}$ の直積 $\mathbf{R}^2$ を平面とみなすと [4), グラフ $G(f)$ は平面の部分集合となり, 関数 f を視覚的に捉えることができる (図 2.2). ◇

問 2.3 $X = \{1, 2, 3\}$, $Y = \{4, 5, 6\}$ とし, 写像 $f : X \to Y$ を $f(1) = 4$, $f(2) = 4$, $f(3) = 5$ により定める. このとき, f のグラフを外延的記法 §1.1.6 により表せ. 易

---

4) 例 1.6 では実数を成分とする 2 次列ベクトル全体の集合として $\mathbf{R}^2$ を定めたが, 例 2.5 の $\mathbf{R}^2$ の元も実数を 2 つ並べたものに過ぎず, 本質的にはこの 2 つの $\mathbf{R}^2$ は同じものである.

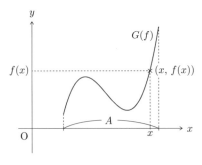

図 2.2　関数 f のグラフ $G(f)$

§2.1.4　行列の演算 ･･･◇◇◇

さらに，直積の概念を用いて，行列に対する演算を写像として表そう．簡単のため，実数を成分とする行列の和 (1.6)，スカラー倍 (1.7)，積といった演算について述べる．複素数を成分とする行列の演算についても同様である．

まず，$M_{m,n}(\mathbf{R})$ と $M_{m,n}(\mathbf{R})$ の直積を定義域とし，$M_{m,n}(\mathbf{R})$ を値域とする写像

$$\overset{\text{ファイ}}{\Phi} : M_{m,n}(\mathbf{R}) \times M_{m,n}(\mathbf{R}) \to M_{m,n}(\mathbf{R}) \tag{2.15}$$

を

$$\Phi(A, B) = A + B \quad ((A, B) \in M_{m,n}(\mathbf{R}) \times M_{m,n}(\mathbf{R})) \tag{2.16}$$

により定めると，Φ は行列の和を表す写像である．なお，Φ による (A, B) の像 $\Phi((A, B))$ を簡単に $\Phi(A, B)$ と表した．

次に，$\mathbf{R}$ と $M_{m,n}(\mathbf{R})$ の直積を定義域とし，$M_{m,n}(\mathbf{R})$ を値域とする写像

$$\overset{\text{プサイ}}{\Psi} : \mathbf{R} \times M_{m,n}(\mathbf{R}) \to M_{m,n}(\mathbf{R}) \tag{2.17}$$

を

$$\Psi(k, A) = kA \quad ((k, A) \in \mathbf{R} \times M_{m,n}(\mathbf{R})) \tag{2.18}$$

により定めると，Ψ は行列のスカラー倍を表す写像である．

さらに，行列の積について述べよう．

2

写
像

定義 2.4　$A = (a_{ij})_{l \times m} \in M_{l,m}(\mathbf{R})$, $B = (b_{jk})_{m \times n} \in M_{m,n}(\mathbf{R})$ とする [5]. このとき, A と B の積 $AB \in M_{l,n}(\mathbf{R})$ を

$$AB = (c_{ik})_{l \times n}, \quad c_{ik} = \sum_{j=1}^{m} a_{ij}b_{jk} \quad (i = 1, 2, \ldots, l, \ k = 1, 2, \ldots, n)$$
(2.19)

により定める（図 2.3）.

$$\begin{pmatrix} a_{11} & a_{12} & \cdots & a_{1m} \\ \vdots & \vdots & \ddots & \vdots \\ a_{i1} & a_{i2} & \cdots & a_{im} \\ \vdots & \vdots & \ddots & \vdots \\ a_{l1} & a_{l2} & \cdots & a_{lm} \end{pmatrix} \begin{pmatrix} b_{11} & \cdots & b_{1k} & \cdots & b_{1n} \\ b_{21} & \cdots & b_{2k} & \cdots & b_{2n} \\ \vdots & \ddots & \vdots & \ddots & \vdots \\ b_{m1} & \cdots & b_{mk} & \cdots & b_{mn} \end{pmatrix} = \begin{pmatrix} c_{11} & \cdots & c_{1k} & \cdots & c_{1n} \\ \vdots & \ddots & \vdots & \ddots & \vdots \\ c_{i1} & \cdots & c_{ik} & \cdots & c_{in} \\ \vdots & \ddots & \vdots & \ddots & \vdots \\ c_{l1} & \cdots & c_{lk} & \cdots & c_{ln} \end{pmatrix}$$

$$\sum_{j=1}^{m} a_{ij}b_{jk} = a_{i1}b_{1k} + a_{i2}b_{2k} + \cdots + a_{im}b_{mk} = c_{ik}$$

図 2.3　行列の積

問 2.4　次の計算をせよ [6].

(1) $\begin{pmatrix} 1 & 2 & 0 \\ -1 & 0 & 2 \end{pmatrix} \begin{pmatrix} 3 \\ 4 \\ 5 \end{pmatrix}$. 　(2) $\begin{pmatrix} 4 \\ 3 \end{pmatrix} \begin{pmatrix} 2 & 1 \end{pmatrix}$.

さて, $M_{l,m}(\mathbf{R})$ と $M_{m,n}(\mathbf{R})$ の直積を定義域とし, $M_{l,n}(\mathbf{R})$ を値域とする写像

$$\overset{\text{カイ}}{\mathrm{X}} : M_{l,m}(\mathbf{R}) \times M_{m,n}(\mathbf{R}) \to M_{l,n}(\mathbf{R})$$
(2.20)

を

$$\mathrm{X}(A, B) = AB \quad ((A, B) \in M_{l,m}(\mathbf{R}) \times M_{m,n}(\mathbf{R}))$$
(2.21)

により定める. このとき, X は行列の積を表す写像である.

なお, ここまでに定めた行列の演算に関して, 次がなりたつことが分かる.

---

[5] A の列の個数と B の行の個数がともに等しく, m となっていることから, 積 AB が (2.19) のように定められることに注意しよう.

[6] 本書では, 行列の基本的な計算などの線形代数の初歩はすでに身に付けていることを想定しているが, 慣れていないようであれば, 例えばあとがきの参考文献 [2] などで練習してほしい.

定理 2.1 次の (1)～(4) がなりたつ.

(1) $A \in M_{k,l}(\mathbf{R})$, $B \in M_{l,m}(\mathbf{R})$, $C \in M_{m,n}(\mathbf{R})$ とすると, $(AB)C = A(BC)$. (積の**結合律**)

(2) $A, B \in M_{l,m}(\mathbf{R})$, $C \in M_{m,n}(\mathbf{R})$ とすると, $(A+B)C = AC+BC$. (**分配律**)

(3) $A \in M_{l,m}(\mathbf{R})$, $B, C \in M_{m,n}(\mathbf{R})$ とすると, $A(B+C) = AB+AC$. (**分配律**)

(4) $A \in M_{l,m}(\mathbf{R})$, $B \in M_{m,n}(\mathbf{R})$, $k \in \mathbf{R}$ とすると, $(kA)B = A(kB) = k(AB)$.

また, ベクトル空間の和やスカラー倍も写像として表すことができる. このことは次の問で考えよう.

問 2.5 V を $\mathbf{R}$ 上のベクトル空間とする. 次の (1), (2) の演算を写像として表せ.
(1) V の和.   (2) V のスカラー倍.

§2.1.5 **線形写像** ···◇◇◇

線形代数では, ベクトル空間 定義1.1 の間の特別な写像として, 線形写像とよばれるものを考える. 簡単のため, $\mathbf{R}$ 上のベクトル空間の間の線形写像について述べる. $\mathbf{C}$ 上のベクトル空間の間の線形写像についても同様である.

定義 2.5 V, W を $\mathbf{R}$ 上のベクトル空間, $f : V \to W$ を写像とする. 次の (1), (2) がなりたつとき, f を**線形写像** (linear map) という.
(1) 任意の $\boldsymbol{x}, \boldsymbol{y} \in V$ に対して, $f(\boldsymbol{x} + \boldsymbol{y}) = f(\boldsymbol{x}) + f(\boldsymbol{y})$.
(2) 任意の $\boldsymbol{x} \in V$ および任意の $k \in \mathbf{R}$ に対して, $f(k\boldsymbol{x}) = kf(\boldsymbol{x})$.

⚠注意 2.3 定義 2.5 において, 線形写像 f が (1), (2) の性質をみたすことを「f は和とスカラー倍を保つ」という言い方をする.

◇ **例 2.6** 行列の積を用いて, 数ベクトル空間の間の線形写像を定めることができる. $A \in M_{m,n}(\mathbf{R})$ とする. $\mathbf{R}^m = M_{m,1}(\mathbf{R})$, $\mathbf{R}^n = M_{n,1}(\mathbf{R})$ であることに注意すると, 行列の積の定義 (2.19) より, 写像 $f_A : \mathbf{R}^n \to \mathbf{R}^m$ を

$$f_A(\boldsymbol{x}) = A\boldsymbol{x} \quad (\boldsymbol{x} \in \mathbf{R}^n) \tag{2.22}$$

により定めることができる. このとき, f_A は定義 2.5 の条件 (1), (2) をみたし, 線

2

形写像となる. このことは次の問で考えよう. ◇

問 2.6   例 2.6 において, 次の (1), (2) を示せ.

(1) f_A は定義 2.5 の条件 (1) をみたす.   (2) f_A は定義 2.5 の条件 (2) をみたす.

補足   実は, $\mathbf{R}^n$ から $\mathbf{R}^m$ への線形写像は, ある $A \in M_{m,n}(\mathbf{R})$ を用いて, 例 2.6 で定めた f_A として表され, しかも, この A は一意的であることが分かる.

線形写像の例を他にもいくつか挙げておこう.

◇ 例 2.7 (零写像) V, W を $\mathbf{R}$ 上のベクトル空間とし, 写像 $f : V \to W$ を

$$f(\boldsymbol{x}) = \mathbf{0}_W \quad (\boldsymbol{x} \in V) \tag{2.23}$$

により定める. ただし, $\mathbf{0}_W$ は W の零ベクトルである.

このとき, $\boldsymbol{x}, \boldsymbol{y} \in V$ とすると, f の定義 (2.23) および零ベクトルの定義より,

$$f(\boldsymbol{x} + \boldsymbol{y}) = \mathbf{0}_W = \mathbf{0}_W + \mathbf{0}_W = f(\boldsymbol{x}) + f(\boldsymbol{y}) \tag{2.24}$$

となる. よって, f は定義 2.5 の条件 (1) をみたす.

さらに, $k \in \mathbf{R}$ とすると, f の定義および問 1.5 より,

$$f(k\boldsymbol{x}) = \mathbf{0}_W = k\mathbf{0}_W = kf(\boldsymbol{x}) \tag{2.25}$$

となる. よって, f は定義 2.5 の条件 (2) をみたす.

したがって, f は線形写像である. これを**零写像** (zero map) という. ◇

◇ 例 2.8 (線形変換) V をベクトル空間とする. このとき, V から V への線形写像を V の**線形変換** (linear transformation) ともいう. ◇

問 2.7 $1_V : V \to V$ を V 上の恒等写像とする 例 2.3. 1_V は V の線形変換であることを示せ. これを**恒等変換** (identity transformation) ともいう. 🕮

線形写像について, 次がなりたつ.

定理 2.2 V, W を $\mathbf{R}$ 上のベクトル空間, $f : V \to W$ を線形写像とする. このとき, 次の (1), (2) がなりたつ.

  (1) $f(\mathbf{0}_V) = \mathbf{0}_W$. ただし, $\mathbf{0}_V, \mathbf{0}_W$ はそれぞれ V, W の零ベクトルである.

  (2) $\boldsymbol{x}_1, \boldsymbol{x}_2, \ldots, \boldsymbol{x}_m \in V$, $k_1, k_2, \ldots, k_m \in \mathbf{R}$ とすると,

$$f(k_1\boldsymbol{x}_1+k_2\boldsymbol{x}_2+\cdots+k_m\boldsymbol{x}_m) = k_1f(\boldsymbol{x}_1)+k_2f(\boldsymbol{x}_2)+\cdots+k_mf(\boldsymbol{x}_m) \tag{2.26}$$

である.

【証明】 (1) のみ示し, (2) の証明は問 2.8 とする.

(1) 定義 1.1 の条件 (8) および定義 2.5 の条件 (2) より,

$$f(\boldsymbol{0}_V) = f(0\,\boldsymbol{0}_V) = 0f(\boldsymbol{0}_V) = \boldsymbol{0}_W \tag{2.27}$$

となる. すなわち, (1) がなりたつ.　　　　　　　　　　　　　□

問 2.8 $m = 1$ のとき, 定義 2.5 の条件 (2) より, (2.26) がなりたつ. $m = l$ ($l \in \mathbf{N}$) のとき, (2.26) がなりたつと仮定し, $m = l+1$ のときも (2.26) がなりたつことを示せ. つまり, 数学的帰納法より, 任意の $m \in \mathbf{N}$ に対して, (2.26) がなりたつ.

§2.1.6   像と逆像 ···◇◇◇

写像の定義域の部分集合に対して, 次のような値域の部分集合を考えることができる.

定義 2.6 X, Y を空でない集合, $f : X \to Y$ を写像とし, $A \subset X$ とする. このとき, $f(A) \subset Y$ を

$$f(A) = \{f(x) \,|\, x \in A\} = \{y \,|\, \text{ある } x \in A \text{ が存在し,} \; y = f(x)\} \tag{2.28}$$

により定め, $f(A)$ を f による A の**像**または**値域**という. ただし, $f(\emptyset) = \emptyset$ と定める.

✏注意 2.4   像や値域という用語は, 定義 2.1 においても現れたが, 定義 2.6 で定めたものは異なる概念であるので, 混乱しないようにしよう. また, 定義 2.6 において, $f(X)$ を f の値域ということもある.

例題 2.3 $X = \{1, 2, 3\}$, $Y = \{4, 5, 6\}$ とし, 写像 $f : X \to Y$ を $f(1) = 4$, $f(2) = 4$, $f(3) = 5$ により定める. 集合 $f(\{1, 2\})$ を外延的記法 §1.1.6 により表せ.

解説　像の定義 (2.28) および f の定義より,

$$f(\{1, 2\}) = \{f(1), f(2)\} = \{4, 4\} = \{4\} \tag{2.29}$$

である.　　　　　　　　　　　　　　　　　　　　　　　　　　　□

問 2.9　例題 2.3 の f について, 集合

$$f(\{1\}), \quad f(\{2\}), \quad f(\{3\}), \quad f(\{1, 3\}), \quad f(\{2, 3\}), \quad f(X) \tag{2.30}$$

を外延的記法 §1.1.6 により表せ.

また, 写像の値域の部分集合に対して, 次のような定義域の部分集合を考えることができる.

定義 2.7　X, Y を空でない集合, $f : X \to Y$ を写像とし, $B \subset Y$ とする. このとき, $f^{-1}(B) \subset X$ を

$$f^{-1}(B) = \{x \in X \mid f(x) \in B\} \tag{2.31}$$

により定め [7], $f^{-1}(B)$ を f による B の**逆像**または**原像**という. ただし, $f^{-1}(\emptyset) = \emptyset$ と定める.

⚠ 注意 2.5　逆像や原像という用語は, 定義 2.1 においても現れたが, 定義 2.7 で定めたものは異なる概念であるので, 混乱しないようにしよう. また, 定義 2.7 において, B が 1 個の元 y からなる集合 $\{y\}$ のときは, $f^{-1}(\{y\})$ を単に $f^{-1}(y)$ と表すこともある.

例題 2.4　例題 2.3 の f について, 集合 $f^{-1}(\{4, 6\})$ を外延的記法 §1.1.6 により表せ.

解説　f の定義より, $f(x) \in \{4, 6\}$ となる $x \in X$ を求めると, $x = 1, 2$ である. よって, 逆像の定義 (2.31) より,

$$f^{-1}(\{4, 6\}) = \{1, 2\} \tag{2.32}$$

である.　　　　　　　　　　　　　　　　　　　　　　　　　　　□

---

[7] f^{-1} は「エフインバース」という.

問 2.10   例題 2.3 の f について，集合

$$f^{-1}(\{4\}), \quad f^{-1}(\{5\}), \quad f^{-1}(\{6\}), \quad f^{-1}(\{4, 5\}), \quad f^{-1}(\{5, 6\}), \quad f^{-1}(Y)$$
(2.33)

を外延的記法 §1.1.6 により表せ．

§2.1.7 線形写像の像と核 ···◇◇◇

線形写像に対しては，次のような特別な像や逆像を考えることが多い．

> **定義 2.8** V, W をベクトル空間，$f : V \to W$ を線形写像とする．この
> とき，
>
> $$\mathrm{Im}\, f = f(V)$$
> (2.34)
>
> とおき，これを f の**像** (image) という（図 2.4）．また，
>
> $$\mathrm{Ker}\, f = f^{-1}(\{\mathbf{0}_W\})$$
> (2.35)
>
> とおき，これを f の**核** (kernel) という（図 2.5）．

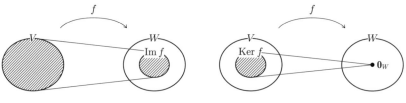

図 2.4 f の像 $\mathrm{Im}\, f$ **図 2.5** f の核 $\mathrm{Ker}\, f$

◇ **例 2.9** 例 1.18 で述べた同次連立 1 次方程式を思い出そう．$a_{11}, a_{12}, \ldots, a_{mn} \in$
$\mathbf{R}$ を定数とし，n 個の未知変数 $x_1, x_2, \ldots, x_n$ についての同次連立 1 次方程式

$$\begin{cases} a_{11}x_1 + a_{12}x_2 + \cdots + a_{1n}x_n = 0, \\ a_{21}x_1 + a_{22}x_2 + \cdots + a_{2n}x_n = 0, \\ \qquad\qquad\qquad \vdots \\ a_{m1}x_1 + a_{m2}x_2 + \cdots + a_{mn}x_n = 0 \end{cases}$$
(2.36)

を考える．このとき，$A \in M_{m,n}(\mathbf{R})$ および $\boldsymbol{x} \in \mathbf{R}^n$ を

$$A = \begin{pmatrix} a_{11} & a_{12} & \cdots & a_{1n} \\ a_{21} & a_{22} & \cdots & a_{2n} \\ \vdots & \vdots & \ddots & \vdots \\ a_{m1} & a_{m2} & \cdots & a_{mn} \end{pmatrix}, \quad \boldsymbol{x} = \begin{pmatrix} x_1 \\ x_2 \\ \vdots \\ x_n \end{pmatrix} \tag{2.37}$$

により定め, 行列の積を用いると, (2.36) は

$$A\boldsymbol{x} = \boldsymbol{0} \tag{2.38}$$

と表される. ただし, $\boldsymbol{0}$ は $\mathbf{R}^m$ の零ベクトルである. A を**係数行列** (coefficient matrix) という.

ここで, 例 2.6 で述べた, 行列を用いて定められる数ベクトル空間の間の線形写像を思い出そう. すなわち, 写像 $f_A : \mathbf{R}^n \to \mathbf{R}^m$ を

$$f_A(\boldsymbol{x}) = A\boldsymbol{x} \quad (\boldsymbol{x} \in \mathbf{R}^n) \tag{2.39}$$

により定めると, f_A は線形写像である. すると, 同次連立 1 次方程式 (2.38) の解 $\boldsymbol{x}$ とは f_A の核 $\mathrm{Ker}\, f_A$ の元 $\boldsymbol{x}$ のことに他ならない. なお, 次の定理 2.3 で述べるように, 線形写像の核は部分空間 §1.1.9 となることから, 同次連立 1 次方程式 (2.38) の解全体の集合を**解空間** (solution space) ともいう. ◇

線形写像の像や核について, 次がなりたつ.

> **定理 2.3** V, W を $\mathbf{R}$ 上のベクトル空間, $f : V \to W$ を線形写像とする. このとき, 次の (1), (2) がなりたつ.
> (1) $\mathrm{Im}\, f$ は W の部分空間である.
> (2) $\mathrm{Ker}\, f$ は V の部分空間である.

【証明】 $\mathrm{Im}\, f$ および $\mathrm{Ker}\, f$ が定理 1.6 の条件 (a)～(c) をみたすことを示せばよい. (1) まず, 定理 2.2 (1) より,

$$\boldsymbol{0}_W = f(\boldsymbol{0}_V) \in \mathrm{Im}\, f \tag{2.40}$$

である. よって, $\boldsymbol{0}_W \in \mathrm{Im}\, f$ となり, $\mathrm{Im}\, f$ は定理 1.6 の条件 (a) をみたす.

次に, $\boldsymbol{y}, \boldsymbol{y}' \in \mathrm{Im}\, f$ とする. このとき, ある $\boldsymbol{x}, \boldsymbol{x}' \in V$ が存在し, $\boldsymbol{y} = f(\boldsymbol{x})$, $\boldsymbol{y}' = f(\boldsymbol{x}')$ となる. ここで, f は線形写像であり, V はベクトル空間なので,

$$\boldsymbol{y} + \boldsymbol{y}' = f(\boldsymbol{x}) + f(\boldsymbol{x}') = f(\boldsymbol{x} + \boldsymbol{x}') \in \mathrm{Im}\, f \tag{2.41}$$

2

写像

となる．よって，$\boldsymbol{y}, \boldsymbol{y}' \in \operatorname{Im} f$ ならば $\boldsymbol{y} + \boldsymbol{y}' \in \operatorname{Im} f$ となり，$\operatorname{Im} f$ は定理 1.6 の条件 (b) をみたす．

さらに，$k \in \mathbf{R}$ とする．このとき，f は線形写像であり，V はベクトル空間なので，

$$k\boldsymbol{y} = kf(\boldsymbol{x}) = f(k\boldsymbol{x}) \in \operatorname{Im} f \tag{2.42}$$

となる．よって，$\boldsymbol{y} \in \operatorname{Im} f$，$k \in \mathbf{R}$ ならば $k\boldsymbol{y} \in \operatorname{Im} f$ となり，$\operatorname{Im} f$ は定理 1.6 の条件 (c) をみたす．

(2) まず，定理 2.2 (1) より，

$$f(\boldsymbol{0}_V) = \boldsymbol{0}_W \tag{2.43}$$

である．よって，$\boldsymbol{0}_V \in \operatorname{Ker} f$ となり，$\operatorname{Ker} f$ は定理 1.6 の条件 (a) をみたす．$\operatorname{Ker} f$ が定理 1.6 の条件 (b)，(c) をみたすことについては問 2.11 とする．　□

問 2.11 　定理 2.3 (2) において，次の (1)，(2) を示せ．
(1) $\operatorname{Ker} f$ は定理 1.6 の条件 (b) をみたす．
(2) $\operatorname{Ker} f$ は定理 1.6 の条件 (c) をみたす．

本節のまとめ

☑ 写像とは，1 つの集合の各元に対してもう 1 つの集合の元を対応させる規則である．　定義 2.1

☑ 実数値関数，複素数値関数は写像の例であり，単に関数ともいう．　定義 2.1

☑ 写像の例として，定値写像，包含写像，恒等写像，制限写像が挙げられる．　例 2.2 〜 例 2.4

☑ 2 つの写像に対して，相等関係を考えることができる．　§2.1.2

☑ 2 つの集合の直積の概念を用いて，写像のグラフを考えることができる．　§2.1.3

☑ 行列の和，スカラー倍，積といった演算は写像として表すことができる．　§2.1.4

☑ ベクトル空間の間の線形写像の例として，行列の積を用いて定められる数ベクトル空間の間の線形写像，零写像，線形変換，恒等変換が挙げられる．　§2.1.5

☑ 写像と定義域の部分集合に対して，像を定めることができる． 定義 2.6

☑ 写像と値域の部分集合に対して，逆像を定めることができる． 定義 2.7

☑ 線形写像に対して，像や核を定めることができる． 定義 2.8

2.2 合成写像と逆写像

 合成写像や逆写像はさまざまな場面で現れる重要な写像である．まず，合成写像とは，2 つの写像があたえられ，定義域や値域がある条件をみたしているときに定められるものである．本節では，始めに合成写像を扱う．続いて，全射，単射といった特別な性質をみたす写像について述べ，それらをもとに，合成写像とも関連する逆写像を扱う．

§2.2.1 合成写像

X, Y, Z を空でない集合，$f : X \to Y$，$g : Y \to Z$ を写像とする．f の値域と g の定義域はともに Y であることに注意しよう．このとき，$x \in X$ とすると，写像 $f : X \to Y$ があたえられていることから，$f(x) \in Y$ が定まる．すると，写像 $g : Y \to Z$ があたえられていることから，$g(f(x)) \in Z$ が定まる．よって，写像 $g \circ f : X \to Z$ を

$$(g \circ f)(x) = g(f(x)) \quad (x \in X) \tag{2.44}$$

により定めることができる．$g \circ f$ を f と g の**合成写像** (composite map) または**合成** (composition) という [8]（図 2.6）．

> **例題 2.5** $X = \{1, 2, 3\}$, $Y = \{4, 5, 6\}$, $Z = \{7, 8, 9\}$ とし，写像 $f : X \to Y$ を $f(1) = 5$, $f(2) = 6$, $f(3) = 6$, 写像 $g : Y \to Z$ を $g(4) = 7$, $g(5) = 8$, $g(6) = 9$ により定める．このとき，$(g \circ f)(1)$ を求めよ．

解説 f の値域と g の定義域はともに Y なので，合成写像 $g \circ f : X \to Z$ が定義されることに注意しよう．f, g の定義および合成写像の定義 (2.44) より，

---

[8] 関数と関数の合成は**合成関数** (composite function) ともいう．

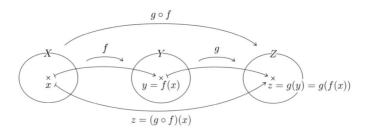

図 2.6 合成写像 $g \circ f : X \to Z$

$$(g \circ f)(1) = g(f(1)) = g(5) = 8 \tag{2.45}$$

である。   □

問 2.12   例題 2.5 の f, g について，$(g \circ f)(2)$ および $(g \circ f)(3)$ を求めよ。📕

写像の合成は結合律をみたす。すなわち，次がなりたつ。

定理 2.4（結合律） X, Y, Z, W を空でない集合，$f : X \to Y$，$g : Y \to Z$，$h : Z \to W$ を写像とする。このとき，

$$h \circ (g \circ f) = (h \circ g) \circ f \tag{2.46}$$

がなりたつ。

【証明】 写像の相等関係に対する 3 つの条件，すなわち，定義 2.2 の条件 (1)〜(3) を確認する。

条件 (1), (2) f の定義域は X，値域は Y であり，g の定義域は Y，値域は Z なので，$g \circ f$ の定義域は X，値域は Z である。さらに，h の定義域は Z，値域は W なので，$h \circ (g \circ f)$ の定義域は X，値域は W である。一方，g の定義域は Y，値域は Z であり，h の定義域は Z，値域は W なので，$h \circ g$ の定義域は Y，値域は W である。さらに，f の定義域は X，値域は Y なので，$(h \circ g) \circ f$ の定義域は X，値域は W である。よって，$h \circ (g \circ f)$ と $(h \circ g) \circ f$ の定義域，値域はそれぞれ等しい。すなわち，$h \circ (g \circ f)$ と $(h \circ g) \circ f$ は定義 2.2 の条件 (1), (2) をみたす。

条件 (3) $x \in X$ とすると，合成写像の定義 (2.44) より，

$$(h \circ (g \circ f))(x) = h((g \circ f)(x)) = h(g(f(x))) = (h \circ g)(f(x)) = ((h \circ g) \circ f)(x),$$
$$(2.47)$$

すなわち，

$$(h \circ (g \circ f))(x) = ((h \circ g) \circ f)(x) \tag{2.48}$$

である．よって，$h \circ (g \circ f)$ と $(h \circ g) \circ f$ は定義 2.2 の条件 (3) をみたす．

したがって，(2.46) がなりたつ． $\square$

2

写像

　線形写像 定義 2.5 と線形写像の合成は線形写像となる．簡単のため，$\mathbf{R}$ 上のベクトル空間の間の線形写像に対する合成の場合を述べよう．$\mathbf{C}$ 上のベクトル空間の間の線形写像に対する合成の場合も同様である．

> **定理 2.5**　U, V, W を $\mathbf{R}$ 上のベクトル空間，$f : U \to V$ および $g : V \to W$ を線形写像とする．このとき，合成写像 $g \circ f : U \to W$ は線形写像である．

【証明】　$g \circ f$ が定義 2.5 の条件 (1)，(2) をみたすことを示せばよい．条件 (1) をみたすことのみ示し，条件 (2) をみたすことについては問 2.13 とする．
<u>条件 (1)</u>　$\boldsymbol{x}, \boldsymbol{y} \in U$ とする．このとき，合成写像の定義 (2.44) および f, g に対する定義 2.5 の条件 (1) より，

$$(g \circ f)(\boldsymbol{x} + \boldsymbol{y}) = g(f(\boldsymbol{x} + \boldsymbol{y})) = g(f(\boldsymbol{x}) + f(\boldsymbol{y})) = g(f(\boldsymbol{x})) + g(f(\boldsymbol{y}))$$
$$= (g \circ f)(\boldsymbol{x}) + (g \circ f)(\boldsymbol{y}) \tag{2.49}$$

となる．よって，$g \circ f$ は定義 2.5 の条件 (1) をみたす． $\square$

> **問 2.13**　定理 2.5 において，$g \circ f$ が定義 2.5 の条件 (2) をみたすことを示せ．

> **問 2.14**　V をベクトル空間，$f : V \to V$ を線形変換 例 2.8 とする．合成写像 $f \circ f : V \to V$ および f の像 $\mathrm{Im}\, f$，f の核 $\mathrm{Ker}\, f$ 定義 2.8 に関して，次の (1)，(2) がなりたつことを示せ．

(1) $f \circ f$ が零写像 例 2.7 ならば，$\mathrm{Im}\, f \subset \mathrm{Ker}\, f$ である．
(2) $\mathrm{Im}\, f \subset \mathrm{Ker}\, f$ ならば，$f \circ f$ は零写像である．

補足　とくに，$f \circ f$ が零写像であることと $\mathrm{Im}\, f \subset \mathrm{Ker}\, f$ は同値である．

§2.2.2　全射と単射 ·· ◇◇◇

　次に，写像に関する基本的概念である全射と単射について述べよう．

> **定義 2.9**　X, Y を空でない集合，$f : X \to Y$ を写像とする.
>
> 　任意の $y \in Y$ に対して，ある $x \in X$ が存在し，$y = f(x)$ となるとき，f を**全射** (surjection) または**上への写像** (onto map) という（図 2.7）.
>
> 　$x_1, x_2 \in X$，$x_1 \neq x_2$ ならば，$f(x_1) \neq f(x_2)$ となるとき，f を**単射** (injection) または **1 対 1 の写像** (one to one map) という（図 2.8）.
>
> 　全射かつ単射である写像を**全単射** (bijection) という.

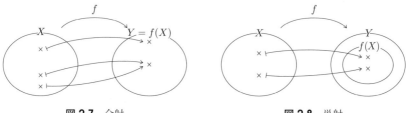

図 2.7　全射   図 2.8　単射

✎注意 2.6　定義 2.9 において，像の定義 (2.28) より，f が全射であるとは $f(X) = Y$ となることである.

　また，f が単射であるとは，対偶を考えると，「$x_1, x_2 \in X$，$f(x_1) = f(x_2)$ ならば，$x_1 = x_2$ となる」ことである. よって，f がこの条件をみたすことを単射の定義としてもよい.

◇ **例 2.10**　X を空でない集合とする. また，$n \in \mathbf{N}$ に対して，1 から n までの自然数全体の集合を X_n とおく. すなわち,

$$X_n = \{1, 2, \ldots, n\} \tag{2.50}$$

である. このとき，X が n 個の元からなる有限集合 §1.1.7 であるとは，X_n から X への全単射が存在することに他ならない.　　　　　　　　　　　　　　　　　◇

> **例題 2.6**　X, Y を空でない集合とし，$X \subset Y$ とする. このとき，包含写像 例 2.3 $\iota : X \to Y$ は単射であることを示せ.

解説　ι が定義 2.9 の単射の条件をみたすことを示す. $x_1, x_2 \in X$，$x_1 \neq x_2$ とする. このとき，包含写像の定義より,

$$\iota(x_1) = x_1, \quad \iota(x_2) = x_2 \tag{2.51}$$

である. よって, $x_1 \neq x_2$ より, $\iota(x_1) \neq \iota(x_2)$ となる. したがって, ι は定義 2.9 の単射の条件をみたし, 単射である. □

✎ 注意 2.7 例題 2.6 において, とくに, $X = Y$ とすると, 恒等写像 $\mathrm{id}_X : X \to X$ は単射である. さらに, id_X は全射となる. このことの証明は問 2.15 としよう. とくに, 恒等写像は全単射である.

問 2.15 X を空でない集合とすると, 恒等写像 $\mathrm{id}_X : X \to X$ は全射であることを示せ.

◇ **例 2.11** 関数 $f : \mathbf{R} \to \mathbf{R}$ を

$$f(x) = x^2 \quad (x \in \mathbf{R}) \tag{2.52}$$

により定める. このとき, 定義 2.9 にしたがって, f は全射でも単射でもないことを示そう.

まず, 例えば, -1 は f の値域の元, すなわち, $-1 \in \mathbf{R}$ である. しかし, $f(x) = -1$ となる定義域の元, すなわち, $x^2 = -1$ となる $x \in \mathbf{R}$ は存在しない. よって, f は定義 2.9 の全射の条件をみたさず, 全射ではない.

また, 例えば, -1 および 1 は定義域の異なる元, すなわち, $-1, 1 \in \mathbf{R}$, $-1 \neq 1$ である. しかし, $f(-1) = f(1) = 1$ となる. よって, f は定義 2.9 の単射の条件をみたさず, 単射ではない. ◇

問 2.16 関数 $g : \mathbf{R} \to [0, +\infty)$ および $h : [0, +\infty) \to \mathbf{R}$ を [9)]

$$g(x) = x^2 \quad (x \in \mathbf{R}), \quad h(x) = x^2 \quad (x \in [0, +\infty)) \tag{2.53}$$

により定める. 次の問に答えよ.
(1) g は全射であるが, 単射ではないことを示せ.
(2) h は全射ではないが, 単射であることを示せ.

また, 写像の合成について, 次がなりたつ.

[9)] $a \in \mathbf{R}$ に対して, $[a, +\infty), (-\infty, a] \subset \mathbf{R}$ を $[a, +\infty) = \{x \in \mathbf{R} \mid a \leq x\}, (-\infty, a] = \{x \in \mathbf{R} \mid x \leq a\}$ により定め, これらを**無限閉区間** (infinite closed interval) という. また, $(a, +\infty), (-\infty, a) \subset \mathbf{R}$ を $(a, +\infty) = \{x \in \mathbf{R} \mid a < x\}, (-\infty, a) = \{x \in \mathbf{R} \mid x < a\}$ により定め, これらを**無限開区間** (infinite open interval) という.

定理 2.6 X, Y, Z を空でない集合, $f : X \to Y$, $g : Y \to Z$ を写像とする. このとき, 次の (1), (2) がなりたつ.

(1) f, g がともに全射ならば, $g \circ f$ は全射である.

(2) f, g がともに単射ならば, $g \circ f$ は単射である.

とくに, f, g がともに全単射ならば, $g \circ f$ は全単射である.

【証明】   (1) のみ示し, (2) の証明は問 2.17 とする.

(1) $z \in Z$ とする. g は全射なので, ある $y \in Y$ が存在し, $z = g(y)$ となる. さらに, f は全射なので, ある $x \in X$ が存在し, $y = f(x)$ となる. このとき, $z = g(f(x))$, すなわち, 合成写像の定義 (2.44) より, $z = (g \circ f)(x)$ となる. よって, $g \circ f$ は定義 2.9 の全射の条件をみたし, 全射である.   □

問 2.17   定理 2.6 (2) を示せ.

　線形写像の全射性や単射性は像や核 定義 2.8 に対する条件で言い換えることができる.

定理 2.7 V, W を $\mathbf{R}$ 上のベクトル空間 [10], $f : V \to W$ を線形写像とする. このとき, 次の (1), (2) がなりたつ.

(1) f が全射であることと $\operatorname{Im} f = W$ は同値である.

(2) f が単射であることと $\operatorname{Ker} f = \{\mathbf{0}_V\}$ は同値である.

【証明】   (1) 像の定義 (2.34) より, 明らかである.

(2) まず, f が単射であるとする. $\boldsymbol{x} \in \operatorname{Ker} f$ とすると, 定理 2.2 (1) より,

$$f(\boldsymbol{x}) = \mathbf{0}_W = f(\mathbf{0}_V) \tag{2.54}$$

となる. すなわち, $f(\boldsymbol{x}) = f(\mathbf{0}_V)$ である. ここで, f は単射なので, $\boldsymbol{x} = \mathbf{0}_V$ である. よって, $\operatorname{Ker} f = \{\mathbf{0}_V\}$ である.

　次に, $\operatorname{Ker} f = \{\mathbf{0}_V\}$ であるとする. $\boldsymbol{x}, \boldsymbol{y} \in V$, $f(\boldsymbol{x}) = f(\boldsymbol{y})$ とすると, f は線形写像なので,

$$\mathbf{0}_W = f(\boldsymbol{x}) - f(\boldsymbol{y}) = f(\boldsymbol{x} - \boldsymbol{y}) \tag{2.55}$$

となる. すなわち, $\boldsymbol{x} - \boldsymbol{y} \in \operatorname{Ker} f$ である. ここで, $\operatorname{Ker} f = \{\mathbf{0}_V\}$ なので, $\boldsymbol{x} - \boldsymbol{y} = \mathbf{0}_V$, すなわち, $\boldsymbol{x} = \boldsymbol{y}$ である. よって, 注意 2.6 より, f は単射である.

---

[10] $\mathbf{C}$ 上のベクトル空間の場合も同様である.

したがって，(2) がなりたつ． □

§2.2.3　行列の基本変形と階数 ⋯⋯⋯⋯⋯⋯⋯⋯⋯⋯⋯◇◇◇

　行列を用いて定められる数ベクトル空間の間の線形写像 例 2.6 については，その全射性や単射性を行列の階数に対する条件で判定することができる．ここでは，実行列の階数やその計算を行うための基本変形について，簡単に述べておこう [11]．

> **定義 2.10**　実行列に対する次の (1)～(3) の変形を**行に関する基本変形** (elementary row operation) という．
> (1) 1 つの行に 0 でない実数を掛ける．
> (2) 2 つの行を入れ替える．
> (3) 1 つの行に，他の行の 0 でない実数を掛けたものを加える．
> 　また，上の (1)～(3) の「行」の部分をすべて「列」に置き換えた変形を**列に関する基本変形** (elementary column operation) という．さらに，行に関する基本変形と列に関する基本変形をあわせて，**基本変形** (elementary operation) という．なお，基本変形のことを**初等変形**ともいう．

　$A \in M_{m,n}(\mathbf{R})$ とすると，A は基本変形を何回か行うことにより，

$$\begin{pmatrix} E_r & O_{r,n-r} \\ O_{m-r,r} & O_{m-r,n-r} \end{pmatrix} \tag{2.56}$$

という形に変形することができる．ただし，E_r は r 次の単位行列，すなわち，対角成分が 1 であり，その他の成分が 0 の r 次行列である．また，k 行 l 列の零行列を $O_{k,l}$ と表した 定理 1.2 の証明．(2.56) の行列を A の**階数標準形** (rank canonical form) という．また，

$$\text{rank}\, A = r \tag{2.57}$$

とおき，これを A の**階数** (rank) という．ただし，零行列の階数は 0 であると約束する．このとき，次がなりたつことが分かる．

[11) 複素行列の場合も同様である．

∥ **定理 2.8** 階数および階数標準形は基本変形の仕方に依存しない.

✎ **注意 2.8** 数学では,すでに定められた概念から新たな概念を定める際に,いったん別の概念を経由することがあるが,このときに別の概念が複数定まってしまうことがある.それにも関わらず,最終的に定まる概念がきちんと 1 つに確定するとき,その定義は **well-defined** であるという [12].また,well-defined であることを **well-definedness** という.すなわち,定理 2.8 は階数および階数標準形の定義が well-defined であることを意味する.

◇ **例 2.12** 基本変形を行うと,

$$\begin{pmatrix} 1 & 2 & 3 & 0 \\ -2 & -4 & -6 & 0 \\ 1 & 2 & 5 & 4 \end{pmatrix} \xrightarrow[\text{第 3 行 − 第 1 行}]{\text{第 2 行 + 第 1 行 ×2}} \begin{pmatrix} 1 & 2 & 3 & 0 \\ 0 & 0 & 0 & 0 \\ 0 & 0 & 2 & 4 \end{pmatrix} \xrightarrow{\text{第 3 行 × }\frac{1}{2}}$$

$$\begin{pmatrix} 1 & 2 & 3 & 0 \\ 0 & 0 & 0 & 0 \\ 0 & 0 & 1 & 2 \end{pmatrix} \xrightarrow{\text{第 2 行 と 第 3 行 の入れ替え}} \begin{pmatrix} 1 & 2 & 3 & 0 \\ 0 & 0 & 1 & 2 \\ 0 & 0 & 0 & 0 \end{pmatrix} \xrightarrow[\text{第 3 列 − 第 1 列 ×3}]{\text{第 2 列 − 第 1 列 ×2}}$$

$$\begin{pmatrix} 1 & 0 & 0 & 0 \\ 0 & 0 & 1 & 2 \\ 0 & 0 & 0 & 0 \end{pmatrix} \xrightarrow{\text{第 4 列 − 第 3 列 ×2}} \begin{pmatrix} 1 & 0 & 0 & 0 \\ 0 & 0 & 1 & 0 \\ 0 & 0 & 0 & 0 \end{pmatrix} \xrightarrow{\text{第 2 列 と 第 3 列 の入れ替え}}$$

$$\begin{pmatrix} 1 & 0 & 0 & 0 \\ 0 & 1 & 0 & 0 \\ 0 & 0 & 0 & 0 \end{pmatrix} \tag{2.58}$$

となる.よって,

$$\mathrm{rank} \begin{pmatrix} 1 & 2 & 3 & 0 \\ -2 & -4 & -6 & 0 \\ 1 & 2 & 5 & 4 \end{pmatrix} = 2 \tag{2.59}$$

である.なお,計算に慣れてくれば,(2.58) の 3 回目の変形で現れた行列

$$\begin{pmatrix} 1 & 2 & 3 & 0 \\ 0 & 0 & 1 & 2 \\ 0 & 0 & 0 & 0 \end{pmatrix} \tag{2.60}$$

を見た時点で,最後の階数標準形が見えてきて,階数が 2 であることも分かるであろう.(2.60) のような行列を **階段行列** (echelon matrix) という(図 2.9).　　　◇

---

[12] "well-defined" の日本語訳は「うまく定義されている」のようになるであろうが,本書では慣習にしたがい,英語のまま表記する.

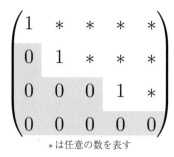

*は任意の数を表す

図 2.9 階段行列

2

写

像

問 2.18 基本変形を行うことにより，次の (1)〜(3) の行列の階数を求めよ．

$$(1) \begin{pmatrix} 1 & -2 & 1 \\ 2 & -4 & 2 \\ 3 & -6 & 5 \\ 0 & 0 & 2 \end{pmatrix}. \qquad (2) \begin{pmatrix} 1 & 2 & 3 \\ 2 & 3 & 1 \end{pmatrix}. \qquad (3) \begin{pmatrix} 1 & 3 \\ 2 & 2 \\ 3 & 1 \end{pmatrix}.$$

§2.2.4 行列を用いて定められる線形写像 ·························◇◇◇

それでは，行列を用いて定められる数ベクトル空間の間の線形写像 例2.6 が全射あるいは単射となるための条件について調べていこう．$A \in M_{m,n}(\mathbf{R})$ とし，線形写像 $f_A : \mathbf{R}^n \to \mathbf{R}^m$ を

$$f_A(\boldsymbol{x}) = A\boldsymbol{x} \quad (\boldsymbol{x} \in \mathbf{R}^n) \tag{2.61}$$

により定める．

まず，f_A が全射であるとしよう．全射の定義 定義2.9 より，このことは任意の $\boldsymbol{b} \in \mathbf{R}^m$ に対して，連立 1 次方程式

$$A\boldsymbol{x} = \boldsymbol{b} \tag{2.62}$$

の解が存在することを意味する．(2.62) は (1.27) のように表されることに注意しよう．連立 1 次方程式 (2.62) は加減法により解くことができるが，この方法は A と $\boldsymbol{b}$ を並べて得られる m 行 $(n+1)$ 列の行列 $(A\,|\,\boldsymbol{b})$ に対して，行に関する基本変形を行うことに他ならない [13]．$(A\,|\,\boldsymbol{b})$ を**拡大係数行列** (aug-

---

[13] 基本変形を用いて連立 1 次方程式を解く方法を**掃き出し法** (row reduction) または**ガウスの消去法** (Gaussian elimination) という．

mented matrix) という. なお, $\boldsymbol{b} = \boldsymbol{0}_{\mathbf{R}^m}$ のとき, すなわち, (2.62) が同次連立 1 次方程式の場合は, $\boldsymbol{b}$ の部分は基本変形をしても $\boldsymbol{0}_{\mathbf{R}^m}$ のままである. よって, $\boldsymbol{b}$ の部分は省略して, 係数行列 A の基本変形を行えばよい. さらに, 「2 つの列を入れ替える」基本変形を行おう. このことは未知変数を入れ替えることに対応する. このとき, $(A \,|\, \boldsymbol{b})$ は

$$
\begin{pmatrix}
E_r & B & \bigm| & \boldsymbol{c} \\
O_{m-r,r} & O_{m-r,n-r} & \bigm| & \boldsymbol{d}
\end{pmatrix}
\tag{2.63}
$$

と変形することができる. $\boldsymbol{b}$ を任意に選ぶと, とくに, $\boldsymbol{d}$ も任意のベクトルとなる. よって, 任意の $\boldsymbol{b}$ に対して, 連立 1 次方程式 (2.62) の解が存在するためには, (2.63) において, $O_{m-r,r}$, $O_{m-r,n-r}$, $\boldsymbol{d}$ の部分は現れず, $r = m$, すなわち, $\mathrm{rank}\, A = m$ でなければならない [14]. そして, $r = m$ のとき, (2.63) は $(E_m\ B \,|\, \boldsymbol{c})$ と表され, (2.63) を拡大係数行列とする連立 1 次方程式は $\boldsymbol{y} \in \mathbf{R}^m$ および $\boldsymbol{z} \in \mathbf{R}^{n-m}$ を未知のベクトルとして,

$$
(E_m\ B)\begin{pmatrix} \boldsymbol{y} \\ \boldsymbol{z} \end{pmatrix} = \boldsymbol{c},
\tag{2.64}
$$

すなわち,

$$
\boldsymbol{y} + B\boldsymbol{z} = \boldsymbol{c}
\tag{2.65}
$$

となる. したがって, $\boldsymbol{z} \in \mathbf{R}^{n-m}$ を任意に選んでおき, $\boldsymbol{y} \in \mathbf{R}^m$ を (2.65) により定めれば, $\begin{pmatrix} \boldsymbol{y} \\ \boldsymbol{z} \end{pmatrix}$ は (2.64) の解である.

問 2.19 $a, b \in \mathbf{R}$ を定数とする. 連立 1 次方程式

$$
\begin{cases}
x + 2y = 1, \\
2x + 3y = a, \\
3x + y = b
\end{cases}
\tag{2.66}
$$

が解をもつための a, b の条件を求めよ.

次に, f_A が単射であるとしよう. このとき, 定理 2.7 (2) より, $\mathrm{Ker}\, f_A =$

---

[14] とくに, $m \le n$ である.

2

$\{\mathbf{0}_{\mathbf{R}^n}\}$ である. すなわち, 同次連立 1 次方程式

$$A\boldsymbol{x} = \mathbf{0}_{\mathbf{R}^m} \tag{2.67}$$

の解は $\boldsymbol{x} = \mathbf{0}_{\mathbf{R}^n}$ のみである [15]. ここで, 上で注意したように, 係数行列 A に対して, 行に関する基本変形を行い, さらに, 未知変数の入れ替えに対応する「2 つの列を入れ替える」基本変形を行うと, A は

$$\begin{pmatrix} E_r & B \\ O_{m-r,r} & O_{m-r,n-r} \end{pmatrix} \tag{2.68}$$

と変形することができる. (2.68) を係数行列とする同次連立 1 次方程式は $\boldsymbol{y} \in \mathbf{R}^r$ および $\boldsymbol{z} \in \mathbf{R}^{n-r}$ を未知のベクトルとして,

$$(E_r \ B) \begin{pmatrix} \boldsymbol{y} \\ \boldsymbol{z} \end{pmatrix} = \mathbf{0}_{\mathbf{R}^r}, \tag{2.69}$$

すなわち,

$$\boldsymbol{y} + B\boldsymbol{z} = \mathbf{0}_{\mathbf{R}^r} \tag{2.70}$$

となる. よって, (2.67) の解が $\boldsymbol{x} = \mathbf{0}_{\mathbf{R}^n}$ のみであることから, (2.68) において, B, $O_{m-r,n-r}$ の部分は現れず, $r = n$, すなわち, $\mathrm{rank}\, A = n$ でなければならない [16].

とくに, f_A が全単射となるのは, $m = n$ かつ $\mathrm{rank}\, A = m(= n)$ のときである.

問 2.20 同次連立 1 次方程式

$$\begin{cases} x + 2y + 3z = 0, \\ 2x + 3y + z = 0 \end{cases} \tag{2.71}$$

を解け.

§2.2.5 逆写像 ·································◇◇◇

全単射があたえられると, 逆写像というものを考えることができる. X, Y

---

[15] この解を **自明な解** (trivial solution) という.
[16] とくに, $m \geq n$ である.

を空でない集合, $f : X \to Y$ を全単射とする. このとき, $y \in Y$ とすると, f は全射なので, ある $x \in X$ が存在し, $y = f(x)$ となる. さらに, f は単射なので, このような x は一意的である. よって, y に対して x を対応させる規則を考えることができる. これを f^{-1} と表し, f の**逆写像** (inverse map) という (図 2.10).

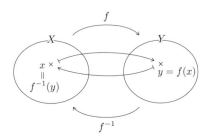

図 2.10　逆写像 $f^{-1} : Y \to X$

f^{-1} は Y から X への全単射となる. また, f^{-1} の逆写像は f, すなわち, $(f^{-1})^{-1} = f$ である. さらに, 逆写像の定義より, f および f^{-1} は

$$f^{-1} \circ f = \mathrm{id}_X, \quad f \circ f^{-1} = \mathrm{id}_Y \tag{2.72}$$

をみたす. ただし, id_X および id_Y はそれぞれ X 上, Y 上の恒等写像 例 2.3 である. なお, 写像を関数という場合は, 逆写像を**逆関数** (inverse function) ともいう. また, 記号「f^{-1}」は逆像 (2.31) に対しても用いられるが, 混乱しないようにしよう.

◇ **例 2.13**（指数関数と対数関数）　$a \in \mathbf{R}$ を $a > 0$ かつ $a \neq 1$ をみたす定数とする. このとき, 関数 $f : \mathbf{R} \to (0, +\infty)$ を

$$f(x) = a^x \quad (x \in \mathbf{R}) \tag{2.73}$$

により定める. すなわち, f は a を底とする指数関数である. f は全単射となるので, f の逆関数 $f^{-1} : (0, +\infty) \to \mathbf{R}$ が存在するが, これは a を底とする対数関数に他ならない. すなわち,

$$f^{-1}(y) = \log_a y \quad (y \in (0, +\infty)) \tag{2.74}$$

である. また, (2.72) は

$$\log_a a^x = x \quad (x \in \mathbf{R}), \quad a^{\log_a x} = x \quad (x \in (0, +\infty)) \tag{2.75}$$

と表すことができる。　　　　　　　　　　　　　　　　　　　　　◇

問 2.21　X, Y, Z を空でない集合，$f : X \to Y$，$g : Y \to Z$ を全単射とする．次の問に答えよ．

(1) $(g \circ f)^{-1} : Z \to X$ および $f^{-1} \circ g^{-1} : Z \to X$ が定義できることを示せ．

(2) $z \in Z$ とし，$y = g^{-1}(z)$，$x = f^{-1}(y)$ とおく．このとき，$(g \circ f)^{-1}(z) = x$ であることを示せ．

(3) $z \in Z$ とし，$y = g^{-1}(z)$，$x = f^{-1}(y)$ とおく．このとき，$(f^{-1} \circ g^{-1})(z) = x$ であることを示せ．

補足　(1)〜(3) より，

$$(g \circ f)^{-1} = f^{-1} \circ g^{-1} \tag{2.76}$$

がなりたつ．

　全単射な線形写像については，次がなりたつ．なお，簡単のため，$\mathbf{R}$ 上のベクトル空間の間の全単射な線形写像の場合を述べる．

定理 2.9　V, W を $\mathbf{R}$ 上のベクトル空間，$f : V \to W$ を線形写像とする．f が全単射ならば，逆写像 $f^{-1} : W \to V$ は線形写像である．

【証明】　f^{-1} が定義 2.5 の条件 (1)，(2) をみたすことを示せばよい．これらの証明については問 2.22 とする．　　　　　　　　　　　　　　　　　□

補足　全単射な線形写像を**線形同型写像** (linear isomorphism) という．また，2 つのベクトル空間の間の線形同型写像が存在するとき，それらのベクトル空間は**線形同型** (linearly isomorphic) または**同型** (isomorphic) であるという．

問 2.22　定理 2.9 において，次の (1)，(2) を示せ．

(1) f^{-1} は定義 2.5 の条件 (1) をみたす．〔重〕

(2) f^{-1} は定義 2.5 の条件 (2) をみたす．〔重〕

§2.2.6　正則行列 ◇◇◇

　ここで，行列を用いて定められる数ベクトル空間の間の線形写像 例 2.6 が全単射となる場合について考えよう．まず，§2.2.4 で述べたことから，このような全単射な線形写像は正方行列 $A \in M_n(\mathbf{R})$ を用いて，

$$f_A(\boldsymbol{x}) = A\boldsymbol{x} \quad (\boldsymbol{x} \in \mathbf{R}^n) \tag{2.77}$$

と表される．このとき，定理 2.9 より，$f_A : \mathbf{R}^n \to \mathbf{R}^n$ の逆写像 $f_A^{-1} : \mathbf{R}^n \to \mathbf{R}^n$ は線形写像である．よって，問 2.6 の補足より，f_A^{-1} はある $B \in M_n(\mathbf{R})$ を用いて，(2.77) のように

$$f_A^{-1}(\boldsymbol{x}) = f_B(\boldsymbol{x}) = B\boldsymbol{x} \quad (\boldsymbol{x} \in \mathbf{R}^n) \tag{2.78}$$

と表され，しかも，この B は一意的である．さらに，(2.72) より，任意の $\boldsymbol{x} \in \mathbf{R}^n$ に対して，

$$(BA)\boldsymbol{x} = \boldsymbol{x}, \quad (AB)\boldsymbol{x} = \boldsymbol{x} \tag{2.79}$$

となる．したがって，AB および BA は単位行列となる．すなわち，

$$AB = BA = E_n \tag{2.80}$$

である．そこで，一般に，$A \in M_n(\mathbf{R})$ に対して，(2.80) をみたす $B \in M_n(\mathbf{R})$ が存在するとき，

$$B = A^{-1} \tag{2.81}$$

と表し，これを A の**逆行列** (inverse matrix) という．このとき，A は**正則** (regular) または**可逆** (invertible) であるという．なお，$A \in M_n(\mathbf{C}) = M_{n,n}(\mathbf{C})$ の場合についても，同様に定める．

◇ **例 2.14**　n 次単位行列 E_n について，

$$E_n E_n = E_n E_n = E_n \tag{2.82}$$

である．よって，E_n は正則であり，$E_n^{-1} = E_n$ である．　　　　　◇

　また，次がなりたつことが分かる．

> **定理 2.10**　$A \in M_n(\mathbf{R})$ とする．$AB = E_n$ または $BA = E_n$ の**少なくとも一方**をみたす $B \in M_n(\mathbf{R})$ が存在するならば，A は正則であり，B は A の逆行列である [17]．

　(2.80) において，等式 $AB = E_n$ を B を未知の行列とする方程式とみなそう．このとき，B および E_n を列ベクトルに分割することにより，A を係数

---

[17] $\mathbf{R}$ と書いた部分を $\mathbf{C}$ としてもよい．

行列とする n 個の連立 1 次方程式が得られる．よって，A が正則であれば，n 行 $2n$ 列の行列 $(\,A\,|\,E_n\,)$ に対して，行に関する基本変形を適当に行うと，$(\,E_n\,|\,B\,)$ となり [18)]，A の逆行列 B を求めることができる．

$\boxed{\textbf{問 2.23}}$　行列 $\begin{pmatrix} 1 & 2 & 6 \\ 0 & 1 & 2 \\ 1 & 0 & 1 \end{pmatrix}$ の逆行列を求めよ．

本節のまとめ

- ☑ 2 つの写像が定義域や値域に関する条件をみたしているとき，合成写像を考えることができる．　§2.2.1
- ☑ 特別な性質をもつ写像として，全射や単射が挙げられる．　定義 2.9
- ☑ 行列を用いて定められる線形写像の全射性や単射性は行列の階数によって判定することができる．　§2.2.4
- ☑ 全単射の写像に対して，逆写像を定めることができる．　§2.2.5
- ☑ 逆行列をもつ正方行列は正則であるという．　§2.2.6

章末問題

━━━━━━━━ **標準問題** ━━━━━━━━

問題 2.1　$\mathbf{R}$ を定義域とする実数値関数全体の集合を $F(\mathbf{R})$ とおく．このとき，$f, g \in F(\mathbf{R})$ および $k \in \mathbf{R}$ に対して，

$$(f+g)(x) = f(x) + g(x), \quad (kf)(x) = kf(x) \quad (x \in \mathbf{R}) \tag{2.83}$$

とおくことにより，$f+g, kf \in F(\mathbf{R})$ を定めることができる．次の問に答えよ．

(1) $F(\mathbf{R})$ はベクトル空間の定義 定義 1.1 の条件 (1) をみたすことを示せ.

(2) $F(\mathbf{R})$ はベクトル空間の定義 定義 1.1 の条件 (2) をみたすことを示せ.

(3) 任意の $x \in \mathbf{R}$ に対して，0 となる $F(\mathbf{R})$ の元を $\mathbf{0}$ と表す．$\mathbf{0}$ は $F(\mathbf{R})$ の零ベ

---

18) 行に関する基本変形を行うことは正則行列を左から掛けることに相当する．一方，列に関する基本変形を行うことは正則行列を右から掛けることに相当する．

クトルであることを示せ.

(4) $F(\mathbf{R})$ はベクトル空間の定義 定義1.1 の条件 (4) をみたすことを示せ.

(5) $F(\mathbf{R})$ はベクトル空間の定義 定義1.1 の条件 (5) をみたすことを示せ.

(6) $F(\mathbf{R})$ はベクトル空間の定義 定義1.1 の条件 (6) をみたすことを示せ.

(7) $F(\mathbf{R})$ はベクトル空間の定義 定義1.1 の条件 (7), (8) をみたすことを示せ.

補足 とくに, $F(\mathbf{R})$ は $\mathbf{R}$ 上のベクトル空間となる.

問題 2.2 問題2.1のベクトル空間 $F(\mathbf{R})$ を考え, $f \in F(\mathbf{R})$ とする. 任意の $x \in \mathbf{R}$ に対して, $f(-x) = f(x)$ となるとき, f を**偶関数** (even function) という. 偶関数全体の集合を V と表す. また, 任意の $x \in \mathbf{R}$ に対して, $f(-x) = -f(x)$ となるとき, f を**奇関数** (odd function) という. 奇関数全体の集合を W と表す. 次の (1)〜(4) を示せ.

(1) $f, g \in V$ とすると, $f + g \in V$.   (2) $f \in V$, $k \in \mathbf{R}$ とすると, $kf \in V$.

(3) $f, g \in W$ とすると, $f + g \in W$. (4) $f \in V$, $k \in \mathbf{R}$ とすると, $kf \in W$.

補足 **0** は偶関数なので, $\mathbf{0} \in V$ である. このことと (1), (2) より, V は定理1.6 の条件 (a)〜(c) をみたす. よって, V は $F(\mathbf{R})$ の部分空間である. また, $\mathbf{0} \in W$ でもあり, このことと (3), (4) より, W は定理1.6 の条件 (a)〜(c) をみたす. よって, W は $F(\mathbf{R})$ の部分空間である.

問題 2.3 $A \in M_n(\mathbf{R})$ とする [19]. $k = 0, 1, 2, \ldots$ に対して, A の k 個の積を A^k と表し, A の k **乗** (k-th power) という. ただし, $A^0 = E_n$ と約束する. 集合

$$\{A \in M_2(\mathbf{R}) \mid A^2 = O\} \tag{2.84}$$

が有限集合か無限集合 §1.1.7 であるかを調べよ.

問題 2.4 $X = \{1, 2\}$, $Y = \{3, 4\}$ とし, 写像 $f : X \to Y$ を $f(1) = 4$, $f(2) = 4$ により定める. 次の (1)〜(4) の集合を外延的記法 §1.1.6 により表せ.

(1) $f(\{1\} \cap \{2\})$ および $f(\{1\}) \cap f(\{2\})$.

(2) $f(\{1\} \setminus \{2\})$ および $f(\{1\}) \setminus f(\{2\})$.

(3) $f^{-1}(f(\{1\}))$. (4) $f(f^{-1}(\{3, 4\}))$.

問題 2.5 X, Y を空でない集合, $f : X \to Y$ を写像とし, $A, A_1, A_2 \subset X$ とする. 次の (1)〜(5) を示せ.

(1) $A_1 \subset A_2$ ならば, $f(A_1) \subset f(A_2)$. (2) $f(A_1 \cup A_2) = f(A_1) \cup f(A_2)$.

---

[19] $A \in M_n(\mathbf{C})$ でもよい.

(3) $f(A_1 \cap A_2) \subset f(A_1) \cap f(A_2).$ 　　(4) $f(A_1 \setminus A_2) \supset f(A_1) \setminus f(A_2).$

(5) $f^{-1}(f(A)) \supset A$

補足 問題 2.4 (1)〜(3) はそれぞれ (3)〜(5) において等号がなりたたない例をあたえている.

問題 2.6 X, Y を空でない集合, $f : X \to Y$ を写像とし, $B, B_1, B_2 \subset Y$ とする. 次の (1)〜(5) を示せ.

(1) $B_1 \subset B_2$ ならば, $f^{-1}(B_1) \subset f^{-1}(B_2).$

(2) $f^{-1}(B_1 \cup B_2) = f^{-1}(B_1) \cup f^{-1}(B_2).$

(3) $f^{-1}(B_1 \cap B_2) = f^{-1}(B_1) \cap f^{-1}(B_2).$

(4) $f^{-1}(B_1 \setminus B_2) = f^{-1}(B_1) \setminus f^{-1}(B_2).$

(5) $f(f^{-1}(B)) \subset B.$

補足 問題 2.4 (4) は (5) において等号がなりたたない例をあたえている.

問題 2.7 写像 $f : \mathbf{N} \to \mathbf{Z}$ を

$$f(n) = (-1)^n \left[\frac{n}{2} \right] \quad (n \in \mathbf{N}) \tag{2.85}$$

により定める. ただし, [ ] はガウス記号, すなわち, $x \in \mathbf{R}$ に対して, $[x]$ は x を超えない最大の整数である. 次の (1), (2) を示せ.

(1) f は全射である. 　　(2) f は単射である.

補足 とくに, f は全単射である.

問題 2.8 $A, B \in M_n(\mathbf{C})$ とする. 次の (1), (2) を示せ.

(1) A が正則ならば, A^{-1} も正則であり, $(A^{-1})^{-1} = A$ である. 🈡✪

(2) A, B が正則ならば, AB も正則であり, $(AB)^{-1} = B^{-1}A^{-1}$ である. 🈡✪

問題 2.9 次の問に答えよ.

(1) $A \in M_{l,m}(\mathbf{C})$, $B \in M_{m,n}(\mathbf{C})$ とすると, $^t(AB) = {}^tB\,{}^tA$ 問題 1.3 であることを示せ. ✪

(2) $A \in M_n(\mathbf{C})$ とする. A が正則ならば, ^tA も正則であり, $(^tA)^{-1} = {}^t(A^{-1})$ である.

補足 (1) と同様に, $A \in M_{l,m}(\mathbf{C})$, $B \in M_{m,n}(\mathbf{C})$ とすると, $(AB)^* = B^*A^*$ である 問題 1.3 補足. また, (2) より, 正則な $A \in M_n(\mathbf{C})$ に対して, $(^tA)^{-1}$ および $^t(A^{-1})$ はともに $^tA^{-1}$ と書いても構わない. さらに, $A \in M_n(\mathbf{C})$ とすると, (2) と同様に, A が正則ならば, A^* も正則であり, $(A^*)^{-1} = (A^{-1})^*$ である.

問題 2.10 $A \in M_n(\mathbf{C})$ とする [20]. ある $k \in \mathbf{N}$ が存在し, $A^k = O$ となるとき, A を**べき零行列** (nilpotent matrix) という. 集合

$$\{A \in M_n(\mathbf{C}) \,|\, A \text{ は正則なべき零行列} \} \tag{2.86}$$

を外延的記法 §1.1.6 により表せ.

━━━━━━━━━━ **発展問題** ━━━━━━━━━━

問題 2.11 V を $\mathbf{R}$ 上のベクトル空間, $f : V \to V$ を $f \circ f = f$ となる線形変換とする [21]. 次の問に答えよ.
(1) $\boldsymbol{x} \in V$ とすると, $\boldsymbol{x} - f(\boldsymbol{x}) \in \mathrm{Ker}\, f$ であることを示せ.
(2) $\boldsymbol{x} \in \mathrm{Ker}\, f \cap \mathrm{Im}\, f$ ならば, $\boldsymbol{x} = \boldsymbol{0}$ であることを示せ.
(3) $V = \mathrm{Ker}\, f \oplus \mathrm{Im}\, f$ であることを示せ.

問題 2.12   問題 2.1, 2.2 のベクトル空間 $F(\mathbf{R})$ およびその部分空間 V, W を考え, $f \in F(\mathbf{R})$ とする. 次の問に答えよ.
(1) $g \in F(\mathbf{R})$ を
$$g(x) = \frac{f(x) + f(-x)}{2} \quad (x \in \mathbf{R}) \tag{2.87}$$
により定める. $g \in V$ であることを示せ.
(2) $h \in F(\mathbf{R})$ を
$$h(x) = \frac{f(x) - f(-x)}{2} \quad (x \in \mathbf{R}) \tag{2.88}$$
により定める. $h \in W$ であることを示せ.
(3) $F(\mathbf{R}) = V \oplus W$ であることを示せ.

問題 2.13   問題 2.5 において, f が単射ならば, 次の (1)〜(3) がなりたつことを示せ.
(1) $f(A_1 \cap A_2) = f(A_1) \cap f(A_2)$.   (2) $f(A_1 \setminus A_2) = f(A_1) \setminus f(A_2)$.
(3) $f^{-1}(f(A)) = A$.

問題 2.14   問題 2.6 において, f が全射ならば, $f(f^{-1}(B)) = B$ であることを示せ.

---

[20] $A \in M_n(\mathbf{C})$ でもよい.
[21] このような f を**射影** (projection) という.

第3章

ユークリッド空間の等長変換

3.1 直交行列と行列式

 直交行列は本書において重要な役割を果たす特別な実正方行列である。本節では，直交行列の基本的な性質について述べる。とくに，正方行列の行列式について簡単に説明した後，直交行列の行列式を調べる。

§3.1.1 直交行列の定義と例

直交行列の定義には同値なものがいくつかあるが，次のように定めるのが比較的易しいであろう。

定義 3.1 $A \in M_n(\mathbf{R})$ とする。A が等式

$$A\,{}^t\!A = {}^t\!A A = E_n \tag{3.1}$$

をみたすとき 問題 1.3 ，A を**直交行列** (orthogonal matrix) という [1].

⚠ 注意 3.1 定義 3.1 において，(3.1) より，直交行列 A は正則であり，$A^{-1} = {}^t\!A$ である。また，定理 2.10 より，直交行列は $A\,{}^t\!A = E_n$ または ${}^t\!A A = E_n$ の少なくとも一方をみたす $A \in M_n(\mathbf{R})$ であると定めてもよい。さらに，(1.66) より，(3.1) は

$$ {}^t\!A\,{}^t({}^t\!A) = {}^t({}^t\!A)\,{}^t\!A = E_n \tag{3.2}$$

と同値である。よって，A が直交行列ならば，${}^t\!A$ も直交行列である。

◇ **例 3.1** 単位行列 $E_n \in M_n(\mathbf{R})$ に対して，

---

[1] $A \in M_n(\mathbf{C})$ が (3.1) をみたすとき，A を**複素直交行列** (complex orthogonal matrix) ということがある。

$$E_n{}^t E_n = {}^t E_n = E_n, \tag{3.3}$$

すなわち，$E_n{}^t E_n = E_n$ である．よって，E_n は直交行列である．　　　$\diamondsuit$

　n 次の直交行列全体の集合を $\mathrm{O}(n)$ と表す．1 次および 2 次の直交行列は以下のように具体的に求めることができる．

$\diamondsuit$ **例 3.2**　x についての方程式

$$x^2 = 1 \tag{3.4}$$

を解くと，$x = \pm 1$ である．よって，

$$\mathrm{O}(1) = \{(1), (-1)\} = \{\pm 1\} \tag{3.5}$$

である [2]．　　　$\diamondsuit$

$\diamondsuit$ **例 3.3**　$A \in \mathrm{O}(2)$ とし，

$$A = \begin{pmatrix} a & b \\ c & d \end{pmatrix} \quad (a, b, c, d \in \mathbf{R}) \tag{3.6}$$

と表しておく．このとき，直交行列の定義 定義 3.1 より，${}^t AA = E$，すなわち，

$$\begin{pmatrix} a & c \\ b & d \end{pmatrix} \begin{pmatrix} a & b \\ c & d \end{pmatrix} = \begin{pmatrix} 1 & 0 \\ 0 & 1 \end{pmatrix} \tag{3.7}$$

である．(3.7) 左辺を計算し，右辺の各成分と比較すると，

$$a^2 + c^2 = 1, \quad ab + cd = 0, \quad b^2 + d^2 = 1 \tag{3.8}$$

である．(3.8) 第 1 式，第 3 式より，ある $\theta, \varphi \in [0, 2\pi)$ が存在し [3]，

$$a = \cos\theta, \quad c = \sin\theta, \quad b = \sin\varphi, \quad d = \cos\varphi \tag{3.9}$$

と表すことができる．このとき，(3.8) 第 2 式と加法定理より，

$$\sin(\theta + \varphi) = 0 \tag{3.10}$$

---

[2] 2 つめの等号では 1 次行列 (a) をスカラー a と同一視した．

[3] $a < b$ をみたす $a, b \in \mathbf{R}$ に対して，$[a, b) \subset \mathbf{R}$ を $[a, b) = \{x \in \mathbf{R} \mid a \le x < b\}$ により定め，これを**右半開区間** (right half-open inverval) という．また，$(a, b] \subset \mathbf{R}$ を $(a, b] = \{x \in \mathbf{R} \mid a < x \le b\}$ により定め，これを**左半開区間** (left half-open inverval) という．

である．ここで，$\theta, \varphi \in [0, 2\pi)$ より，$0 \leq \theta + \varphi < 4\pi$ となるので，

$$\theta + \varphi = 0, \pi, 2\pi, 3\pi, \tag{3.11}$$

すなわち，

$$\varphi = -\theta, -\theta + \pi, -\theta + 2\pi, -\theta + 3\pi \tag{3.12}$$

である．よって，

$$(\sin\varphi, \cos\varphi) = \begin{cases} (-\sin\theta, \cos\theta) & (\varphi = -\theta, -\theta + 2\pi), \\ (\sin\theta, -\cos\theta) & (\varphi = -\theta + \pi, -\theta + 3\pi) \end{cases} \tag{3.13}$$

となるので，

$$A = \begin{pmatrix} \cos\theta & \mp\sin\theta \\ \sin\theta & \pm\cos\theta \end{pmatrix} \quad (\text{複号同順}) \tag{3.14}$$

である．したがって，

$$\mathrm{O}(2) = \left\{ \begin{pmatrix} \cos\theta & -\sin\theta \\ \sin\theta & \cos\theta \end{pmatrix}, \begin{pmatrix} \cos\theta & \sin\theta \\ \sin\theta & -\cos\theta \end{pmatrix} \middle| \theta \in [0, 2\pi) \right\} \tag{3.15}$$

である． ◇

問 3.1 次の行列が直交行列となるような $a, b, c \in \mathbf{R}$ の値を求めよ．

(1) $\begin{pmatrix} a & a & a \\ b & -b & 0 \\ c & c & -2c \end{pmatrix}$. (2) $\begin{pmatrix} a & b & c \\ a & -b & c \\ 2a & 0 & -c \end{pmatrix}$.

直交行列の基本的性質として，次がなりたつ．

定理 3.1 $A, B \in \mathrm{O}(n)$ ならば，$AB \in \mathrm{O}(n)$ である．

【証明】 $A, B \in \mathrm{O}(n)$ および直交行列の定義 定義 3.1 より，

$$A^tA = E_n, \quad B^tB = E_n \tag{3.16}$$

である．よって，問題 2.9 (1) より，

$$(AB)^t(AB) = AB^tB^tA = AE_n{}^tA = A^tA = E_n \tag{3.17}$$

となる．すなわち，

$$(AB)^t(AB) = E_n \tag{3.18}$$

である. したがって, 注意 3.1 より, AB は直交行列となり, $AB \in \mathrm{O}(n)$ である.

□

§3.1.2　置換 ···◇◇◇

さらに, 直交行列の基本的性質を調べるために, §3.1.2〜§3.1.5 では, 置換と行列式について簡単に述べておこう.

まず, $n \in \mathbf{N}$ とし, 1 から n までの自然数全体の集合を X_n とおく. すなわち,

$$X_n = \{1, 2, \ldots, n\} \tag{3.19}$$

である. このとき, X_n から X_n への全単射 定義 2.9 を n 文字の**置換** (permutation) という. 要するに, n 文字の置換とは n 個の数 $1, 2, \ldots, n$ の並べ替えのことである. n 文字の置換全体の集合を S_n と表す. 置換の定義より, S_n の元の個数は, n 個のものから n 個選ぶ順列の総数に等しく, $n!$ である. すなわち, 次がなりたつ.

定理 3.2　S_n は $n!$ 個の元からなる有限集合 §1.1.7 である.

◇ **例 3.4**（恒等置換）　恒等写像 $1_{X_n} : X_n \to X_n$ は n 文字の置換である 注意 2.7 . すなわち, $1_{X_n} \in S_n$ である. 1_{X_n} は $\overset{\text{イプシロン}}{\varepsilon}$ とも表し, **恒等置換** (identity permutation) または**単位置換** (unit permutation) ともいう.　　　　　　　　　　　◇

置換の定義および定理 2.6 より, $\overset{\text{シグマ}}{\sigma}$, $\overset{\text{タウ}}{\tau} \in S_n$ ならば, $\sigma \circ \tau \in S_n$ である. $\sigma \circ \tau$ を $\sigma\tau$ と表し, σ と τ の**積** (product) という（図 3.1）. とくに, $\varepsilon \in S_n$ は恒等写像なので, 任意の $\sigma \in S_n$ に対して,

$$\sigma\varepsilon = \varepsilon\sigma = \sigma \tag{3.20}$$

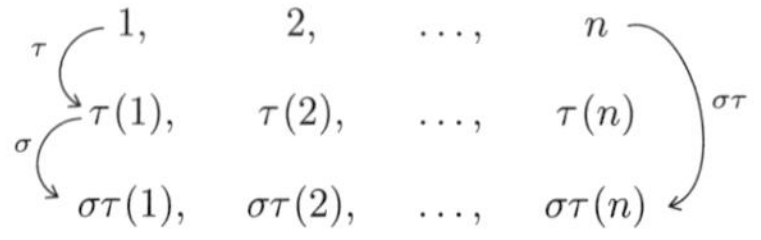

$$\tau \left\lgroup \begin{array}{cccc} 1, & 2, & \ldots, & n \\ \tau(1), & \tau(2), & \ldots, & \tau(n) \\ \sigma\tau(1), & \sigma\tau(2), & \ldots, & \sigma\tau(n) \end{array} \right\rgroup \sigma\tau$$

図 3.1　置換の積

である．また，写像の合成に対する結合律 定理 2.4 より，$\sigma, \tau, \overset{\text{ロー}}{\rho} \in S_n$ に対して，$(\sigma\tau)\rho$ および $\sigma(\tau\rho)$ はともに $\sigma\tau\rho$ と書いても構わない．

$\sigma \in S_n$ とすると，σ は X_n から X_n への全単射なので，σ の逆写像 σ^{-1} が存在し §2.2.5 ，$\sigma^{-1} \in S_n$ である．σ^{-1} を σ の**逆置換** (inverse permutation) という（図 3.2）．このとき，

$$\sigma\sigma^{-1} = \sigma^{-1}\sigma = \varepsilon \tag{3.21}$$

である．

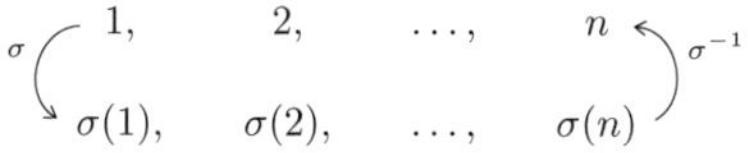

$$\sigma \overbrace{\begin{matrix} 1, & 2, & \ldots, & n \\ \sigma(1), & \sigma(2), & \ldots, & \sigma(n) \end{matrix}}^{\sigma^{-1}}$$

図 3.2 逆置換

$n \geq 2$ とし，$r = 2, 3, \ldots, n$ とする．このとき，互いに異なる $k_1, k_2, \ldots, k_r \in X_n$ を選んでおくと，$(k_1\ k_2\ \cdots\ k_r) \in S_n$ を

$$(k_1\ k_2\ \cdots\ k_r)(i) = \begin{cases} k_{j+1} & (\text{ある } j = 1, 2, \ldots, r-1 \text{ に対して，} i = k_j), \\ k_1 & (i = k_r), \\ i & (i \neq k_1, k_2, \ldots, k_r) \end{cases}$$

$$\tag{3.22}$$

により定めることができる．$(k_1\ k_2\ \cdots\ k_r)$ を**巡回置換** (cyclic permutation) という（図 3.3(a)）．とくに，$(k_1\ k_2)$ と表される巡回置換を**互換** (interchange)

図 3.3 (a) 巡回置換と (b) 互換

という（図 3.3(b)）．このとき，次がなりたつことが分かる．

‖ **定理 3.3**　任意の置換はいくつかの互換の積で表すことができる．

　行列式を定める際には，置換の符号とよばれる概念を用いる．$\sigma \in S_n$ が m 個の互換の積で表されるとき，$\mathrm{sgn}\,\sigma \in \{\pm 1\}$ を

$$\mathrm{sgn}\,\sigma = (-1)^m \tag{3.23}$$

により定め，これを σ の**符号**（signature または sign）という．ただし，

$$\mathrm{sgn}\,\varepsilon = 1 \tag{3.24}$$

と約束する．

　1 つの置換を互換の積として表すときの表し方は一意的ではない．例えば，巡回置換 (1 2 3) は

$$(1\ 2\ 3) = (1\ 2)(2\ 3) = (1\ 3)(1\ 2) = (2\ 3)(1\ 2)(2\ 3)(1\ 2) \tag{3.25}$$

などと表すことができる．しかし，現れる互換の個数が偶数であるか奇数であるのかについては，1 つの置換に対していつも同じであることが分かる．よって，次がなりたつ．

‖ **定理 3.4**　置換の符号は互換の積の表し方に依存しない．すなわち，置換の符号の定義 (3.23) は well-defined である 注意 2.8 ．

　置換の符号の定義 (3.23) より，置換は偶数個の互換の積で表されるとき符号が 1 となり，奇数個の互換の積で表されるとき符号が -1 となる．そこで，$\sigma \in S_n$ は $\mathrm{sgn}\,\sigma = 1$ のとき**偶置換** (even permutation)，$\mathrm{sgn}\,\sigma = -1$ のとき**奇置換** (odd permutation) という．

◇ **例 3.5**　1 文字〜3 文字の置換について考えよう．
　まず，S_1 は 1 個の元からなり 定理 3.2 ，

$$S_1 = \{\varepsilon\} \tag{3.26}$$

である．また，(3.24) より，ε は偶置換である．

次に，S_2 は 2 個の元からなり，

$$S_2 = \{\varepsilon, (1\ 2)\} \tag{3.27}$$

である．また，ε は偶置換，$(1\ 2)$ は奇置換である．

さらに，S_3 は 6 個の元からなり，

$$S_3 = \{\varepsilon, (1\ 2), (1\ 3), (2\ 3), (1\ 2\ 3), (1\ 3\ 2)\} \tag{3.28}$$

である．S_3 の偶置換，奇置換については，問 3.2 としよう． ◇

問 3.2　S_3 の部分集合で，偶置換全体からなるもの，奇置換全体からなるものをそれぞれ求めよ．❂

問 3.3　$n = 2, 3, 4, \ldots$ とし，n 文字の偶置換全体の集合を A_n，n 文字の奇置換全体の集合を B_n とする．このとき，偶置換と 1 個の互換の積は奇置換となることから，写像 $f : A_n \to B_n$ を

$$f(\sigma) = (1\ 2)\sigma \quad (\sigma \in A_n) \tag{3.29}$$

により定めることができる．次の問に答えよ．

(1) f は全射であることを示せ．　　(2) f は単射であることを示せ．

補足　とくに，f は全単射である．また，A_n と B_n の元の個数は等しく，$\dfrac{n!}{2}$ である．

§3.1.3　行列式の定義 ···◇◇◇

続いて，行列式を定義しよう．

定義 3.2　$A = (a_{ij})_{n \times n} \in M_n(\mathbf{C})$ に対して，$|A| \in \mathbf{C}$ を

$$|A| = \sum_{\sigma \in S_n} (\operatorname{sgn} \sigma) a_{1\sigma(1)} a_{2\sigma(2)} \cdots a_{n\sigma(n)} \tag{3.30}$$

により定める [4]．ただし，$\displaystyle\sum_{\sigma \in S_n}$ はすべての $\sigma \in S_n$ に関する和を表す．$|A|$ を A の**行列式** (determinant) という．

とくに，O を n 次の零行列とすると，

---

[4] $A \in M_n(\mathbf{R})$ のときは，$|A| \in \mathbf{R}$ となる．

$$|O| = 0 \tag{3.31}$$

である. また, 単位行列の行列式は 1, すなわち,

$$|E_n| = 1 \tag{3.32}$$

である. 行列式 $|A|$ は

$$\begin{vmatrix} a_{11} & a_{12} & \cdots & a_{1n} \\ a_{21} & a_{22} & \cdots & a_{2n} \\ \vdots & \vdots & \ddots & \vdots \\ a_{n1} & a_{n2} & \cdots & a_{nn} \end{vmatrix}, \quad \det A, \quad \det \begin{pmatrix} a_{11} & a_{12} & \cdots & a_{1n} \\ a_{21} & a_{22} & \cdots & a_{2n} \\ \vdots & \vdots & \ddots & \vdots \\ a_{n1} & a_{n2} & \cdots & a_{nn} \end{pmatrix} \tag{3.33}$$

などとも表す. 絶対値の記号と間違える恐れのあるときは, 「det」を用いた方がよい.

1 次～3 次の正方行列の行列式については, 次がなりたつ.

定理 3.5 $A = (a_{ij})_{n \times n} \in M_n(\mathbf{C})$ とすると, 次の (1)～(3) がなりたつ.

(1) $n = 1$ のとき,

$$|A| = a_{11}. \tag{3.34}$$

(2) $n = 2$ のとき,

$$|A| = a_{11}a_{22} - a_{12}a_{21}. \tag{3.35}$$

(3) $n = 3$ のとき,

$$|A| = a_{11}a_{22}a_{33} + a_{12}a_{23}a_{31} + a_{13}a_{21}a_{32}$$
$$- a_{13}a_{22}a_{31} - a_{12}a_{21}a_{33} - a_{11}a_{23}a_{32}. \tag{3.36}$$

【**証明**】 (1), (2) のみ示し, (3) の証明は問 3.4 とする.

(1) (3.30), (3.26), (3.24) より,

$$|A| = (\mathrm{sgn}\,\varepsilon)a_{1\varepsilon(1)} = a_{11} \tag{3.37}$$

である. よって, (1) がなりたつ.

(2) (3.30), (3.27) および ε は偶置換, (1 2) は奇置換であることから,

$$|A| = (\mathrm{sgn}\,\varepsilon)a_{1\varepsilon(1)}a_{2\varepsilon(2)} + (\mathrm{sgn}(1\ 2))a_{1(1\ 2)(1)}a_{2(1\ 2)(2)} = a_{11}a_{22} - a_{12}a_{21} \tag{3.38}$$

である. よって, (2) がなりたつ.   □

問 3.4　定理 3.5 (3) を示せ.

✐ **注意 3.2**　定理 3.5 (2), (3) より, 2 次および 3 次の正方行列の行列式は成分を右下がりに選んで掛けるときは「+」を, 左下がりに選んで掛けるときは「−」をそれぞれ付けることにより得られると覚えることができる (図 3.4). これを**サラスの方法** (Sarrus' rule) または**たすき掛けの方法**という. なお, 4 次以上の正方行列の行列式については, この計算方法は一般には正しくない.

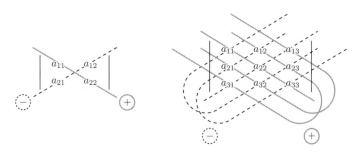

図 3.4　サラスの方法

§3.1.4　行列式の基本的性質 ·· ◇◇◇

行列式の基本的性質をいくつか挙げておこう.

定理 3.6　$n = 2, 3, \ldots$ とし, 「$i = 1,\ j = 1, 2, \ldots, n$」 または 「$i, j = 2, 3, \ldots, n$」 に対して, $a_{ij} \in \mathbf{C}$ とすると,

$$
\begin{vmatrix}
a_{11} & a_{12} & \cdots & a_{1n} \\
0 & a_{22} & \cdots & a_{2n} \\
\vdots & \vdots & \ddots & \vdots \\
0 & a_{n2} & \cdots & a_{nn}
\end{vmatrix}
= a_{11}
\begin{vmatrix}
a_{22} & \cdots & a_{2n} \\
\vdots & \ddots & \vdots \\
a_{n2} & \cdots & a_{nn}
\end{vmatrix}
\tag{3.39}
$$

である.

◇ **例 3.6**　$A = (a_{ij})_{n \times n} \in M_n(\mathbf{C})$ を上三角行列とする. すなわち, $i, j = 1, 2, \ldots, n$, $i > j$ のとき, $a_{ij} = 0$ であるような行列とする (図 3.5). このとき, 定理 3.6 および定理 3.5 (1) より,

$$|A| = \begin{vmatrix} a_{11} & a_{12} & \cdots & a_{1n} \\ 0 & a_{22} & \cdots & a_{2n} \\ \vdots & \vdots & \ddots & \vdots \\ 0 & 0 & \cdots & a_{nn} \end{vmatrix} = a_{11} \begin{vmatrix} a_{22} & \cdots & a_{2n} \\ \vdots & \ddots & \vdots \\ 0 & \cdots & a_{nn} \end{vmatrix} = \cdots = a_{11}a_{22}\cdots a_{nn}$$

(3.40)

となる．すなわち，上三角行列の行列式は対角成分の積である． ◇

$$\begin{pmatrix} a_{11} & \cdots & a_{1n} \\ & \ddots & \vdots \\ \mathbf{0} & & a_{nn} \end{pmatrix}$$

対角成分より左下の部分の成分がすべて 0
であることを大きな 0 を用いて表した

図 3.5 上三角行列

$$\begin{pmatrix} a_{11} & & \mathbf{0} \\ \vdots & \ddots & \\ a_{n1} & \cdots & a_{nn} \end{pmatrix}$$

対角成分より右上の部分の成分がすべて 0
であることを大きな 0 を用いて表した

図 3.6 下三角行列

定理 3.7 $A \in M_n(\mathbf{C})$ とすると，

$$|{}^t A| = |A| \tag{3.41}$$

である 問題 1.3 ．

問 3.5 $A = (a_{ij})_{n \times n} \in M_n(\mathbf{C})$ を下三角行列とする．すなわち，$i, j = 1, 2, \ldots, n$, $i < j$ のとき，$a_{ij} = 0$ であるような行列とする（図 3.6）．このとき，

$$|A| = a_{11}a_{22}\cdots a_{nn} \tag{3.42}$$

であることを示せ．

補足 すなわち，下三角行列の行列式は対角成分の積である．

さらに，以下の定理 3.8 および定理 3.9 がなりたつ．

定理 3.8 行列式について，次の (1)〜(5) がなりたつ（図 3.7）．
  (1) 第 j 列が 2 つの列ベクトルの和となる正方行列の行列式は，他の列は同じで第 j 列をそれぞれの列ベクトルに置き換えた正方行列の行列式の和に等しい．（**多重線形性**： multiple linearity）

(2) 正方行列の行列式は 1 つの列を k 倍すると k 倍になる. (**多重線形性**)

(3) 正方行列の行列式は 2 つの列を入れ替えると符号が変わる. とくに, 2 つの列が等しい正方行列の行列式は 0 である. (**交代性**: alternativity)

(4) 正方行列の行列式は 1 つの列に他の列の何倍かを加えても変わらない.

(5) 上の (1)〜(4) において, 「列」の部分をすべて「行」に置き換えたものもなりたつ.

$$|\boldsymbol{b}+\boldsymbol{c}\ \boldsymbol{a}_2\ \boldsymbol{a}_3| = |\boldsymbol{b}\ \boldsymbol{a}_2\ \boldsymbol{a}_3| + |\boldsymbol{c}\ \boldsymbol{a}_2\ \boldsymbol{a}_3|$$
$$|\boldsymbol{a}_1\ k\boldsymbol{a}_2\ \boldsymbol{a}_3| = k|\boldsymbol{a}_1\ \boldsymbol{a}_2\ \boldsymbol{a}_3|$$
$$|\boldsymbol{a}_1\ \boldsymbol{a}_2\ \boldsymbol{a}_3| = -|\boldsymbol{a}_1\ \boldsymbol{a}_3\ \boldsymbol{a}_2|$$
$$|\boldsymbol{a}_1+k\boldsymbol{a}_2\ \boldsymbol{a}_2\ \boldsymbol{a}_3| = |\boldsymbol{a}_1\ \boldsymbol{a}_2\ \boldsymbol{a}_3|$$
$$(\boldsymbol{a}_1,\boldsymbol{a}_2,\boldsymbol{a}_3,\boldsymbol{b},\boldsymbol{c} \in \mathbf{C}^3,\ k \in \mathbf{C})$$

図 3.7 行列式の多重線形性や交代性などの例

定理 3.9 $A \in M_m(\mathbf{C})$, $B \in M_{m,n}(\mathbf{C})$, $C \in M_{n,m}(\mathbf{C})$, $D \in M_n(\mathbf{C})$ とすると,

$$\begin{vmatrix} A & B \\ O_{n,m} & D \end{vmatrix} = \begin{vmatrix} A & O_{m,n} \\ C & D \end{vmatrix} = |A||D| \tag{3.43}$$

である [5].

例題 3.1 $A, B \in M_n(\mathbf{C})$ とすると,

$$\begin{vmatrix} A & B \\ B & A \end{vmatrix} = |A+B||A-B| \tag{3.44}$$

であることを示せ.

解説 定理 3.8 (4), (5) および定理 3.9 より,

$$\begin{vmatrix} A & B \\ B & A \end{vmatrix} = \begin{vmatrix} A+B & B \\ B+A & A \end{vmatrix} = \begin{vmatrix} A+B & B \\ O_{n,n} & A-B \end{vmatrix} = |A+B||A-B| \tag{3.45}$$

---

[5] 定理 3.6 は定理 3.9 の特別な場合となっている.

となる. ただし, 最初の等式では, 各 $j = 1, 2, \ldots, n$ に対して, 第 j 列に第 $(n+j)$ 列を加えて, 定理 3.8 (4) を用いた. また, 2 つめの等式では, 各 $i = 1, 2, \ldots, n$ に対して, 第 $(n+i)$ 行から第 i 行を引いて, 定理 3.8 (5) を用いた. さらに, 最後の等式では, 定理 3.9 を用いた. ☐

問 3.6 $A, B \in M_n(\mathbf{R})$ とすると,

$$\det \begin{pmatrix} A & -B \\ B & A \end{pmatrix} = |\det(A + iB)|^2 \tag{3.46}$$

であることを示せ. ただし, 右辺の i は虚数単位であり, $|\ \ |$ は複素数に対する絶対値を表す.

問 3.7 行列式

$$\begin{vmatrix} 1 & 1 & 1 & a \\ 1 & 1 & a & 1 \\ 1 & a & 1 & 1 \\ a & 1 & 1 & 1 \end{vmatrix} \tag{3.47}$$

の値が 0 となるような $a \in \mathbf{R}$ の値を求めよ.

問 3.8 奇数次の交代行列 問題 1.4 の行列式は 0 であること示せ.

§3.1.5 積の行列式 ◇◇◇

積の行列式は行列式の積となる. すなわち, 次がなりたつ.

定理 3.10 $A, B \in M_n(\mathbf{C})$ とすると,

$$|AB| = |BA| = |A||B| \tag{3.48}$$

である.

定理 3.10 を用いることにより, 次を示すことができる.

定理 3.11 $A \in M_n(\mathbf{C})$ とする. A が正則 §2.2.6 ならば, $|A| \neq 0$ であり,

$$|A^{-1}| = |A|^{-1} \tag{3.49}$$

である.

【証明】 A が正則であることから，A の逆行列 A^{-1} が存在する．よって，(3.32) および定理 3.10 より，

$$1 = |E_n| = |AA^{-1}| = |A||A^{-1}| \tag{3.50}$$

である．したがって，$|A| \neq 0$ であり，(3.49) がなりたつ．　　□

注意 3.3　定理 3.11 とは逆に，$A \in M_n(\mathbf{C})$ に対して，$|A| \neq 0$ ならば，A は正則であることが分かる．すなわち，A が正則であるための必要十分条件は $|A| \neq 0$ である．

例題 3.2　$A, P \in M_n(\mathbf{C})$ とし，P は正則であるとする．このとき，

$$|P^{-1}AP| = |A| \tag{3.51}$$

であることを示せ．

解説　定理 3.10 より，

$$|P^{-1}AP| = |(P^{-1}A)P| = |P(P^{-1}A)| = |(PP^{-1})A| = |E_nA| = |A| \tag{3.52}$$

となる．よって，(3.51) がなりたつ．　　□

問 3.9　べき零行列 問題 2.10 の行列式は 0 であることを示せ．

§3.1.6　直交行列の行列式 ◇◇◇

それでは，直交行列の行列式について調べよう．

定理 3.12　直交行列の行列式は 1 または -1 である．

【証明】 $A \in \mathrm{O}(n)$ とすると，(3.32)，直交行列の定義 定義 3.1，定理 3.10 および定理 3.7 より，

$$1 = |E_n| = |A^tA| = |A||^tA| = |A|^2 \tag{3.53}$$

となる．すなわち，$|A|^2 = 1$ である．よって，$|A| = \pm 1$，すなわち，直交行列の行列式は 1 または -1 である．　　□

◇ 例 3.7　例 3.2 において，(3.34) より，

$$|1| = 1, \quad |-1| = -1 \tag{3.54}$$

である. | | は絶対値ではなく, 行列式を表していることに注意しよう.

例 3.3 において, (3.35) より,

$$\begin{vmatrix} \cos\theta & -\sin\theta \\ \sin\theta & \cos\theta \end{vmatrix} = 1, \quad \begin{vmatrix} \cos\theta & \sin\theta \\ \sin\theta & -\cos\theta \end{vmatrix} = -1 \tag{3.55}$$

である.　　　　　　　　　　　　　　　　　　　　　　　　　　　　◇

とくに, 行列式が 1 の直交行列を**特殊直交行列** (special orthogonal matrix) ともいう. また, n 次の特殊直交行列全体の集合を SO(n) と表す. このとき, 次がなりたつ.

‖ **定理 3.13**　$A, B \in$ SO(n) ならば, $AB \in$ SO(n) である.

【証明】 まず, 定理 3.1 より, $AB \in$ O(n) である. また, 特殊直交行列の定義より, $|A| = 1$, $|B| = 1$ である. よって, 定理 3.10 より,

$$|AB| = |A||B| = 1 \cdot 1 = 1 \tag{3.56}$$

となる. すなわち, $|AB| = 1$ である. したがって, $AB \in$ SO(n) である.　　□

本節のまとめ

☑ 直交行列は自分自身とその転置行列の積が単位行列となる実正方行列である. 定義 3.1

☑ 置換を用いて, 正方行列の行列式を定めることができる. §3.1.2 §3.1.3

☑ 行列式は多重線形性や交代性をもつ. 定理 3.8

☑ 積の行列式は行列式の積となる. 定理 3.10

☑ 直交行列の行列式は 1 または −1 である. 定理 3.12

☑ 行列式が 1 の直交行列を特殊直交行列という. §3.1.6

3.2 ユークリッド空間と等長変換

 本節では，ユークリッド空間の標準内積から定められるノルムやユークリッド距離について述べる．とくに，直交行列を正規直交基底を用いて特徴付ける他，等長変換とよばれるユークリッド空間の間の特別な写像を考え，ユークリッド空間の等長変換が直交行列と数ベクトルを用いて表されることを示す．

§3.2.1 実ベクトル空間の内積

実ベクトル空間，すなわち，$\mathbf{R}$ 上のベクトル空間に対しては，次のような内積とよばれる構造を考えることがある．

> **定義 3.3** V を $\mathbf{R}$ 上のベクトル空間，$\langle\,,\,\rangle : V \times V \to \mathbf{R}$ を実数値関数とする．任意の $\boldsymbol{x}, \boldsymbol{y}, \boldsymbol{z} \in V$ および任意の $k \in \mathbf{R}$ に対して，次の (1)〜(3) がなりたつとき，$\langle\,,\,\rangle$ を V の**内積** (inner product)，組 $(V, \langle\,,\,\rangle)$ または V を**内積空間** (inner product space) または**計量ベクトル空間** (metric vector space) という．
>
> (1) $\langle \boldsymbol{x}, \boldsymbol{y} \rangle = \langle \boldsymbol{y}, \boldsymbol{x} \rangle$．（**対称性**：symmetricity）
>
> (2) $\langle \boldsymbol{x}+\boldsymbol{y}, \boldsymbol{z} \rangle = \langle \boldsymbol{x}, \boldsymbol{z} \rangle + \langle \boldsymbol{y}, \boldsymbol{z} \rangle$，$\langle k\boldsymbol{x}, \boldsymbol{y} \rangle = k\langle \boldsymbol{x}, \boldsymbol{y} \rangle$．（**線形性**：linearity）
>
> (3) $\langle \boldsymbol{x}, \boldsymbol{x} \rangle \geq 0$ であり，$\langle \boldsymbol{x}, \boldsymbol{x} \rangle = 0$ となるのは $\boldsymbol{x} = \boldsymbol{0}$ のときに限る．（**正値性**：positivity）

> **定理 3.14** $(V, \langle\,,\,\rangle)$ を内積空間とし，$\boldsymbol{x}, \boldsymbol{x}_1, \boldsymbol{x}_2, \ldots, \boldsymbol{x}_m, \boldsymbol{y}, \boldsymbol{y}_1, \boldsymbol{y}_2, \ldots, \boldsymbol{y}_m \in V$，$k_1, k_2, \ldots, k_m \in \mathbf{R}$ とすると，次の (1)〜(3) がなりたつ．
>
> (1) $\langle k_1\boldsymbol{x}_1 + k_2\boldsymbol{x}_2 + \cdots + k_m\boldsymbol{x}_m, \boldsymbol{y} \rangle$
> $\qquad = k_1\langle \boldsymbol{x}_1, \boldsymbol{y} \rangle + k_2\langle \boldsymbol{x}_2, \boldsymbol{y} \rangle + \cdots + k_m\langle \boldsymbol{x}_m, \boldsymbol{y} \rangle$．
>
> (2) $\langle \boldsymbol{x}, k_1\boldsymbol{y}_1 + k_2\boldsymbol{y}_2 + \cdots + k_m\boldsymbol{y}_m \rangle$
> $\qquad = k_1\langle \boldsymbol{x}, \boldsymbol{y}_1 \rangle + k_2\langle \boldsymbol{x}, \boldsymbol{y}_2 \rangle + \cdots + k_m\langle \boldsymbol{x}, \boldsymbol{y}_m \rangle$．
>
> (3) $\langle \boldsymbol{0}, \boldsymbol{x} \rangle = \langle \boldsymbol{x}, \boldsymbol{0} \rangle = 0$．

【証明】 (1) のみ示し，(2)，(3) の証明はそれぞれ例題 3.3，問 3.10 とする．

(1) $m \in \mathbf{N}$ に関する数学的帰納法により示す．

$\qquad m = 1$ のとき，内積の線形性 定義 3.3 (2) 第 2 式 より，(1) がなりたつ．

$\qquad l \in \mathbf{N}$ とし，$m = l$ のとき，(1) がなりたつと仮定する．すなわち，

$$\langle k_1\boldsymbol{x}_1 + k_2\boldsymbol{x}_2 + \cdots + k_l\boldsymbol{x}_l, \boldsymbol{y}\rangle = k_1\langle\boldsymbol{x}_1, \boldsymbol{y}\rangle + k_2\langle\boldsymbol{x}_2, \boldsymbol{y}\rangle + \cdots + k_l\langle\boldsymbol{x}_l, \boldsymbol{y}\rangle \quad (3.57)$$

である．このとき，内積の線形性 定義 3.3(2)，(3.57) より，

$$
\begin{aligned}
\langle k_1\boldsymbol{x}_1 &+ k_2\boldsymbol{x}_2 + \cdots + k_l\boldsymbol{x}_l + k_{l+1}\boldsymbol{x}_{l+1}, \boldsymbol{y}\rangle \\
&= \langle (k_1\boldsymbol{x}_1 + k_2\boldsymbol{x}_2 + \cdots + k_l\boldsymbol{x}_l) + k_{l+1}\boldsymbol{x}_{l+1}, \boldsymbol{y}\rangle \\
&= \langle k_1\boldsymbol{x}_1 + k_2\boldsymbol{x}_2 + \cdots + k_l\boldsymbol{x}_l, \boldsymbol{y}\rangle + \langle k_{l+1}\boldsymbol{x}_{l+1}, \boldsymbol{y}\rangle \\
&= (k_1\langle\boldsymbol{x}_1, \boldsymbol{y}\rangle + k_2\langle\boldsymbol{x}_2, \boldsymbol{y}\rangle + \cdots + k_l\langle\boldsymbol{x}_l, \boldsymbol{y}\rangle) + k_{l+1}\langle\boldsymbol{x}_{l+1}, \boldsymbol{y}\rangle \\
&= k_1\langle\boldsymbol{x}_1, \boldsymbol{y}\rangle + k_2\langle\boldsymbol{x}_2, \boldsymbol{y}\rangle + \cdots + k_{l+1}\langle\boldsymbol{x}_{l+1}, \boldsymbol{y}\rangle
\end{aligned} \quad (3.58)
$$

となる．よって，$m = l + 1$ のときも (1) がなりたつ．

したがって，(1) がなりたつ． $\qquad\qquad\square$

例題 3.3 定理 3.14 (2) を示せ．

解説 内積の対称性 定義 3.3(1) および定理 3.14 (1) より，

$$
\begin{aligned}
\langle \boldsymbol{x}, k_1\boldsymbol{y}_1 + k_2\boldsymbol{y}_2 + \cdots + k_m\boldsymbol{y}_m\rangle &= \langle k_1\boldsymbol{y}_1 + k_2\boldsymbol{y}_2 + \cdots + k_m\boldsymbol{y}_m, \boldsymbol{x}\rangle \\
&= k_1\langle\boldsymbol{y}_1, \boldsymbol{x}\rangle + k_2\langle\boldsymbol{y}_2, \boldsymbol{x}\rangle + \cdots + k_m\langle\boldsymbol{y}_m, \boldsymbol{x}\rangle \\
&= k_1\langle\boldsymbol{x}, \boldsymbol{y}_1\rangle + k_2\langle\boldsymbol{x}, \boldsymbol{y}_2\rangle + \cdots + k_m\langle\boldsymbol{x}, \boldsymbol{y}_m\rangle
\end{aligned} \quad (3.59)
$$

となる．よって，定理 3.14 (2) がなりたつ． $\qquad\qquad\square$

問 3.10 定理 3.14 (3) を示せ．

◇ **例 3.8**（ユークリッド空間） 実数ベクトル空間 $\mathbf{R}^n$ を考え，

$$\boldsymbol{x} = \begin{pmatrix} x_1 \\ x_2 \\ \vdots \\ x_n \end{pmatrix}, \ \boldsymbol{y} = \begin{pmatrix} y_1 \\ y_2 \\ \vdots \\ y_n \end{pmatrix} \in \mathbf{R}^n \quad (3.60)$$

に対して，$\langle\boldsymbol{x}, \boldsymbol{y}\rangle \in \mathbf{R}$ を

$$\langle\boldsymbol{x}, \boldsymbol{y}\rangle = x_1 y_1 + x_2 y_2 + \cdots + x_n y_n = {}^t\boldsymbol{x}\boldsymbol{y} \quad (3.61)$$

により定める [6]．このとき，$\langle\boldsymbol{x}, \boldsymbol{y}\rangle$ は定義 3.3 の条件 (1)〜(3) をみたす実数値関

---

[6] (3.61) の最後の等式では 1 次行列 ${}^t\boldsymbol{x}\boldsymbol{y}$ をスカラーと同一視している．

数 $\langle\ ,\ \rangle : \mathbf{R}^n \times \mathbf{R}^n \to \mathbf{R}$ を定めることが分かる. よって, $\langle\ ,\ \rangle$ は $\mathbf{R}^n$ の内積である. この内積を $\mathbf{R}^n$ の**標準内積** (standard inner product) という. 標準内積を考えた実数ベクトル空間 $\mathbf{R}^n$ のことを**実ユークリッド空間** (real Euclidean space) または**ユークリッド空間**という. 以下では, とくに断らない限り, ユークリッド空間としての $\mathbf{R}^n$ を考えることにする. ◇

問 3.11　$\boldsymbol{x}, \boldsymbol{y} \in \mathbf{R}^n$, $A \in M_n(\mathbf{R})$ とすると,

$$\langle \boldsymbol{x}, A\boldsymbol{y} \rangle = \langle {}^t\!A\boldsymbol{x}, \boldsymbol{y} \rangle \tag{3.62}$$

であることを示せ. 📖❂

§3.2.2　内積空間のノルム ‥‥‥‥‥‥‥‥‥‥‥‥‥‥‥‥◇◇◇

$(V, \langle\ ,\ \rangle)$ を内積空間とする. このとき, 内積の正値性 定義 3.3(3) より, 実数値関数 $\|\ \| : V \to \mathbf{R}$ を

$$\|\boldsymbol{x}\| = \sqrt{\langle \boldsymbol{x}, \boldsymbol{x} \rangle} \quad (\boldsymbol{x} \in V) \tag{3.63}$$

により定めることができる. $\|\ \|$ を V の**ノルム** (norm) という. さらに, 次がなりたつことが分かる.

定理 3.15　$(V, \langle\ ,\ \rangle)$ を内積空間とし, $\boldsymbol{x}, \boldsymbol{y} \in V$, $k \in \mathbf{R}$ とすると, 次の (1)〜(4) がなりたつ.

(1) $\|\boldsymbol{x}\| \geq 0$ であり, $\|\boldsymbol{x}\| = 0$ となるのは $\boldsymbol{x} = \boldsymbol{0}$ のときに限る. (**正値性**)

(2) $\|k\boldsymbol{x}\| = |k|\|\boldsymbol{x}\|$.

(3) $|\langle \boldsymbol{x}, \boldsymbol{y} \rangle| \leq \|\boldsymbol{x}\|\|\boldsymbol{y}\|$. (**コーシー・シュワルツの不等式**：Cauchy-Schwarz inequality)

(4) $\|\boldsymbol{x} + \boldsymbol{y}\| \leq \|\boldsymbol{x}\| + \|\boldsymbol{y}\|$. (**三角不等式**：triangle inequality)

◇ **例 3.9**　ユークリッド空間 $\mathbf{R}^n$ を考え, $\boldsymbol{x} \in \mathbf{R}^n$ を (3.60) のように表しておく. このとき, (3.61), (3.63) より,

$$\|\boldsymbol{x}\| = \sqrt{x_1^2 + x_2^2 + \cdots + x_n^2} \tag{3.64}$$

である. ◇

　ユークリッド空間の標準内積やノルムを用いて, 直交行列に対する条件 (3.1) を言い換えることができる.

定理 3.16 $A \in M_n(\mathbf{R})$ とすると，次の (1)〜(3) は互いに同値である．

(1) $A \in \mathrm{O}(n)$.

(2) A は**ノルムを保つ** (preserve norm)，すなわち，任意の $\boldsymbol{x} \in \mathbf{R}^n$ に対して，$\|A\boldsymbol{x}\| = \|\boldsymbol{x}\|$.

(3) A は**内積を保つ** (preserve inner product)，すなわち，任意の $\boldsymbol{x}, \boldsymbol{y} \in \mathbf{R}^n$ に対して，$\langle A\boldsymbol{x}, A\boldsymbol{y} \rangle = \langle \boldsymbol{x}, \boldsymbol{y} \rangle$.

【証明】 (1) $\Rightarrow$ (2), (2) $\Rightarrow$ (3), (3) $\Rightarrow$ (1) の順に示せばよい．ここでは，(1) $\Rightarrow$ (2), (2) $\Rightarrow$ (3) のみ示し，(3) $\Rightarrow$ (1) の証明は問 3.12 とする．

<u>(1) $\Rightarrow$ (2)</u> ノルムの定義 (3.63), 問 3.11, (1) および直交行列の定義 定義 3.1 より，

$$\|A\boldsymbol{x}\| = \sqrt{\langle A\boldsymbol{x}, A\boldsymbol{x} \rangle} = \sqrt{\langle {}^t\!AA\boldsymbol{x}, \boldsymbol{x} \rangle} = \sqrt{\langle E_n\boldsymbol{x}, \boldsymbol{x} \rangle} = \sqrt{\langle \boldsymbol{x}, \boldsymbol{x} \rangle} = \|\boldsymbol{x}\| \quad (3.65)$$

となる．よって，(2) がなりたつ．

<u>(2) $\Rightarrow$ (3)</u> (2) より，

$$\|A(\boldsymbol{x} + \boldsymbol{y})\| = \|\boldsymbol{x} + \boldsymbol{y}\| \quad (3.66)$$

である．よって，ノルムの定義 (3.63), 定理 3.14 (1), (2), 内積の対称性 定義 3.3 (1) および (2) より，

$$\begin{aligned}
0 &= \|A(\boldsymbol{x} + \boldsymbol{y})\|^2 - \|\boldsymbol{x} + \boldsymbol{y}\|^2 = \langle A(\boldsymbol{x} + \boldsymbol{y}), A(\boldsymbol{x} + \boldsymbol{y}) \rangle - \langle \boldsymbol{x} + \boldsymbol{y}, \boldsymbol{x} + \boldsymbol{y} \rangle \\
&= \langle A\boldsymbol{x} + A\boldsymbol{y}, A\boldsymbol{x} + A\boldsymbol{y} \rangle - \langle \boldsymbol{x} + \boldsymbol{y}, \boldsymbol{x} + \boldsymbol{y} \rangle \\
&= \langle A\boldsymbol{x}, A\boldsymbol{x} \rangle + \langle A\boldsymbol{x}, A\boldsymbol{y} \rangle + \langle A\boldsymbol{y}, A\boldsymbol{x} \rangle + \langle A\boldsymbol{y}, A\boldsymbol{y} \rangle \\
&\quad - \langle \boldsymbol{x}, \boldsymbol{x} \rangle - \langle \boldsymbol{x}, \boldsymbol{y} \rangle - \langle \boldsymbol{y}, \boldsymbol{x} \rangle - \langle \boldsymbol{y}, \boldsymbol{y} \rangle \\
&= \|A\boldsymbol{x}\|^2 + 2\langle A\boldsymbol{x}, A\boldsymbol{y} \rangle + \|A\boldsymbol{y}\|^2 - \|\boldsymbol{x}\|^2 - 2\langle \boldsymbol{x}, \boldsymbol{y} \rangle - \|\boldsymbol{y}\|^2 \\
&= 2(\langle A\boldsymbol{x}, A\boldsymbol{y} \rangle - \langle \boldsymbol{x}, \boldsymbol{y} \rangle) \quad (3.67)
\end{aligned}$$

となる．よって，(3) がなりたつ． $\square$

問 3.12 定理 3.16 において，(3) $\Rightarrow$ (1) を示せ．

また，内積空間のノルムに関して，次がなりたつ．

定理 3.17（中線定理：parallelogram theorem） $(V, \langle\ ,\ \rangle)$ を内積空間とし，$\boldsymbol{x}, \boldsymbol{y} \in V$ とすると，

$$\|\boldsymbol{x} + \boldsymbol{y}\|^2 + \|\boldsymbol{x} - \boldsymbol{y}\|^2 = 2(\|\boldsymbol{x}\|^2 + \|\boldsymbol{y}\|^2) \quad (3.68)$$

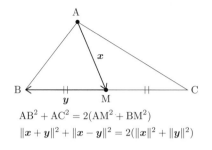

$$\mathrm{AB}^2 + \mathrm{AC}^2 = 2(\mathrm{AM}^2 + \mathrm{BM}^2)$$
$$\|\boldsymbol{x} + \boldsymbol{y}\|^2 + \|\boldsymbol{x} - \boldsymbol{y}\|^2 = 2(\|\boldsymbol{x}\|^2 + \|\boldsymbol{y}\|^2)$$

図 3.8 中線定理

$\|$　である（図 3.8）.

【証明】 ノルムの定義 (3.63)，定理 3.14 (1)，(2) より，

$$\|\boldsymbol{x} + \boldsymbol{y}\|^2 + \|\boldsymbol{x} - \boldsymbol{y}\|^2 = \langle \boldsymbol{x} + \boldsymbol{y}, \boldsymbol{x} + \boldsymbol{y} \rangle + \langle \boldsymbol{x} - \boldsymbol{y}, \boldsymbol{x} - \boldsymbol{y} \rangle$$
$$= \langle \boldsymbol{x}, \boldsymbol{x} \rangle + \langle \boldsymbol{x}, \boldsymbol{y} \rangle + \langle \boldsymbol{y}, \boldsymbol{x} \rangle + \langle \boldsymbol{y}, \boldsymbol{y} \rangle + \langle \boldsymbol{x}, \boldsymbol{x} \rangle - \langle \boldsymbol{x}, \boldsymbol{y} \rangle - \langle \boldsymbol{y}, \boldsymbol{x} \rangle + \langle \boldsymbol{y}, \boldsymbol{y} \rangle$$
$$= 2(\langle \boldsymbol{x}, \boldsymbol{x} \rangle + \langle \boldsymbol{y}, \boldsymbol{y} \rangle) = 2(\|\boldsymbol{x}\|^2 + \|\boldsymbol{y}\|^2) \tag{3.69}$$

となる．よって，(3.68) がなりたつ.　　　　　　　　　　　　□

✎ 注意 3.4　$\mathbf{R}$ 上のベクトル空間 V に対して，実数値関数 $\| \ \| : V \to \mathbf{R}$ が定理 3.15 の条件 (1)，(2)，(4) をみたすとき，組 $(V, \| \ \|)$ を**ノルム空間** (normed space) という．ノルム空間に対して，中線定理がなりたつこととノルムが内積から定められることは同値であることが知られている[7].

§3.2.3　基底 ···◇◇◇

直交行列に対する条件 (3.1) は正規直交基底とよばれる概念を用いても言い換えることができる．まず，$\mathbf{R}$ 上のベクトル空間について，その基底を次のように定めることにしよう.

定義 3.4　V を $\mathbf{R}$ 上のベクトル空間とし，$\boldsymbol{v}_1, \boldsymbol{v}_2, \ldots, \boldsymbol{v}_n \in V$ とする．組 $\{\boldsymbol{v}_1, \boldsymbol{v}_2, \ldots, \boldsymbol{v}_n\}$ が次の (1)，(2) をみたすとき，$\{\boldsymbol{v}_1, \boldsymbol{v}_2, \ldots, \boldsymbol{v}_n\}$ を V の**基底** (basis) という.

(1) $\boldsymbol{v}_1, \boldsymbol{v}_2, \ldots, \boldsymbol{v}_n$ は **1 次独立** (linearly independent) である．すなわ

---

[7] 詳しくは，例えば，あとがきの参考文献 [3] 定理 2.2 を見よ.

ち，$k_1, k_2, \ldots, k_n \in \mathbf{R}$ に対して，

$$k_1 \boldsymbol{v}_1 + k_2 \boldsymbol{v}_2 + \cdots + k_n \boldsymbol{v}_n = \mathbf{0} \tag{3.70}$$

ならば，

$$k_1 = k_2 = \cdots = k_n = 0 \tag{3.71}$$

である．

(2) $V = \langle \boldsymbol{v}_1, \boldsymbol{v}_2, \ldots, \boldsymbol{v}_n \rangle_{\mathbf{R}}$ §1.2.5 である．

✎ 注意 3.5　定義 3.4 において，V の基底は一意的ではないが，基底を構成するベクトルの個数は基底の選び方に依存しないことが分かる．そこで，基底を構成するベクトルの個数を $\dim V$ と表し，V の**次元** (dimension) という[8]．なお，ベクトル空間に対しては，上のような有限次元のもの以外に，無限次元のものも考えることができるが，本書では扱わないことにする．

◇ **例 3.10**（標準基底）　$\boldsymbol{e}_1, \boldsymbol{e}_2, \ldots, \boldsymbol{e}_n \in \mathbf{R}^n$ を $\mathbf{R}^n$ の基本ベクトルとする 例 1.20．このとき，$k_1, k_2, \ldots, k_n \in \mathbf{R}$ に対して，

$$k_1 \boldsymbol{e}_1 + k_2 \boldsymbol{e}_2 + \cdots + k_n \boldsymbol{e}_n = \mathbf{0} \tag{3.72}$$

とすると，

$$\begin{pmatrix} k_1 \\ k_2 \\ \vdots \\ k_n \end{pmatrix} = \mathbf{0} \tag{3.73}$$

である．よって，(3.71) がなりたち，$\boldsymbol{e}_1, \boldsymbol{e}_2, \ldots, \boldsymbol{e}_n$ は 1 次独立である．すなわち，$\{\boldsymbol{e}_1, \boldsymbol{e}_2, \ldots, \boldsymbol{e}_n\}$ は定義 3.4 の条件 (1) をみたす．また，$\boldsymbol{x} \in \mathbf{R}^n$ を (3.60) のように表しておくと，

$$\boldsymbol{x} = x_1 \boldsymbol{e}_1 + x_2 \boldsymbol{e}_2 + \cdots + x_n \boldsymbol{e}_n \tag{3.74}$$

である．よって，$\{\boldsymbol{e}_1, \boldsymbol{e}_2, \ldots, \boldsymbol{e}_n\}$ は定義 3.4 の条件 (2) をみたす．したがって，$\{\boldsymbol{e}_1, \boldsymbol{e}_2, \ldots, \boldsymbol{e}_n\}$ は $\mathbf{R}^n$ の基底である．これを $\mathbf{R}^n$ の**標準基底** (standard basis) という．とくに，

---

[8] すなわち，次元の定義は well-defined である 注意 2.8．

$$\dim \mathbf{R}^n = n \tag{3.75}$$

である. ◇

§3.2.4 正規直交基底 ◦◇◇

正規直交基底とは内積空間に対する特別な基底である. まず, 2 次元ユークリッド空間 $\mathbf{R}^2$ や 3 次元ユークリッド空間 $\mathbf{R}^3$ の元をそれぞれ平面ベクトル, 空間ベクトルとみなすと, 2 つの平面ベクトル, 空間ベクトルの直交性は内積が 0 となることとして言い換えられることが分かる. そこで, 一般の内積空間の 2 つのベクトルの直交性について, 次のように定める.

> **定義 3.5** $(V, \langle\ ,\ \rangle)$ を内積空間とする. $\boldsymbol{x}, \boldsymbol{y} \in V$ に対して,
>
> $$\langle \boldsymbol{x}, \boldsymbol{y} \rangle = 0 \tag{3.76}$$
>
> となるとき, $\boldsymbol{x}$ と $\boldsymbol{y}$ は **直交する** (orthogonal) という.

さらに, 内積空間の正規直交基底を次のように定める.

> **定義 3.6** $(V, \langle\ ,\ \rangle)$ を内積空間, $\{\boldsymbol{v}_1, \boldsymbol{v}_2, \dots, \boldsymbol{v}_n\}$ を V の基底とする. 任意の $i, j = 1, 2, \dots, n$ に対して,
>
> $$\langle \boldsymbol{v}_i, \boldsymbol{v}_j \rangle = \begin{cases} 1 & (i = j), \\ 0 & (i \neq j) \end{cases} \tag{3.77}$$
>
> がなりたつとき, $\{\boldsymbol{v}_1, \boldsymbol{v}_2, \dots, \boldsymbol{v}_n\}$ を V の **正規直交基底** (orthonormal basis) という [9].

◇ **例 3.11** $\{\boldsymbol{e}_1, \boldsymbol{e}_2, \dots, \boldsymbol{e}_n\}$ をユークリッド空間 $\mathbf{R}^n$ の標準基底とする 例 3.10 . このとき, (3.61) より, 任意の $i, j = 1, 2, \dots, n$ に対して,

$$\langle \boldsymbol{e}_i, \boldsymbol{e}_j \rangle = \begin{cases} 1 & (i = j), \\ 0 & (i \neq j) \end{cases} \tag{3.78}$$

となる. よって, $\{\boldsymbol{e}_1, \boldsymbol{e}_2, \dots, \boldsymbol{e}_n\}$ は $\mathbf{R}^n$ の正規直交基底である. ◇

---

[9] 「正規」という言葉は $\langle \boldsymbol{v}_i, \boldsymbol{v}_i \rangle = 1$ であることから来ている.

それでは，直交行列を正規直交基底を用いて特徴付けよう．

定理 3.18 $A \in M_n(\mathbf{R})$ を

$$A = (\boldsymbol{a}_1 \ \boldsymbol{a}_2 \ \cdots \ \boldsymbol{a}_n) \tag{3.79}$$

と列ベクトルに分割しておく．このとき，$A \in \mathrm{O}(n)$ であることと $\{\boldsymbol{a}_1, \boldsymbol{a}_2, \ldots, \boldsymbol{a}_n\}$ が $\mathbf{R}^n$ の正規直交基底であることは同値である．

【証明】 (3.79), (3.61) より，

$$
{}^t\!AA = \begin{pmatrix} {}^t\boldsymbol{a}_1 \\ {}^t\boldsymbol{a}_2 \\ \vdots \\ {}^t\boldsymbol{a}_n \end{pmatrix} (\boldsymbol{a}_1 \ \boldsymbol{a}_2 \ \cdots \ \boldsymbol{a}_n) = \begin{pmatrix} {}^t\boldsymbol{a}_1\boldsymbol{a}_1 & {}^t\boldsymbol{a}_1\boldsymbol{a}_2 & \cdots & {}^t\boldsymbol{a}_1\boldsymbol{a}_n \\ {}^t\boldsymbol{a}_2\boldsymbol{a}_1 & {}^t\boldsymbol{a}_2\boldsymbol{a}_2 & \cdots & {}^t\boldsymbol{a}_2\boldsymbol{a}_n \\ \vdots & \vdots & \ddots & \vdots \\ {}^t\boldsymbol{a}_n\boldsymbol{a}_1 & {}^t\boldsymbol{a}_n\boldsymbol{a}_2 & \cdots & {}^t\boldsymbol{a}_n\boldsymbol{a}_n \end{pmatrix}
$$

$$
= \begin{pmatrix} \langle \boldsymbol{a}_1, \boldsymbol{a}_1 \rangle & \langle \boldsymbol{a}_1, \boldsymbol{a}_2 \rangle & \cdots & \langle \boldsymbol{a}_1, \boldsymbol{a}_n \rangle \\ \langle \boldsymbol{a}_2, \boldsymbol{a}_1 \rangle & \langle \boldsymbol{a}_2, \boldsymbol{a}_2 \rangle & \cdots & \langle \boldsymbol{a}_2, \boldsymbol{a}_n \rangle \\ \vdots & \vdots & \ddots & \vdots \\ \langle \boldsymbol{a}_n, \boldsymbol{a}_1 \rangle & \langle \boldsymbol{a}_n, \boldsymbol{a}_2 \rangle & \cdots & \langle \boldsymbol{a}_n, \boldsymbol{a}_n \rangle \end{pmatrix} \tag{3.80}
$$

となる．よって，注意 3.1 および正規直交基底の定義 定義 3.6 より，$A \in \mathrm{O}(n)$ であることと $\{\boldsymbol{a}_1, \boldsymbol{a}_2, \ldots, \boldsymbol{a}_n\}$ が $\mathbf{R}^n$ の正規直交基底であることは同値である．   □

◇ **例 3.12** $\mathbf{R}^2$ の正規直交基底はある $\theta \in [0, 2\pi)$ を用いて，

$$\left\{ \begin{pmatrix} \cos\theta \\ \sin\theta \end{pmatrix}, \begin{pmatrix} \cos\left(\theta \pm \frac{\pi}{2}\right) \\ \sin\left(\theta \pm \frac{\pi}{2}\right) \end{pmatrix} \right\} \quad \text{(複号同順)} \tag{3.81}$$

と表すことができる（図 3.9）．よって，定理 3.18 を用いることにより，(3.15) を導くことができる．   ◇

§3.2.5 内積空間の距離 ···◇◇◇

次に，内積空間のノルムを用いて，距離とよばれる関数を定めよう．

定義 3.7 $(V, \langle\,,\,\rangle)$ を内積空間とする．このとき，実数値関数 $d : V \times V \to \mathbf{R}$ を

$$d(\boldsymbol{x}, \boldsymbol{y}) = \|\boldsymbol{x} - \boldsymbol{y}\| \quad (\boldsymbol{x}, \boldsymbol{y} \in V) \tag{3.82}$$

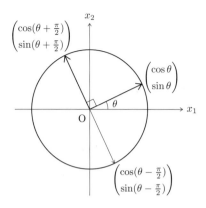

図 3.9　$\mathbf{R}^2$ の正規直交基底

により定め，これを V の**距離** (metric) という．また，$d(\boldsymbol{x}, \boldsymbol{y})$ を $\boldsymbol{x}$ と $\boldsymbol{y}$ の**距離** (distance) という．

◇ **例 3.13**（ユークリッド距離）　d をユークリッド空間 $\mathbf{R}^n$ の距離とする．d を**ユークリッド距離** (Euclidean metric) という．$\boldsymbol{x}, \boldsymbol{y} \in \mathbf{R}^n$ を (3.60) のように表しておくと，(3.82)，(3.64) より，

$$d(\boldsymbol{x}, \boldsymbol{y}) = \sqrt{(x_1 - y_1)^2 + (x_2 - y_2)^2 + \cdots + (x_n - y_n)^2} \qquad (3.83)$$

である．すなわち，$d(\boldsymbol{x}, \boldsymbol{y})$ は三平方の定理を用いて得られる，$\boldsymbol{x}$ と $\boldsymbol{y}$ を結んで得られる線分の長さを表す（図 3.10）．$d(\boldsymbol{x}, \boldsymbol{y})$ を $\boldsymbol{x}$ と $\boldsymbol{y}$ の**ユークリッド距離** (Euclidean distance) という．　　　　　　　　　　　　　◇

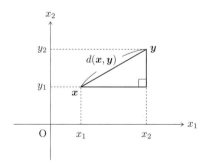

図 3.10　$\mathbf{R}^2$ のユークリッド距離

内積空間の距離について，次がなりたつ．

> **定理 3.19**　$(V, \langle\ ,\ \rangle)$ を内積空間とし，$\boldsymbol{x}, \boldsymbol{y}, \boldsymbol{z} \in V$ とすると，次の (1)〜
> (3) がなりたつ．
> (1) $d(\boldsymbol{x}, \boldsymbol{y}) \geq 0$ であり，$d(\boldsymbol{x}, \boldsymbol{y}) = 0$ となるのは $\boldsymbol{x} = \boldsymbol{y}$ のときに限る．
> 　**（正値性）**
> (2) $d(\boldsymbol{x}, \boldsymbol{y}) = d(\boldsymbol{y}, \boldsymbol{x})$.　**（対称性）**
> (3) $d(\boldsymbol{x}, \boldsymbol{z}) \leq d(\boldsymbol{x}, \boldsymbol{y}) + d(\boldsymbol{y}, \boldsymbol{z})$.　**（三角不等式）**

【証明】　(1), (2) のみ示し，(3) の証明は問 3.13 とする．

(1) 距離の定義 (3.82) およびノルムの正値性 定理 3.15 (1) より，

$$d(\boldsymbol{x}, \boldsymbol{y}) = \|\boldsymbol{x} - \boldsymbol{y}\| \geq 0 \tag{3.84}$$

である．また，$d(\boldsymbol{x}, \boldsymbol{y}) = 0$ となるのは

$$\|\boldsymbol{x} - \boldsymbol{y}\| = 0 \tag{3.85}$$

となるとき，すなわち，$\boldsymbol{x} - \boldsymbol{y} = \boldsymbol{0}$ より，$\boldsymbol{x} = \boldsymbol{y}$ のときに限る．

(2) 距離の定義 (3.82) および定理 3.15 (2) より，

$$d(\boldsymbol{x}, \boldsymbol{y}) = \|\boldsymbol{x} - \boldsymbol{y}\| = \|(-1)(\boldsymbol{y} - \boldsymbol{x})\| = |-1| \|\boldsymbol{y} - \boldsymbol{x}\| = d(\boldsymbol{y}, \boldsymbol{x}) \tag{3.86}$$

となる．すなわち，(2) がなりたつ．　　　　　　　　　　　　　　□

問 3.13　定理 3.19 (3) を示せ．

✎注意 3.6　空でない集合 X に対して，実数値関数 $d : X \times X \to \mathbf{R}$ が定理 3.19 の条件 (1)〜(3) をみたすとき，組 (X, d) を**距離空間** (metric space) という．

§3.2.6　等長変換 ··◇◇◇

初等幾何学では平面上の三角形の合同条件などが扱われる．一般に，ユークリッド空間内の図形が合同であるとは，等長変換というもので写り合うこととして定められる [10]．そして，等長変換で写しても変わらないユークリッド空間内の図形の性質を調べる幾何学はユークリッド幾何学とよばれる．ユークリッド空間の等長変換はユークリッド距離を用いて，次のように定める．

───────────────────

[10] ただし，中学校などで初等幾何学を学ぶ際には，等長変換という言葉ではなく，「重ね合わせることができる」といった表現を用いるであろう．

定義 3.8 $f : \mathbf{R}^n \to \mathbf{R}^n$ を写像とする. f が全単射であり 定義 2.9 , かつ, f が**距離を保つ** (preserve distance), すなわち, 任意の $\boldsymbol{x}, \boldsymbol{y} \in \mathbf{R}^n$ に対して, 等式

$$d(f(\boldsymbol{x}), f(\boldsymbol{y})) = d(\boldsymbol{x}, \boldsymbol{y}) \qquad (3.87)$$

がなりたつとき, f を $\mathbf{R}^n$ の**等長変換** (isometry) または**合同変換** (congruent transformation) という [11] (図 3.11).

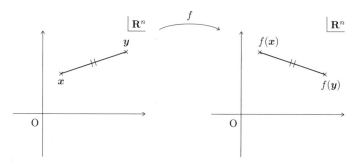

図 3.11 等長変換

◇ **例 3.14** 恒等変換 $1_{\mathbf{R}^n} : \mathbf{R}^n \to \mathbf{R}^n$ 問 2.7 は明らかに定義 3.8 の条件をみたす. よって, $1_{\mathbf{R}^n}$ は等長変換である. ◇

$\mathbf{R}^n$ の等長変換全体の集合を $\mathrm{Iso}(\mathbf{R}^n)$ と表す. このとき, 次がなりたつ.

定理 3.20 次の (1), (2) がなりたつ.
(1) $f, g \in \mathrm{Iso}(\mathbf{R}^n)$ とすると, $g \circ f \in \mathrm{Iso}(\mathbf{R}^n)$.
(2) $f \in \mathrm{Iso}(\mathbf{R}^n)$ とすると, $f^{-1} \in \mathrm{Iso}(\mathbf{R}^n)$.

【証明】 (1) のみ示し, (2) の証明は問 3.14 とする.
(1) まず, $f, g \in \mathrm{Iso}(\mathbf{R}^n)$ より, f, g はともに $\mathbf{R}^n$ から $\mathbf{R}^n$ への全単射である. よって, 定理 2.6 より, $g \circ f$ は $\mathbf{R}^n$ から $\mathbf{R}^n$ への全単射である. さらに, $\boldsymbol{x}, \boldsymbol{y} \in \mathbf{R}^n$ とすると,

---

[11] 等長変換は距離空間 注意 3.6 の間の写像に対しても定めることができるが, 本書では述べないことにする.

$$d((g \circ f)(\boldsymbol{x}), (g \circ f)(\boldsymbol{y})) = d(g(f(\boldsymbol{x})), g(f(\boldsymbol{y}))) = d(f(\boldsymbol{x}), f(\boldsymbol{y})) = d(\boldsymbol{x}, \boldsymbol{y})$$
$$(3.88)$$

となる. よって, $g \circ f$ は距離を保つ. したがって, $g \circ f \in \mathrm{Iso}(\mathbf{R}^n)$ である.

□

問 3.14 定理 3.20 (2) を示せ.

§3.2.7 等長変換の具体的表示 ·································◇◇◇

次に述べるように, $\mathbf{R}^n$ の等長変換は直交行列 §3.1.1 と数ベクトルを用いて具体的に表すことができる.

定理 3.21 $f \in \mathrm{Iso}(\mathbf{R}^n)$ は $A \in \mathrm{O}(n)$ および $\boldsymbol{b} \in \mathbf{R}^n$ を用いて,

$$f(\boldsymbol{x}) = A\boldsymbol{x} + \boldsymbol{b} \quad (\boldsymbol{x} \in \mathbf{R}^n) \tag{3.89}$$

と表される.

【証明】 まず, $f : \mathbf{R}^n \to \mathbf{R}^n$ を (3.89) のように表される写像とする. このとき, 直交行列は正則であることに注意すると, A の逆行列 A^{-1} が存在する. よって, f は全単射となり, とくに, f の逆写像 f^{-1} は

$$f^{-1}(\boldsymbol{x}) = A^{-1}\boldsymbol{x} - A^{-1}\boldsymbol{b} \quad (\boldsymbol{x} \in \mathbf{R}^n) \tag{3.90}$$

によりあたえられる. また, $\boldsymbol{x}, \boldsymbol{y} \in \mathbf{R}^n$ とし, 直交行列はノルムを保つ 定理 3.16 (2) ことに注意すると, 距離の定義 (3.82) より,

$$d(f(\boldsymbol{x}), f(\boldsymbol{y})) = \|f(\boldsymbol{x}) - f(\boldsymbol{y})\| = \|A\boldsymbol{x} + \boldsymbol{b} - (A\boldsymbol{y} + \boldsymbol{b})\| = \|A(\boldsymbol{x} - \boldsymbol{y})\|$$
$$= \|\boldsymbol{x} - \boldsymbol{y}\| = d(\boldsymbol{x}, \boldsymbol{y}) \tag{3.91}$$

となる. したがって, f は等長変換である.

逆に, $f : \mathbf{R}^n \to \mathbf{R}^n$ を等長変換とする. このとき, f が (3.89) のように表されることは, 次の (1)〜(5) の手順により示せばよい.

(1) 写像 $g : \mathbf{R}^n \to \mathbf{R}^n$ を

$$g(\boldsymbol{x}) = f(\boldsymbol{x}) - f(\mathbf{0}) \quad (\boldsymbol{x} \in \mathbf{R}^n) \tag{3.92}$$

により定める. このとき, g は等長変換であることを示す.

(2) g がノルムを保つ, すなわち, 任意の $\boldsymbol{x} \in \mathbf{R}^n$ に対して,

$$\|g(\boldsymbol{x})\| = \|\boldsymbol{x}\| \tag{3.93}$$

となることを示す.

(3) g が内積を保つ, すなわち, 任意の $\boldsymbol{x}, \boldsymbol{y} \in \mathbf{R}^n$ に対して,

$$\langle g(\boldsymbol{x}), g(\boldsymbol{y}) \rangle = \langle \boldsymbol{x}, \boldsymbol{y} \rangle \tag{3.94}$$

となることを示す.

(4) g が線形変換であることを示す. よって, ある $A \in M_n(\mathbf{R})$ が存在し,

$$g(\boldsymbol{x}) = A\boldsymbol{x} \quad (\boldsymbol{x} \in \mathbf{R}^n) \tag{3.95}$$

となる 問 2.6 補足 .

(5) A が直交行列であることを示す.

以下, (1)〜(5) を示そう.

(1) $\boldsymbol{x}, \boldsymbol{y} \in \mathbf{R}^n$ とすると, 距離の定義 (3.82) と f が等長変換であることから,

$$
\begin{aligned}
d\left(g(\boldsymbol{x}), g(\boldsymbol{y})\right) &= \|g(\boldsymbol{x}) - g(\boldsymbol{y})\| = \|(f(\boldsymbol{x}) - f(\boldsymbol{0})) - (f(\boldsymbol{y}) - f(\boldsymbol{0}))\| \\
&= \|f(\boldsymbol{x}) - f(\boldsymbol{y})\| = d\left(f(\boldsymbol{x}), f(\boldsymbol{y})\right) = d(\boldsymbol{x}, \boldsymbol{y})
\end{aligned}
\tag{3.96}
$$

となる. よって, g は等長変換である.

(2) $\boldsymbol{x} \in \mathbf{R}^n$ とすると, 距離の定義 (3.82) と f が等長変換であることから,

$$
\begin{aligned}
\|g(\boldsymbol{x})\| &= \|f(\boldsymbol{x}) - f(\boldsymbol{0})\| = d\left(f(\boldsymbol{x}), f(\boldsymbol{0})\right) \\
&= d\left(\boldsymbol{x}, \boldsymbol{0}\right) = \|\boldsymbol{x} - \boldsymbol{0}\| \\
&= \|\boldsymbol{x}\|
\end{aligned}
\tag{3.97}
$$

となる. よって, g はノルムを保つ.

(3) $\boldsymbol{x}, \boldsymbol{y} \in \mathbf{R}^n$ とすると, 距離の定義 (3.82), ノルムの定義 (3.63), 定理 3.14 (1), (2), 内積の対称性 定義 3.3(1) および (2) より,

$$
\begin{aligned}
\left(d\left(g(\boldsymbol{x}), g(\boldsymbol{y})\right)\right)^2 &= \|g(\boldsymbol{x}) - g(\boldsymbol{y})\|^2 = \langle g(\boldsymbol{x}) - g(\boldsymbol{y}), g(\boldsymbol{x}) - g(\boldsymbol{y}) \rangle \\
&= \langle g(\boldsymbol{x}), g(\boldsymbol{x}) \rangle - \langle g(\boldsymbol{x}), g(\boldsymbol{y}) \rangle - \langle g(\boldsymbol{y}), g(\boldsymbol{x}) \rangle + \langle g(\boldsymbol{y}), g(\boldsymbol{y}) \rangle \\
&= \|g(\boldsymbol{x})\|^2 - 2\langle g(\boldsymbol{x}), g(\boldsymbol{y}) \rangle + \|g(\boldsymbol{y})\|^2 = \|\boldsymbol{x}\|^2 - 2\langle g(\boldsymbol{x}), g(\boldsymbol{y}) \rangle + \|\boldsymbol{y}\|^2
\end{aligned}
\tag{3.98}
$$

となる. すなわち,

$$\left(d\left(g(\boldsymbol{x}), g(\boldsymbol{y})\right)\right)^2 = \|\boldsymbol{x}\|^2 - 2\langle g(\boldsymbol{x}), g(\boldsymbol{y}) \rangle + \|\boldsymbol{y}\|^2 \tag{3.99}$$

3

ユークリッド空間の等長変換

である. 同様に,

$$(d(\boldsymbol{x}, \boldsymbol{y}))^2 = \|\boldsymbol{x}\|^2 - 2\langle \boldsymbol{x}, \boldsymbol{y}\rangle + \|\boldsymbol{y}\|^2 \tag{3.100}$$

である. (3.99), (3.100) および (1) より,

$$\|\boldsymbol{x}\|^2 - 2\langle g(\boldsymbol{x}), g(\boldsymbol{y})\rangle + \|\boldsymbol{y}\|^2 = \|\boldsymbol{x}\|^2 - 2\langle \boldsymbol{x}, \boldsymbol{y}\rangle + \|\boldsymbol{y}\|^2 \tag{3.101}$$

である. よって, (3.94) が得られ, g は内積を保つ.

(4) まず, $\boldsymbol{x}, \boldsymbol{y} \in \mathbf{R}^n$ とすると, 定理 3.14 (1), (2) および (3) より,

$$
\begin{aligned}
&\langle g(\boldsymbol{x}+\boldsymbol{y}) - g(\boldsymbol{x}) - g(\boldsymbol{y}), g(\boldsymbol{x}+\boldsymbol{y}) - g(\boldsymbol{x}) - g(\boldsymbol{y})\rangle \\
&= \langle g(\boldsymbol{x}+\boldsymbol{y}), g(\boldsymbol{x}+\boldsymbol{y})\rangle - \langle g(\boldsymbol{x}+\boldsymbol{y}), g(\boldsymbol{x})\rangle - \langle g(\boldsymbol{x}+\boldsymbol{y}), g(\boldsymbol{y})\rangle \\
&\quad - \langle g(\boldsymbol{x}), g(\boldsymbol{x}+\boldsymbol{y})\rangle + \langle g(\boldsymbol{x}), g(\boldsymbol{x})\rangle + \langle g(\boldsymbol{x}), g(\boldsymbol{y})\rangle \\
&\quad - \langle g(\boldsymbol{y}), g(\boldsymbol{x}+\boldsymbol{y})\rangle + \langle g(\boldsymbol{y}), g(\boldsymbol{x})\rangle + \langle g(\boldsymbol{y}), g(\boldsymbol{y})\rangle \\
&= \langle \boldsymbol{x}+\boldsymbol{y}, \boldsymbol{x}+\boldsymbol{y}\rangle - \langle \boldsymbol{x}+\boldsymbol{y}, \boldsymbol{x}\rangle - \langle \boldsymbol{x}+\boldsymbol{y}, \boldsymbol{y}\rangle - \langle \boldsymbol{x}, \boldsymbol{x}+\boldsymbol{y}\rangle + \langle \boldsymbol{x}, \boldsymbol{x}\rangle + \langle \boldsymbol{x}, \boldsymbol{y}\rangle \\
&\quad - \langle \boldsymbol{y}, \boldsymbol{x}+\boldsymbol{y}\rangle + \langle \boldsymbol{y}, \boldsymbol{x}\rangle + \langle \boldsymbol{y}, \boldsymbol{y}\rangle \\
&= \langle \boldsymbol{x}, \boldsymbol{x}\rangle + \langle \boldsymbol{x}, \boldsymbol{y}\rangle + \langle \boldsymbol{y}, \boldsymbol{x}\rangle + \langle \boldsymbol{y}, \boldsymbol{y}\rangle - \langle \boldsymbol{x}, \boldsymbol{x}\rangle - \langle \boldsymbol{y}, \boldsymbol{x}\rangle - \langle \boldsymbol{x}, \boldsymbol{y}\rangle - \langle \boldsymbol{y}, \boldsymbol{y}\rangle \\
&\quad - \langle \boldsymbol{x}, \boldsymbol{x}\rangle - \langle \boldsymbol{x}, \boldsymbol{y}\rangle + \langle \boldsymbol{x}, \boldsymbol{x}\rangle + \langle \boldsymbol{x}, \boldsymbol{y}\rangle - \langle \boldsymbol{y}, \boldsymbol{x}\rangle - \langle \boldsymbol{y}, \boldsymbol{y}\rangle + \langle \boldsymbol{y}, \boldsymbol{x}\rangle + \langle \boldsymbol{y}, \boldsymbol{y}\rangle \\
&= 0 \tag{3.102}
\end{aligned}
$$

となる. よって, 内積の正値性 定義 3.3 (3) より,

$$g(\boldsymbol{x}+\boldsymbol{y}) - g(\boldsymbol{x}) - g(\boldsymbol{y}) = \boldsymbol{0}, \tag{3.103}$$

すなわち,

$$g(\boldsymbol{x}+\boldsymbol{y}) = g(\boldsymbol{x}) + g(\boldsymbol{y}) \tag{3.104}$$

である. さらに, $k \in \mathbf{R}$ とすると, 定理 3.14 (1), (2) および (3) より,

$$
\begin{aligned}
&\langle g(k\boldsymbol{x}) - kg(\boldsymbol{x}), g(k\boldsymbol{x}) - kg(\boldsymbol{x})\rangle \\
&= \langle g(k\boldsymbol{x}), g(k\boldsymbol{x})\rangle - k\langle g(k\boldsymbol{x}), g(\boldsymbol{x})\rangle - k\langle g(\boldsymbol{x}), g(k\boldsymbol{x})\rangle + k^2\langle g(\boldsymbol{x}), g(\boldsymbol{x})\rangle \\
&= \langle k\boldsymbol{x}, k\boldsymbol{x}\rangle - k\langle k\boldsymbol{x}, \boldsymbol{x}\rangle - k\langle \boldsymbol{x}, k\boldsymbol{x}\rangle + k^2\langle \boldsymbol{x}, \boldsymbol{x}\rangle = 0 \tag{3.105}
\end{aligned}
$$

となる. よって, 内積の正値性より,

$$g(k\boldsymbol{x}) - kg(\boldsymbol{x}) = \boldsymbol{0}, \tag{3.106}$$

すなわち,

$$g(k\boldsymbol{x}) = kg(\boldsymbol{x}) \tag{3.107}$$

である. (3.104), (3.107) より, g は線形変換である.

(5) 「(2) と (4)」または「(3) と (4)」および定理 3.16 より, A は直交行列である. よって, $\boldsymbol{b} = f(\boldsymbol{0})$ とおくと, (3.89) がなりたつ. □

本節のまとめ

☑ ユークリッド空間は標準内積を備えた実数ベクトル空間である. 例 3.8

☑ 内積空間の内積を用いて,ノルムを定めることができる. §3.2.2

☑ 直交行列はユークリッド空間の内積やノルム,さらに,正規直交基底 を用いて特徴付けることができる. 定理 3.16 , 定理 3.18

☑ ユークリッド距離を保つユークリッド空間の間の全単射を等長変換と いう. 定義 3.8

☑ ユークリッド空間の等長変換は直交行列と数ベクトルを用いて表され る. 定理 3.21

3.3 等長変換の幾何学的意味

本節では,ユークリッド空間の等長変換に対する具体的表示を用いて, その幾何学的意味を調べる.とくに,直交行列が回転や鏡映のいくつか の合成を表すことについて述べる.

§3.3.1 1次および2次の直交行列

定理 3.21 では,ユークリッド空間 $\mathbf{R}^n$ の等長変換 $f \in \mathrm{Iso}(\mathbf{R}^n)$ が直交行 列 $A \in \mathrm{O}(n)$ と数ベクトル $\boldsymbol{b} \in \mathbf{R}^n$ を用いて,

$$f(\boldsymbol{x}) = A\boldsymbol{x} + \boldsymbol{b} \quad (\boldsymbol{x} \in \mathbf{R}^n) \tag{3.108}$$

と表されることを述べた.よって, f の幾何学的意味を調べるには A や $\boldsymbol{b}$ の 幾何学的意味を調べればよい.

まず, $A = E_n$ とする. このとき, (3.108) は

$$f(\boldsymbol{x}) = \boldsymbol{x} + \boldsymbol{b} \quad (\boldsymbol{x} \in \mathbf{R}^n) \tag{3.109}$$

となる. よって, f は $\boldsymbol{x}$ を $\boldsymbol{x} + \boldsymbol{b}$ へ写す平行移動を意味する (図 3.12).

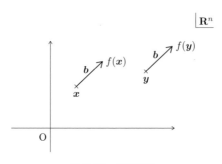

図 3.12 平行移動

次に, $\boldsymbol{b} = \boldsymbol{0}$ とする. このとき, (3.108) は

$$f(\boldsymbol{x}) = A\boldsymbol{x} \quad (\boldsymbol{x} \in \mathbf{R}^n) \tag{3.110}$$

となる. $n = 1, 2$ の場合, (3.110) により表される f の幾何学的意味は以下の例 3.15, 例 3.16 のように述べることができる.

◇ **例 3.15** (3.110) において, $n = 1$ とする. このとき, $A \in \mathrm{O}(1)$ なので, 例 3.2 および (3.54) より,

$$A = \begin{cases} 1 & (|A| = 1), \\ -1 & (|A| = -1) \end{cases} \tag{3.111}$$

である. よって, $A \in \mathrm{O}(1)$ かつ $|A| = 1$, すなわち, $A \in \mathrm{SO}(1)$ §3.1.6 のとき, (3.110) により表される f は恒等変換 $1_{\mathbf{R}} : \mathbf{R} \to \mathbf{R}$ である. また, $A \in \mathrm{O}(1)$ かつ $|A| = -1$ のとき, (3.110) により表される f は原点に関する対称移動を意味する (図 3.13). ◇

◇ **例 3.16** (3.110) において, $n = 2$ とする. このとき, $A \in \mathrm{O}(2)$ なので, 例 3.3 および (3.55) より, ある $\theta \in [0, 2\pi)$ が存在し,

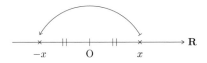

図 3.13　原点に関する対称移動

$$
A = \begin{cases}
\begin{pmatrix} \cos\theta & -\sin\theta \\ \sin\theta & \cos\theta \end{pmatrix} & (|A| = 1), \\[4mm]
\begin{pmatrix} \cos\theta & \sin\theta \\ \sin\theta & -\cos\theta \end{pmatrix} & (|A| = -1)
\end{cases}
\tag{3.112}
$$

となる.

一方, $\theta \in [0, 2\pi)$ に対して, 原点を中心とする角 θ の回転により得られる $\mathbf{R}^2$ から $\mathbf{R}^2$ への写像を f とすると, f は距離を保つ全単射となり, $f \in \mathrm{Iso}(\mathbf{R}^2)$ である. さらに, $f(\mathbf{0}) = \mathbf{0}$ なので, f は (3.110) のように表される. ここで, e_1, e_2 を $\mathbf{R}^2$ の基本ベクトルとすると,

$$
f(e_1) = \begin{pmatrix} \cos\theta \\ \sin\theta \end{pmatrix}, \quad
f(e_2) = \begin{pmatrix} -\sin\theta \\ \cos\theta \end{pmatrix}
\tag{3.113}
$$

である (図 3.14). よって,

$$
A = \begin{pmatrix} \cos\theta & -\sin\theta \\ \sin\theta & \cos\theta \end{pmatrix}
\tag{3.114}
$$

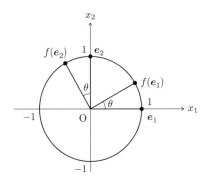

図 3.14　e_1, e_2 の原点を中心とする角 θ の回転

である．したがって，$A \in \mathrm{O}(2)$ かつ $|A| = 1$，すなわち，$A \in \mathrm{SO}(2)$ のとき，(3.110) により表される f は原点を中心とする回転を意味する．

また，$\theta \in [0, 2\pi)$ に対して，原点を通る直線

$$x_2 \cos \frac{\theta}{2} = x_1 \sin \frac{\theta}{2} \tag{3.115}$$

に関する対称移動により得られる $\mathbf{R}^2$ から $\mathbf{R}^2$ への写像を f とすると，f は距離を保つ全単射となり，$f \in \mathrm{Iso}(\mathbf{R}^2)$ である．さらに，$f(\mathbf{0}) = \mathbf{0}$ なので，f は (3.110) のように表される．ここで，

$$f(\boldsymbol{e}_1) = \left(\begin{array}{c} \cos\theta \\ \sin\theta \end{array} \right), \quad f(\boldsymbol{e}_2) = \left(\begin{array}{c} \sin\theta \\ -\cos\theta \end{array} \right) \tag{3.116}$$

である（図 3.15）．よって，

$$A = \left(\begin{array}{cc} \cos\theta & \sin\theta \\ \sin\theta & -\cos\theta \end{array} \right) \tag{3.117}$$

である．したがって，$A \in \mathrm{O}(2)$ かつ $|A| = -1$ のとき，(3.110) により表される f は原点を通る直線に関する対称移動を意味する．

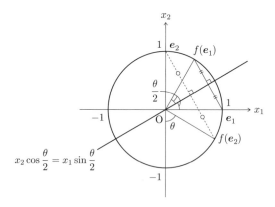

図 3.15 $\boldsymbol{e}_1$, $\boldsymbol{e}_2$ の原点を通る直線に関する対称移動

$\diamondsuit$

§3.3.2　固有値と固有ベクトル ·· ◇◇◇

3 次の直交行列の幾何学的意味を調べるための準備として，正方行列の固有値や固有ベクトルなどについて，簡単に述べておこう．

> **定義 3.9**　$A \in M_n(\mathbf{C})$ とする．$\boldsymbol{x} \in \mathbf{C}^n \setminus \{\boldsymbol{0}\}$ (1.31) および $\lambda \in \mathbf{C}$ が等式
>
> $$A\boldsymbol{x} = \lambda\boldsymbol{x} \tag{3.118}$$
>
> をみたすとき，λ を A の**固有値** (eigenvalue)，$\boldsymbol{x}$ を固有値 λ に対する A の**固有ベクトル** (eigenvector) という．

(3.118) は

$$(\lambda E_n - A)\boldsymbol{x} = \boldsymbol{0} \tag{3.119}$$

と同値である．よって，$\boldsymbol{x} \in \mathbf{C}^n \setminus \{\boldsymbol{0}\}$ が (3.118) をみたすということは $\boldsymbol{x} \in \mathbf{C}^n$ が同次連立 1 次方程式 (3.119) の自明でない解であることを意味する．ここで，次を用いよう．

> **定理 3.22**　$A \in M_n(\mathbf{C})$ とする．$\boldsymbol{x} \in \mathbf{C}^n$ についての同次連立 1 次方程式
>
> $$A\boldsymbol{x} = \boldsymbol{0} \tag{3.120}$$
>
> が自明でない解をもつことと $|A| = 0$ であることは同値である．

定理 3.22 より，定義 3.9 において，A の固有値 λ は

$$|\lambda E_n - A| = 0 \tag{3.121}$$

をみたす．行列式の定義 (3.30) より，(3.121) は λ についての n 次方程式である．(3.121) 左辺を A の**固有多項式** (eigenpolynomial) または**特性多項式** (characteristic polynomial)，方程式 (3.121) を A の**固有方程式** (eigenequation) または**特性方程式** (characteristic equation) という．

> **例題 3.4**　(3.114) の $A \in M_2(\mathbf{C})$ について，次の問に答えよ．
> (1) A の固有値は $\cos\theta \pm i\sin\theta$ であることを示せ．
> (2) $\sin\theta \neq 0$ とする．固有値 $\cos\theta + i\sin\theta$ に対する A の固有ベクトル

を 1 つ求めよ.

(3) $\sin\theta \neq 0$ とする. 固有値 $\cos\theta - i\sin\theta$ に対する A の固有ベクトルを 1 つ求めよ.

解説 (1) A の固有多項式を $\phi_A(\lambda)$ とおくと, (3.114), (3.35) より,

$$\phi_A(\lambda) = |\lambda E_2 - A| = \left| \lambda \begin{pmatrix} 1 & 0 \\ 0 & 1 \end{pmatrix} - \begin{pmatrix} \cos\theta & -\sin\theta \\ \sin\theta & \cos\theta \end{pmatrix} \right|$$

$$= \begin{vmatrix} \lambda - \cos\theta & \sin\theta \\ -\sin\theta & \lambda - \cos\theta \end{vmatrix} = (\lambda - \cos\theta)^2 + \sin^2\theta \tag{3.122}$$

である. よって, A の固有値は固有方程式 $\phi_A(\lambda) = 0$ を解いて, $\lambda = \cos\theta \pm i\sin\theta$ である.

(2) $\lambda = \cos\theta + i\sin\theta$ のとき, 同次連立 1 次方程式 (3.119) は

$$\begin{pmatrix} i\sin\theta & \sin\theta \\ -\sin\theta & i\sin\theta \end{pmatrix} \boldsymbol{x} = \boldsymbol{0} \tag{3.123}$$

となる. $\sin\theta \neq 0$ に注意し, これを解くと, $c \in \mathbf{C}$ を任意の定数として,

$$\boldsymbol{x} = c \begin{pmatrix} i \\ 1 \end{pmatrix} \tag{3.124}$$

である. よって, 例えば, (3.124) において, $c = 1$ として得られる $\boldsymbol{x} = \begin{pmatrix} i \\ 1 \end{pmatrix}$ は固有値 $\cos\theta + i\sin\theta$ に対する A の固有ベクトルの 1 つである.

(3) (2) より,

$$A \begin{pmatrix} i \\ 1 \end{pmatrix} = (\cos\theta + i\sin\theta) \begin{pmatrix} i \\ 1 \end{pmatrix} \tag{3.125}$$

である. よって, A が実行列であることに注意し, 両辺のすべての成分を共役複素数に代えると 問題 1.3 補足 ,

$$A \begin{pmatrix} -i \\ 1 \end{pmatrix} = (\cos\theta - i\sin\theta) \begin{pmatrix} -i \\ 1 \end{pmatrix} \tag{3.126}$$

である. したがって, 例えば, $\boldsymbol{x} = \begin{pmatrix} -i \\ 1 \end{pmatrix}$ は固有値 $\cos\theta - i\sin\theta$ に対する

A の固有ベクトルの 1 つである [12].　　□

問 3.15　(3.117) の $A \in M_2(\mathbf{C})$ について，次の問に答えよ.

(1) A の固有値は ± 1 であることを示せ.

(2) 固有値 1 に対する A の固有ベクトルを 1 つ求めよ.

(3) 固有値 -1 に対する A の固有ベクトルを 1 つ求めよ.

　直交行列の行列式は 1 または -1 であった 定理 3.12．奇数次の直交行列については，さらに，次がなりたつ.

定理 3.23　行列式が 1，-1 の奇数次の直交行列はそれぞれ 1，-1 を固有値にもつ.

【証明】　$m \in \mathbf{N}$，$A \in \mathrm{O}(2m-1)$，$|A| = \varepsilon$ とする．ただし，$\varepsilon = \pm 1$ である．このとき，定理 3.7，定理 3.10，直交行列の定義 定義 3.1 および定理 3.8 (2) より，

$$|\varepsilon E - A| = 1 \cdot |\varepsilon E - A| = \varepsilon^2 |\varepsilon E - A| = \varepsilon |A||\varepsilon E - A| = \varepsilon |{}^t A||\varepsilon E - A|$$
$$= \varepsilon |{}^t A(\varepsilon E - A)| = \varepsilon |\varepsilon {}^t A - E| = \varepsilon |{}^t(\varepsilon A - E)| = \varepsilon |\varepsilon A - E|$$
$$= \varepsilon |(-\varepsilon)(-A + \varepsilon E)| = \varepsilon(-\varepsilon)^{2m-1}| - A + \varepsilon E| = -|\varepsilon E - A| \qquad (3.127)$$

となる [13]．すなわち，

$$|\varepsilon E - A| = -|\varepsilon E - A| \qquad (3.128)$$

である．よって，$|\varepsilon E - A| = 0$ となり，A は ε を固有値にもつ．したがって，行列式が 1，-1 の奇数次の直交行列はそれぞれ 1，-1 を固有値にもつ．　□

§3.3.3　3 次の直交行列 ···◇◇◇

　3 次の直交行列については，次がなりたつ.

定理 3.24　$A \in \mathrm{O}(3)$ とする．このとき，ある $P \in \mathrm{O}(3)$ および $\theta \in [0, 2\pi)$ が存在し，

$$P^{-1}AP = \begin{pmatrix} \pm 1 & 0 & 0 \\ 0 & \cos\theta & -\sin\theta \\ 0 & \sin\theta & \cos\theta \end{pmatrix} \qquad (3.129)$$

となる．とくに，必要ならば P の列のいずれかを -1 倍することにより，

---

[12] (2) のように，(3.119) を解いてもよい.
[13] E は $(2m-1)$ 次の単位行列である.

‖ $P \in \mathrm{SO}(3)$ §3.1.6 とすることができる 定理 3.8(2)．

【証明】 $|A| = \varepsilon$ とする．ただし，$\varepsilon = \pm 1$ である 定理 3.12．このとき，定理 3.23 より，固有値 ε に対する A の固有ベクトルが存在する．とくに，A が実行列であり，$\varepsilon \in \mathbf{R}$ であることに注意すると，ある $\boldsymbol{p}_1 \in \mathbf{R}^3 \setminus \{\boldsymbol{0}\}$ が存在し，

$$A\boldsymbol{p}_1 = \varepsilon \boldsymbol{p}_1 \tag{3.130}$$

となる．さらに，$\boldsymbol{p}_1, \boldsymbol{p}_2, \boldsymbol{p}_3 \in \mathbf{R}^3$ を $\{\boldsymbol{p}_1, \boldsymbol{p}_2, \boldsymbol{p}_3\}$ が $\mathbf{R}^3$ の正規直交基底 定義 3.6 となるように選んでおく（図 3.16）．

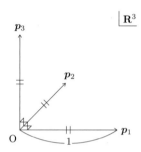

図 3.16 $\mathbf{R}^3$ の正規直交基底 $\{\boldsymbol{p}_1, \boldsymbol{p}_2, \boldsymbol{p}_3\}$

ここで，$P \in M_3(\mathbf{R})$ を

$$P = (\ \boldsymbol{p}_1\ \boldsymbol{p}_2\ \boldsymbol{p}_3\ ) \tag{3.131}$$

により定める．このとき，定理 3.18 より，$P \in \mathrm{O}(3)$ である．また，

$$P^{-1} = {}^t P \in \mathrm{O}(3) \tag{3.132}$$

である 注意 3.1．さらに，$i, j = 1, 2, 3$ とすると，(3.130), (3.61)，正規直交基底の定義 定義 3.6 および定理 3.16 より，

$${}^t\boldsymbol{p}_i A\boldsymbol{p}_1 = {}^t\boldsymbol{p}_i(\varepsilon\boldsymbol{p}_1) = \langle\boldsymbol{p}_i, \varepsilon\boldsymbol{p}_1\rangle = \varepsilon\langle\boldsymbol{p}_i, \boldsymbol{p}_1\rangle = \varepsilon\delta_{i1}, \tag{3.133}$$

$${}^t\boldsymbol{p}_1 A\boldsymbol{p}_j = {}^t(\varepsilon A\boldsymbol{p}_1)A\boldsymbol{p}_j = \langle\varepsilon A\boldsymbol{p}_1, A\boldsymbol{p}_j\rangle = \varepsilon\langle A\boldsymbol{p}_1, A\boldsymbol{p}_j\rangle = \varepsilon\langle\boldsymbol{p}_1, \boldsymbol{p}_j\rangle = \varepsilon\delta_{1j} \tag{3.134}$$

となる．ただし，δ_{ij} はクロネッカーのデルタ，すなわち，$i, j = 1, 2, 3$ に対して，

$$\delta_{ij} = \begin{cases} 1 & (i = j), \\ 0 & (i \neq j) \end{cases} \tag{3.135}$$

である.

(3.131)～(3.134) より,

$$
P^{-1}AP = {}^tPAP = \begin{pmatrix} {}^t\boldsymbol{p}_1 \\ {}^t\boldsymbol{p}_2 \\ {}^t\boldsymbol{p}_3 \end{pmatrix} A(\,\boldsymbol{p}_1\ \boldsymbol{p}_2\ \boldsymbol{p}_3\,) = \begin{pmatrix} {}^t\boldsymbol{p}_1 \\ {}^t\boldsymbol{p}_2 \\ {}^t\boldsymbol{p}_3 \end{pmatrix} (\,A\boldsymbol{p}_1\ A\boldsymbol{p}_2\ A\boldsymbol{p}_3\,)
$$

$$
= \begin{pmatrix} \varepsilon & 0 & 0 \\ 0 & & \\ 0 & & B \end{pmatrix}, \tag{3.136}
$$

すなわち,

$$
P^{-1}AP = \begin{pmatrix} \varepsilon & 0 & 0 \\ 0 & & \\ 0 & & B \end{pmatrix} \tag{3.137}
$$

となる. ただし, $B \in M_2(\mathbf{R})$ である. 以下は問 3.16 とする.　□

問 3.16　(3.137) について, 次の問に答えよ.
(1) $P^{-1}AP \in \mathrm{O}(3)$ かつ $|P^{-1}AP| = \varepsilon$ であることを示せ. ▨
(2) $B \in \mathrm{SO}(2)$ であることを示せ.

補足　(2). (3.15) および (3.55) より, B は $\theta \in [0, 2\pi)$ を用いて,

$$
B = \begin{pmatrix} \cos\theta & -\sin\theta \\ \sin\theta & \cos\theta \end{pmatrix} \tag{3.138}
$$

と表され, (3.129) が得られる.

　それでは, $n = 3$ の場合に, (3.110) により表される f の幾何学的意味を述べよう. (3.110) において, $n = 3$ とする. このとき, $A \in \mathrm{O}(3)$ なので, 定理 3.24 より, ある $P \in \mathrm{O}(3)$ および $\theta \in [0, 2\pi)$ が存在し, (3.129) がなりたつ. よって, P を (3.131) のように列ベクトル $\boldsymbol{p}_1, \boldsymbol{p}_2, \boldsymbol{p}_3 \in \mathbf{R}^3$ を用いて分割しておくと, 定理 3.18 より, $\{\boldsymbol{p}_1, \boldsymbol{p}_2, \boldsymbol{p}_3\}$ は $\mathbf{R}^3$ の正規直交基底である. また, (3.129) より,

$$
A(\,\boldsymbol{p}_1\ \boldsymbol{p}_2\ \boldsymbol{p}_3\,) = (\,\boldsymbol{p}_1\ \boldsymbol{p}_2\ \boldsymbol{p}_3\,) \begin{pmatrix} \pm 1 & 0 & 0 \\ 0 & \cos\theta & -\sin\theta \\ 0 & \sin\theta & \cos\theta \end{pmatrix}, \tag{3.139}
$$

すなわち，

$$
A\boldsymbol{p}_1 = \begin{cases} \boldsymbol{p}_1 & (|A|=1), \\ -\boldsymbol{p}_1 & (|A|=-1), \end{cases} \quad A(\,\boldsymbol{p}_2\ \boldsymbol{p}_3\,) = (\,\boldsymbol{p}_2\ \boldsymbol{p}_3\,)\begin{pmatrix} \cos\theta & -\sin\theta \\ \sin\theta & \cos\theta \end{pmatrix}
$$

$$(3.140)$$

である．したがって，例 3.16 より，$A \in \mathrm{O}(3)$ かつ $|A| = 1$，すなわち，$A \in \mathrm{SO}(3)$ のとき，(3.110) により表される f は，原点を通る $\boldsymbol{p}_1$ 方向の直線を回転軸とする角 θ の回転を意味する（図 3.17）．また，$A \in \mathrm{O}(3)$ かつ $|A| = -1$ のとき，(3.110) により表される f は，$\boldsymbol{p}_2$ と $\boldsymbol{p}_3$ により生成される平面に関する対称移動と，原点を通る $\boldsymbol{p}_1$ 方向の直線を回転軸とする角 θ の回転との合成を意味する（図 3.18）．

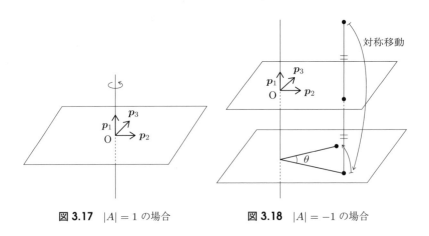

図 3.17　$|A| = 1$ の場合　　　　**図 3.18**　$|A| = -1$ の場合

§3.3.4　直交行列の標準形 ⬦⬦⬦

　一般の次数の直交行列に対しては，次がなりたつことが分かる [14]．

---

[14] 線形代数の内容としては，やや発展的な内容となるので，本書では事実として認めることにする．詳しくは，例えば，あとがきの参考文献 [4] を見よ．

定理 3.25 $A \in \mathrm{O}(n)$ とすると，ある $P \in \mathrm{O}(n)$ が存在し，

$$P^{-1}AP = \begin{pmatrix} E_k & & & & & \\ & -E_l & & & & \\ & & R_{\theta_1} & & \Large 0 \\ & & & \ddots & \\ \Large 0 & & & & R_{\theta_m} \end{pmatrix} \tag{3.141}$$

となる．ただし，$\theta \in \mathbf{R}$ に対して，

$$R_\theta = \begin{pmatrix} \cos\theta & -\sin\theta \\ \sin\theta & \cos\theta \end{pmatrix} \tag{3.142}$$

とおいた．なお，必要ならば P の列のいずれかを -1 倍することにより，$P \in \mathrm{SO}(n)$ とすることができる．また，$E_k, -E_l, R_{\theta_1}, \ldots, R_{\theta_m}$ の部分のいくつかは現れないこともある．

(3.141) 右辺を直交行列の**標準形** (normal form) という．

◇ **例 3.17** $A \in \mathrm{O}(1)$ とすると，$A = \pm 1$ である 例 3.2 ．よって，A は初めから標準形である．すなわち，(3.141) 左辺において，$P = E_1$ であり，(3.141) 右辺において，$A = 1$ のときは，$E_k = E_1$ のみが現れ，$A = -1$ のときは，$-E_l = -E_1$ のみが現れる． ◇

◇ **例 3.18** $A \in \mathrm{O}(2)$ とすると，ある $\theta \in [0, 2\pi)$ が存在し，

$$A = \begin{cases} \begin{pmatrix} \cos\theta & -\sin\theta \\ \sin\theta & \cos\theta \end{pmatrix} & (|A| = 1), \\[3mm] \begin{pmatrix} \cos\theta & \sin\theta \\ \sin\theta & -\cos\theta \end{pmatrix} & (|A| = -1) \end{cases} \tag{3.143}$$

となる 例 3.16 ．

$|A| = 1$ のとき，A は初めから標準形である．すなわち，(3.141) 左辺において，$P = E_2$ であり，(3.141) 右辺において，$R_{\theta_1} = R_\theta$ のみが現れる．

$|A| = -1$ のときは，次の例題で考えよう． ◇

例題 3.5 $\theta \in \mathbf{R}$ とすると,

$$\begin{pmatrix} \cos\frac{\theta}{2} & -\sin\frac{\theta}{2} \\ \sin\frac{\theta}{2} & \cos\frac{\theta}{2} \end{pmatrix}^{-1} \begin{pmatrix} \cos\theta & \sin\theta \\ \sin\theta & -\cos\theta \end{pmatrix} \begin{pmatrix} \cos\frac{\theta}{2} & -\sin\frac{\theta}{2} \\ \sin\frac{\theta}{2} & \cos\frac{\theta}{2} \end{pmatrix}$$

$$= \begin{pmatrix} 1 & 0 \\ 0 & -1 \end{pmatrix} \tag{3.144}$$

であることを示せ.

解説 まず, (3.143) より,

$$\begin{pmatrix} \cos\frac{\theta}{2} & -\sin\frac{\theta}{2} \\ \sin\frac{\theta}{2} & \cos\frac{\theta}{2} \end{pmatrix} \in \mathrm{O}(2) \tag{3.145}$$

であることを注意しておこう. とくに,

$$\begin{pmatrix} \cos\frac{\theta}{2} & -\sin\frac{\theta}{2} \\ \sin\frac{\theta}{2} & \cos\frac{\theta}{2} \end{pmatrix}^{-1} = {}^t\begin{pmatrix} \cos\frac{\theta}{2} & -\sin\frac{\theta}{2} \\ \sin\frac{\theta}{2} & \cos\frac{\theta}{2} \end{pmatrix} = \begin{pmatrix} \cos\frac{\theta}{2} & \sin\frac{\theta}{2} \\ -\sin\frac{\theta}{2} & \cos\frac{\theta}{2} \end{pmatrix}$$
$$\tag{3.146}$$

である 注意 3.1 . なお, (3.146) の計算は, $\begin{pmatrix} a & b \\ c & d \end{pmatrix} \in M_2(\mathbf{C})$ が正則となるのは $ad - bc \neq 0$ のときであり 注意 3.3 (3.35) , $ad - bc \neq 0$ のとき,

$$\begin{pmatrix} a & b \\ c & d \end{pmatrix}^{-1} = \frac{1}{ad - bc}\begin{pmatrix} d & -b \\ -c & a \end{pmatrix} \tag{3.147}$$

であることを用いてもよい. (3.146) および加法定理より,

$$\begin{pmatrix} \cos\frac{\theta}{2} & -\sin\frac{\theta}{2} \\ \sin\frac{\theta}{2} & \cos\frac{\theta}{2} \end{pmatrix}^{-1} \begin{pmatrix} \cos\theta & \sin\theta \\ \sin\theta & -\cos\theta \end{pmatrix} \begin{pmatrix} \cos\frac{\theta}{2} & -\sin\frac{\theta}{2} \\ \sin\frac{\theta}{2} & \cos\frac{\theta}{2} \end{pmatrix}$$

$$= \begin{pmatrix} \cos\frac{\theta}{2} & \sin\frac{\theta}{2} \\ -\sin\frac{\theta}{2} & \cos\frac{\theta}{2} \end{pmatrix} \begin{pmatrix} \cos\theta\cos\frac{\theta}{2} + \sin\theta\sin\frac{\theta}{2} & -\cos\theta\sin\frac{\theta}{2} + \sin\theta\cos\frac{\theta}{2} \\ \sin\theta\cos\frac{\theta}{2} - \cos\theta\sin\frac{\theta}{2} & -\sin\theta\sin\frac{\theta}{2} - \cos\theta\cos\frac{\theta}{2} \end{pmatrix}$$

$$= \begin{pmatrix} \cos\frac{\theta}{2} & \sin\frac{\theta}{2} \\ -\sin\frac{\theta}{2} & \cos\frac{\theta}{2} \end{pmatrix} \begin{pmatrix} \cos\left(\theta - \frac{\theta}{2}\right) & \sin\left(\theta - \frac{\theta}{2}\right) \\ \sin\left(\theta - \frac{\theta}{2}\right) & -\cos\left(\theta - \frac{\theta}{2}\right) \end{pmatrix}$$

$$= \begin{pmatrix} \cos\frac{\theta}{2} & \sin\frac{\theta}{2} \\ -\sin\frac{\theta}{2} & \cos\frac{\theta}{2} \end{pmatrix} \begin{pmatrix} \cos\frac{\theta}{2} & \sin\frac{\theta}{2} \\ \sin\frac{\theta}{2} & -\cos\frac{\theta}{2} \end{pmatrix}$$

$$= \begin{pmatrix} \cos^2 \frac{\theta}{2} + \sin^2 \frac{\theta}{2} & 0 \\ 0 & -\left(\cos^2 \frac{\theta}{2} + \sin^2 \frac{\theta}{2} \right) \end{pmatrix} = \begin{pmatrix} 1 & 0 \\ 0 & -1 \end{pmatrix} \tag{3.148}$$

である. よって, (3.144) がなりたつ.

とくに, 例 3.18 において, $|A| = -1$ のときは, (3.141) 左辺において, P は (3.145) の直交行列であり, (3.141) 右辺において, $E_k = E_1$ と $-E_l = -E_1$ が現れる. □

問 3.17 $\theta, \varphi \in \mathbf{R}$ とすると,

$$\begin{pmatrix} \cos\theta & \sin\theta \\ \sin\theta & -\cos\theta \end{pmatrix} \begin{pmatrix} \cos\varphi & \sin\varphi \\ \sin\varphi & -\cos\varphi \end{pmatrix} = \begin{pmatrix} \cos(\theta - \varphi) & -\sin(\theta - \varphi) \\ \sin(\theta - \varphi) & \cos(\theta - \varphi) \end{pmatrix} \tag{3.149}$$

であることを示せ. ⓔ

補足 (3.149) は, $\mathbf{R}^2$ の原点を中心とする回転が原点を通る直線に関する 2 つの対称移動の合成として表されることを意味している (図 3.19).

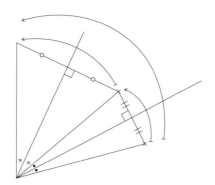

図 3.19 回転は直線に関する対称移動の合成

◇ **例 3.19** $A \in O(3)$ とすると, 定理 3.24 がなりたち, (3.129) が得られる. よって, (3.141) 右辺において, $E_k = E_1$, $-E_l = -E_1$ のいずれか一方が現れ, さらに, $R_{\theta_1} = R_\theta$ が現れる. ◇

問 3.18 (3.141) において,

$$|A| = (-1)^l \tag{3.150}$$

であることを示せ. ⓔ ⓘ

直交行列の標準形を用いることにより，一般の $n \in \mathbf{N}$ に対しても，(3.110) により表される f の幾何学的意味を理解することができる．まず，$A \in \mathrm{O}(n)$ とする．

$|A| = 1$，すなわち，$A \in \mathrm{SO}(n)$ のとき，問 3.18 より，(3.141) において，l は偶数である．ここで，

$$-E_2 = R_\pi \tag{3.151}$$

であることに注意し，$n = 3$ の場合 §3.3.3 のように考えると，(3.110) により表される f は原点を中心とする回転のいくつかの合成を意味する．このことから，$\mathrm{SO}(n)$ の元を**回転行列** (rotation matrix) ともいう．

また，$|A| = -1$ のとき，$n = 3$ の場合のように考えると，(3.110) により表される f は原点を通る超平面[15) に関する対称移動と原点を中心とする回転のいくつかの合成を意味する．

§3.3.5 鏡映 ·····································◇◇◇

ユークリッド空間内の超平面に関する対称移動を**鏡映** (reflection) ともいう．

◇ **例 3.20**   直交行列の標準形および問 3.17 より，原点を原点へ写す $\mathbf{R}^n$ の等長変換は，原点を通る超平面に関する高々 n 個の鏡映の合成として表される．   ◇

超平面の式を与えたとき，鏡映がどのように表されるのかを計算してみよう．まず，$\boldsymbol{a} \in \mathbf{R}^n$，$\boldsymbol{p} \in \mathbf{R}^n \setminus \{\boldsymbol{0}\}$ とし，$\boldsymbol{a}$ を通り，$\boldsymbol{p}$ を法ベクトルとする超平面を $\overset{\text{パイ}}{\Pi}$ とおく．このとき，

$$\Pi = \{\boldsymbol{x} \in \mathbf{R}^n \mid \langle \boldsymbol{p}, \boldsymbol{x} - \boldsymbol{a} \rangle = 0\} \tag{3.152}$$

である（図 3.20）．

ここで，$f \in \mathrm{Iso}(\mathbf{R}^n)$ を Π に関する鏡映とし，$\boldsymbol{x}' \in \mathbf{R}^n$ とする．このとき，鏡映の定義より，次の (1)，(2) がなりたつ（図 3.21）．

(1) $f(\boldsymbol{x}') - \boldsymbol{x}'$ は $\boldsymbol{p}$ と平行である．(2) $\boldsymbol{x}'$ と $f(\boldsymbol{x}')$ の中点は Π 上にある．

---

15) $\mathbf{R}^n$ の超平面とは，平面 $\mathbf{R}^2$ 上の直線，空間 $\mathbf{R}^3$ 内の平面の一般化であり，$\boldsymbol{p} \in \mathbf{R}^n \setminus \{\boldsymbol{0}\}$ および $c \in \mathbf{R}$ を用いて，$\{\boldsymbol{x} \in \mathbf{R}^n \mid \langle \boldsymbol{p}, \boldsymbol{x} \rangle = c\}$ と表される $\mathbf{R}^n$ の部分集合である．とくに，$c = 0$ のときは，上の超平面は原点 $\boldsymbol{0}$ を通る．すなわち，$\boldsymbol{0} \in \{\boldsymbol{x} \in \mathbf{R}^n \mid \langle \boldsymbol{p}, \boldsymbol{x} \rangle = 0\}$ である．

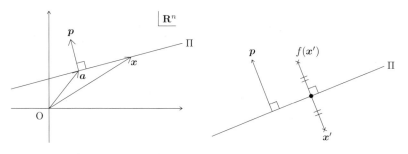

図 3.20 p を法ベクトルとする超平面 Π **図 3.21** 鏡映の性質

(1) より, ある $c \in \mathbf{R}$ が存在し,

$$f(x') - x' = cp \tag{3.153}$$

となる. すなわち,

$$f(x') = x' + cp \tag{3.154}$$

である. また, (3.152) および (2) より,

$$\left\langle p, \frac{x' + f(x')}{2} - a \right\rangle = 0 \tag{3.155}$$

である. よって, (3.154) を (3.155) に代入すると,

$$\left\langle p, \frac{x' + x' + cp}{2} - a \right\rangle = 0 \tag{3.156}$$

であり, これを解くと,

$$c = -\frac{2\langle p, x' - a \rangle}{\langle p, p \rangle} \tag{3.157}$$

である. (3.157) を (3.154) に代入し, x' を改めて x とおくと,

$$f(x) = x - \frac{2\langle p, x - a \rangle}{\langle p, p \rangle} p \quad (x \in \mathbf{R}^n) \tag{3.158}$$

が得られる.

本節のまとめ

☑ ユークリッド空間の等長変換は平行移動，回転および鏡映のいくつかの合成を意味する． §3.3.1 §3.3.3 §3.3.4

☑ 直交行列に対して，標準形を考えることができる． 定理 3.25

章末問題

━━━━━━━━━ 標準問題 ━━━━━━━━━

問題 3.1 $A \in \mathrm{O}(n)$ とする．次の (1), (2) を示せ．

(1) $|A| = -1$ ならば，$|E_n + A| = 0$.

(2) $|A| = (-1)^{n+1}$ ならば，$|E_n - A| = 0$.

問題 3.2 $A \in M_n(\mathbf{R})$ とする．任意の $\boldsymbol{x}, \boldsymbol{y} \in \mathbf{R}^n$ に対して，

$$\langle \boldsymbol{x}, A\boldsymbol{y} \rangle = \langle A\boldsymbol{x}, \boldsymbol{y} \rangle \tag{3.159}$$

ならば，A は対称行列 問題 1.4 であることを示せ．

問題 3.3 $A \in M_n(\mathbf{C})$ とし，$\lambda \in \mathbf{C}$ を A の固有値とする．このとき，固有値 λ に対する A の固有ベクトル全体に零ベクトル $\boldsymbol{0}$ を加えて得られる集合を $W(\lambda)$ と表す．すなわち，

$$W(\lambda) = \{ \boldsymbol{x} \in \mathbf{C}^n \mid A\boldsymbol{x} = \lambda\boldsymbol{x} \} \tag{3.160}$$

である．次の問に答えよ．

(1) $W(\lambda)$ は定理 1.6 の条件 (b) をみたすことを示せ．

(2) $W(\lambda)$ は定理 1.6 の条件 (c) をみたすことを示せ．ただし，(c) における k について，$k \in \mathbf{C}$ とする．

補足 $\boldsymbol{0} \in W(\lambda)$ より，$W(\lambda)$ は定理 1.6 の条件 (a) もみたすので，$W(\lambda)$ は $\mathbf{C}^n$ の部分空間である．$W(\lambda)$ を固有値 λ に対する A の**固有空間** (eigenspace) という．

問題 3.4 $A \in M_n(\mathbf{C})$ とし，$\lambda, \mu \in \mathbf{C}$ を A の異なる固有値，$W(\lambda), W(\mu)$ をそれ

ぞれ固有値 λ, μ に対する A の固有空間 問題 3.3 補足 とする. さらに, $\boldsymbol{x}_1, \ldots, \boldsymbol{x}_p \in W(\lambda)$ が 1 次独立 定義 3.4(1) であり, $\boldsymbol{y}_1, \ldots, \boldsymbol{y}_q \in W(\mu)$ が 1 次独立であるとする. このとき, $\boldsymbol{x}_1, \ldots, \boldsymbol{x}_p, \boldsymbol{y}_1, \ldots, \boldsymbol{y}_q$ は 1 次独立であることを示せ. 重要 ✪

問題 3.5 $\boldsymbol{p} \in \mathbf{R}^n \setminus \{\boldsymbol{0}\}$ とし, 原点を通る超平面 Π を

$$\Pi = \{\boldsymbol{x} \in \mathbf{R}^n \mid \langle \boldsymbol{p}, \boldsymbol{x} \rangle = 0\} \tag{3.161}$$

により定める. 次の問に答えよ.

(1) Π は定理 1.6 の条件 (b) をみたすことを示せ.

(2) Π は定理 1.6 の条件 (c) をみたすことを示せ.

補足 $\boldsymbol{0} \in \Pi$ より, Π は定理 1.6 の条件 (a) もみたすので, Π は $\mathbf{R}^n$ の部分空間である.

(3) $\boldsymbol{p}$ を

$$\boldsymbol{p} = \begin{pmatrix} p_1 \\ p_2 \\ \vdots \\ p_n \end{pmatrix} \tag{3.162}$$

と表しておき, $p_n \neq 0$ であるとする [16]. このとき, $\boldsymbol{v}_1, \boldsymbol{v}_2, \ldots, \boldsymbol{v}_{n-1} \in \Pi$ を

$$\boldsymbol{v}_1 = \begin{pmatrix} p_n \\ 0 \\ \vdots \\ 0 \\ -p_1 \end{pmatrix}, \quad \boldsymbol{v}_2 = \begin{pmatrix} 0 \\ p_n \\ \vdots \\ 0 \\ -p_2 \end{pmatrix}, \quad \ldots, \quad \boldsymbol{v}_{n-1} = \begin{pmatrix} 0 \\ 0 \\ \vdots \\ p_n \\ -p_{n-1} \end{pmatrix} \tag{3.163}$$

により定めることができる. すなわち, $i = 1, 2, \ldots, n-1$ に対して, $\boldsymbol{v}_i$ は第 i 成分が p_n, 第 n 成分が $-p_i$ であり, その他の成分がすべて 0 となる $\mathbf{R}^n$ の元である. $\boldsymbol{v}_1, \boldsymbol{v}_2, \ldots, \boldsymbol{v}_{n-1}$ は 1 次独立 定義 3.4(1) であることを示せ.

(4) $\Pi = \langle \boldsymbol{v}_1, \boldsymbol{v}_2, \ldots, \boldsymbol{v}_{n-1} \rangle_{\mathbf{R}}$ §1.2.5 であることを示せ.

補足 とくに, $\{\boldsymbol{v}_1, \boldsymbol{v}_2, \ldots, \boldsymbol{v}_{n-1}\}$ は Π の基底 定義 3.4 であり,

$$\dim \Pi = n - 1 \tag{3.164}$$

である 注意 3.5 .

---

[16] $p_1, p_2, \cdots, p_{n-1}$ のいずれかが 0 でない場合も以下と同様の議論を行うことができる.

問題 3.6 $f \in \mathrm{Iso}(\mathbf{R}^n)$ とする. $f(\mathbf{0}) \neq \mathbf{0}$ ならば, ある鏡映 $g \in \mathrm{Iso}(\mathbf{R}^n)$ が存在し, $(g \circ f)(\mathbf{0}) = \mathbf{0}$ となることを示せ. 🔲

補足 例 3.20 と合わせると, $\mathbf{R}^n$ の等長変換は高々 $(n+1)$ 個の鏡映の合成として表されることが分かる.

問題 3.7 $\boldsymbol{a} \in \mathbf{R}^n$, $\boldsymbol{p} \in \mathbf{R}^n \setminus \{\mathbf{0}\}$ とし, $\boldsymbol{a}$ を通り, $\boldsymbol{p}$ を法ベクトルとする超平面に関する鏡映を f とおく. このとき, ある $A \in \mathrm{O}(n)$ およびある $\boldsymbol{b} \in \mathbf{R}^n$ が存在し,

$$f(\boldsymbol{x}) = A\boldsymbol{x} + \boldsymbol{b} \quad (\boldsymbol{x} \in \mathbf{R}^n) \tag{3.165}$$

となる 定理 3.21 . 次の問に答えよ.
(1) $\boldsymbol{b}$ を $\boldsymbol{a}$, $\boldsymbol{p}$ を用いて表せ.   (2) A を $\boldsymbol{p}$ を用いて表せ. 🔘
(3) A の固有値は 1 と -1 のみであることを示せ. 🔲🔘

━━━━━━━━━━━━━━━ 発展問題 ━━━━━━━━━━━━━━━

問題 3.8 $S \subset M_n(\mathbf{R})$ を

$$S = \{X \in M_n(\mathbf{R}) \mid E_n + X \text{ は正則} \} \tag{3.166}$$

により定める. さらに, $X \in S$ に対して, $c(X) \in M_n(\mathbf{R})$ を

$$c(X) = (E_n - X)(E_n + X)^{-1} \tag{3.167}$$

により定める. 次の問に答えよ.
(1) $X \in S$ ならば, $c(X) \in S$ であることを示せ.
(2) $X \in S$ ならば, $c(c(X)) = X$ であることを示せ.
(3) $X \in S$ ならば, ${}^t X \in S$ であることを示せ.
(4) $X \in S$ ならば, $c({}^t X) = {}^t c(X)$ であることを示せ.
(5) $X \in M_n(\mathbf{R})$ が交代行列 問題 1.4 ならば, $X \in S$ であることを示せ. 🔘
(6) $X \in M_n(\mathbf{R})$ が交代行列ならば, $c(X) \in \mathrm{O}(n)$ であることを示せ.
(7) $X \in S \cap \mathrm{O}(n)$ ならば, $c(X)$ は交代行列であることを示せ.
(8) $a \in \mathbf{R}$ とし, 2 次の交代行列 X を

$$X = \begin{pmatrix} 0 & a \\ -a & 0 \end{pmatrix} \tag{3.168}$$

により定める. $c(X)$ を求めよ. 🔘

(9) $-\pi < \theta < \pi$ とし，$X \in \mathrm{SO}(2)$ を

$$X = \begin{pmatrix} \cos\theta & \sin\theta \\ -\sin\theta & \cos\theta \end{pmatrix} \tag{3.169}$$

により定める．$X \in S$ であることを示せ．㊙

(10) (3.169) の X に対して，$c(X)$ を求めよ．

問題 3.9 X を空でない集合とし，実数値関数 $d : X \times X \to \mathbf{R}$ を

$$d(x, y) = \begin{cases} 0 & (x = y), \\ 1 & (x \neq y) \end{cases} \tag{3.170}$$

により定める．d は三角不等式 定理 3.19(3) をみたすことを示せ．

補足 d は明らかに，正値性 定理 3.19(1) および対称性 定理 3.19(2) をみたす．よって，(X, d) は距離空間となる 注意 3.6．d を**離散距離** (discrete distance)，(X, d) を**離散距離空間** (discrete metric space) または**離散空間** (discrete space) という．

問題 3.10 (X, d_X), (Y, d_Y) を距離空間 注意 3.6，$f : X \to Y$ を写像とする．任意の $x, y \in X$ に対して，等式

$$d_Y(f(x), f(y)) = d_X(x, y) \tag{3.171}$$

がなりたつとき，f を**等長写像** (isometry) という．次の問に答えよ．

(1) 等長写像は単射であることを示せ．

補足 とくに，定義 3.8 のユークリッド空間の等長変換の定義において，f の単射性の仮定は不要である [17]．

(2) (X, d) を距離空間とする．恒等写像 $1_X : X \to X$ は等長写像であることを示せ．㊙

3

ユークリッド空間の等長変換

---

[17] さらに，定理 3.21 の証明の (5) および §2.2.4 で述べたことより，f の全射性の仮定も不要である．

第4章

群とその作用

4.1 群

本節では，幾何学ととても関係の深い代数的概念である群について述べる．とくに，群の例や群に関する基本的性質および用語を紹介し，さらに，群の間の特別な写像である準同型写像を扱う．

§4.1.1 クラインのエルランゲン目録

1872 年，フェリックス・クライン (1849–1925) はエルランゲン大学における教授就任にあたり，エルランゲン目録 (Erlangen program) とよばれる指針を示し，**幾何学を集合とその上に作用する群の組として捉え，群の作用で不変な集合の性質を研究することが幾何学である**とした．例えば，ユークリッド幾何学とは等長変換の作用で不変なユークリッド空間内の図形の性質を研究する分野であるといえる．本章では，このような幾何学ととても関係の深い代数的概念である群とその作用を中心に述べることにする．

§4.1.2 群の定義と例

実は，群の概念は本書ですでに現れている．まず，n 次直交行列全体の集合 $O(n)$ §3.1.1 に関する次の (1)〜(4) の性質に注目しよう．

(1) 任意の $A, B \in O(n)$ に対して，$AB \in O(n)$ である 定理 3.1 ．

(2) 任意の $A, B, C \in O(n)$ に対して，$(AB)C = A(BC)$ である 定理 2.1(1) ．

(3) $E_n \in O(n)$ であり 例 3.1 ，任意の $A \in O(n)$ に対して，$AE_n = E_nA = A$ である．

(4) 任意の $A \in O(n)$ に対して，$A^{-1} \in O(n)$ であり 注意 3.1 ，$AA^{-1} = A^{-1}A = E_n$ である．

　数学で扱われる集合は，単なるものの集まりではなく，何らかの構造を兼ね備えたものであることが多い．例えば，ベクトル空間は和とスカラー倍といった演算を兼ね備えた集合である §1.1.3．一方，O(n) は行列の積という演算をもち，上の (1)〜(4) の性質をみたす．このような集合は次のように定式化される．

> **定義 4.1**　G を集合とし，任意の $a, b \in G$ に対して，a と b の**積** (multiplication) とよばれる元 $ab \in G$ が定められているとする．$a, b, c \in G$ とすると，次の (1)〜(3) がなりたつとき，G を**群** (group) という．
>
> (1) $(ab)c = a(bc)$. （**結合律**）
>
> (2) ある特別な元 $e \in G$ が存在し[1]，任意の a に対して，$ae = ea = a$ となる．この e を**単位元** (unit element) という．
>
> (3) 任意の $a \in G$ に対して，ある $a' \in G$ が存在し，$aa' = a'a = e$ となる．この a' を a^{-1} と表し，a の**逆元** (inverse element) という．

!注意 4.1　定義 4.1 において，結合律より，$(ab)c$ および $a(bc)$ はともに abc と書いても構わない．また，定理 4.1 で述べるように，単位元 e や a の逆元 a^{-1} は一意的である．

　群の例を挙げておこう．

◇ **例 4.1**（直交群）　O(n) に関する性質 (1)〜(4) より，O(n) は行列の積に関して群となる．O(n) の単位元は単位行列 E_n である．また，$A \in$ O(n) の逆元は A の逆行列 A^{-1} である．O(n) を n 次**直交群** (orthogonal group) という．　　　　◇

◇ **例 4.2**（特殊直交群）　n 次特殊直交行列全体の集合 SO(n) を思い出そう §3.1.6．まず，定理 3.13 より，SO(n) に対して，行列の積を考えることができる．このとき，定理 2.1 (1) より，結合律がなりたつ．また，SO(n) の単位元は E_n である．さらに，$A \in$ SO(n) の逆元は A^{-1} である 注意 3.1 定理 3.11．よって，SO(n) は行列の積に関して群となる．SO(n) を n 次**特殊直交群** (special orthogonal group) または**回転群** (rotation group) という．　　　　◇

◇ **例 4.3**（ユークリッド空間の等長変換群）　$\mathbf{R}^n$ の等長変換全体の集合 Iso($\mathbf{R}^n$) §3.2.6 を考える．まず，定理 3.20 (1) より，Iso($\mathbf{R}^n$) に対して，積の演算として写像の合成を考えることができる．このとき，写像の合成に関する結合

---

[1] とくに，G は空ではない．

律 定理 2.4 より，$\mathrm{Iso}(\mathbf{R}^n)$ の積は結合律をみたす．また，$\mathrm{Iso}(\mathbf{R}^n)$ の単位元は恒等変換 $1_{\mathbf{R}^n}$ である．さらに，定理 3.20 (2) より，$f \in \mathrm{Iso}(\mathbf{R}^n)$ の逆元は f の逆写像 f^{-1} である．よって，$\mathrm{Iso}(\mathbf{R}^n)$ は写像の合成に関して群となる．$\mathrm{Iso}(\mathbf{R}^n)$ を $\mathbf{R}^n$ の**等長変換群** (isometric transformation group) または**合同変換群** (congruence transformation group) という． ◇

§4.1.3 半群とモノイド ◇◇◇

　定義 4.1 において，条件 (1) の結合律をみたす集合を**半群** (semigroup) という．また，条件 (1) の結合律をみたし，条件 (2) の単位元が存在する集合を**モノイド** (monoid) という．すなわち，モノイドとは単位元をもつ半群である．また，群とは任意の元が逆元をもつモノイドである．

◇ **例 4.4** n 次実行列全体の集合 $M_n(\mathbf{R})$ に対して，行列の積を考えよう．まず，定理 2.1 (1) より，結合律がなりたつ．また，$M_n(\mathbf{R})$ の単位元は E_n である．しかし，$A \in M_n(\mathbf{R})$ の逆元が存在するのは，A が正則な場合のみである．よって，$M_n(\mathbf{R})$ は行列の積に関して群とはならないが，モノイドとなる． ◇

◇ **例 4.5** X をすべての成分が正の 2 次の正方行列全体の集合とする．このとき，X に対して行列の積を考えることができる．また，定理 2.1 (1) より，結合律がなりたつ．

　しかし，X の単位元は存在しない．このことを背理法により示そう．X の単位元 e が存在すると仮定する．このとき，$A \in X$ を

$$A = \begin{pmatrix} 1 & 1 \\ 1 & 2 \end{pmatrix} \tag{4.1}$$

により定める．(3.35) より，

$$|A| = 1 \cdot 2 - 1 \cdot 1 = 1 \neq 0 \tag{4.2}$$

なので，A は正則である 注意 3.3 ．ここで，e が単位元であることより，

$$Ae = A \tag{4.3}$$

である．さらに，A は正則なので，(4.3) の両辺に左から A^{-1} を掛けると [2]，

---

[2] (4.3) を e について解こうとしているだけなので，この A^{-1} が X の元である必要はない．

$$e = E_2 \tag{4.4}$$

である．E_2 の $(1,2)$ 成分や $(2,1)$ 成分は 0 なので，これは $e \in X$ であることに矛盾する．

よって，X は行列の積に関して群やモノイドとはならないが，半群となる． ◇

§4.1.4 単位元と逆元 ....◇◇◇

群の単位元と逆元について，次がなりたつ 注意 4.1 ．

> **定理 4.1** G を群とすると，次の (1)，(2) がなりたつ．
> (1) G の単位元は一意的である．
> (2) 任意の $a \in G$ に対して，a の逆元は一意的である．

【証明】 (1)，(2) それぞれベクトル空間の零ベクトル，逆ベクトルの一意性の証明 定理 1.3 問 1.4 と同様の考え方で示すことができる．それぞれの証明は例題 4.1，問 4.1 とする． □

例題 4.1 定理 4.1 (1) を示せ．

解説 e, e' をともに G の単位元とする．このとき，

$$e = ee' = e' \tag{4.5}$$

である．ただし，1 つめの等号では e' を G の単位元とみなし，2 つめの等号では e を G の単位元とみなし，群の定義 定義 4.1 の条件 (2) を用いた．よって，$e = e'$ となり，G の単位元は一意的である． □

問 4.1 定理 4.1 (2) を示せ．重要

また，次がなりたつ．

> **定理 4.2** G を群とすると，次の (1)，(2) がなりたつ．
> (1) $a \in G$ とすると，$(a^{-1})^{-1} = a$ である．
> (2) $a, b \in G$ とすると，$(ab)^{-1} = b^{-1}a^{-1}$ である．

【証明】 (1)，(2) それぞれ問題 2.8 (1)，(2) と同様の考え方で示すことができる．それぞれの証明は例題 4.2，問 4.2 とする． □

例題 4.2 定理 4.2(1) を示せ.

解説 a^{-1} が a の逆元であることと群の定義 定義 4.1 の条件 (3) より,

$$a^{-1}a = aa^{-1} = e \tag{4.6}$$

となる. よって, (1) がなりたつ. □

問 4.2 定理 4.2(2) を示せ. 🔲

§4.1.5 群に関する基本的用語 ···◇◇◇

群に関する基本的用語をいくつか述べておこう.

定義 4.2 G を群とする.

G が有限集合 §1.1.7 のとき, G を**有限群** (finite group) という. このとき, G の元の個数を G の**位数** (order) という. また, G が無限集合 §1.1.7 のとき, G を**無限群** (infinite group) という. このとき, G の位数は**無限** (infinite) であるという.

G が交換律をみたすとき, すなわち, 任意の $a, b \in G$ に対して,

$$ab = ba \tag{4.7}$$

であるとき, G を**可換群** (commutative group) または**アーベル群** (Abelian group) という. G がアーベル群ではないとき, G を**非可換群** (non-commutative group) または**非アーベル群** (non-Abelian group) という.

❗ 注意 4.2 G をアーベル群とする. このとき, G の積の演算を表す記号として, 「+」を用いることもある. このような G を**加法群** (additive group) ともいう. G が加法群のとき, G の単位元は 0 と表し, $a \in G$ の逆元は $-a$ と表す. 一方, G の積の演算を表す記号をそのまま用いる場合は, G を**乗法群** (multiplicative group) ともいう.

例 4.1〜例 4.3 に続いて, 群の例として, 自明なものや数の集合からなるものを挙げよう.

◇ **例 4.6**（単位群） 群の定義 定義 4.1 の条件 (2) より, 群は単位元を必ず含むが,

単位元のみからなる群 $\{e\}$ を考えることができる．積は $ee = e$ と定めればよい．群 $\{e\}$ を**自明群** (trivial group) または**単位群**という．単位群は位数 1 の有限アーベル群である． ◇

◇ **例 4.7** $\mathbf{Z}, \mathbf{Q}, \mathbf{R}, \mathbf{C}$ は通常の和に関して加法群となる．また，これらは無限群である．

なお，$\mathbf{N}$ は通常の和に関して半群とはなるが，単位元をもたず，モノイドや群とはならない §4.1.3 [3)]． ◇

◇ **例 4.8** $\mathbf{Q} \setminus \{0\}, \mathbf{R} \setminus \{0\}, \mathbf{C} \setminus \{0\}$ は通常の積に関して乗法群となる．これらの乗法群の単位元は 1 であり，元 a の逆元は a の逆数 a^{-1} である．また，これらは無限群である．

なお，$\mathbf{N}$ は通常の積に関してモノイドとなるが，1 以外の元は逆元をもたず，群とはならない．また，$\mathbf{Z} \setminus \{0\}$ も通常の積に関してモノイドとなるが，1 と -1 以外の元は逆元をもたず，群とはならない． ◇

その他に，線形代数にも現れる群の例を挙げておこう．

◇ **例 4.9** （実一般線形群）　正則な n 次実行列全体の集合を $\mathrm{GL}(n, \mathbf{R})$ と表す．まず，問題 2.8 (2) より，$\mathrm{GL}(n, \mathbf{R})$ に対して，行列の積を考えることができる．このとき，定理 2.1 (1) より，結合律がなりたつ．また，$\mathrm{GL}(n, \mathbf{R})$ の単位元は E_n である．さらに，問題 2.8 (1) より，$A \in \mathrm{GL}(n, \mathbf{R})$ の逆元は A^{-1} である．よって，$\mathrm{GL}(n, \mathbf{R})$ は行列の積に関して群となる．$\mathrm{GL}(n, \mathbf{R})$ を n 次**実一般線形群** (real general linear group) という．$\mathrm{GL}(n, \mathbf{R})$ は無限群である．

なお，$\mathrm{GL}(1, \mathbf{R})$ は例 4.8 の乗法群 $\mathbf{R} \setminus \{0\}$ に他ならない．また，$n \geq 2$ のとき，$\mathrm{GL}(n, \mathbf{R})$ は非可換群である． ◇

◇ **例 4.10** （複素一般線形群）　正則な n 次複素行列全体の集合を $\mathrm{GL}(n, \mathbf{C})$ と表す．このとき，例 4.9 と同様に，$\mathrm{GL}(n, \mathbf{C})$ は行列の積に関して群となる．$\mathrm{GL}(n, \mathbf{C})$ を n 次**複素一般線形群** (complex general linear group) という．$\mathrm{GL}(n, \mathbf{C})$ は無限群である．

なお，$\mathrm{GL}(1, \mathbf{C})$ は例 4.8 の乗法群 $\mathbf{C} \setminus \{0\}$ に他ならない．また，$n \geq 2$ のとき，$\mathrm{GL}(n, \mathbf{C})$ は非可換群である． ◇

◇ **例 4.11** （対称群）　n 文字の置換全体の集合 S_n を思い出そう §3.1.2 ．S_n に対しては写像の合成によって積を定めていた．このとき，積は結合律をみたす．また，

[3)] 0 を自然数に含める立場では，$\mathbf{N}$ はモノイドとなる．

S_n の単位元は恒等置換である.さらに,$\sigma \in S_n$ の逆元は σ の逆置換 σ^{-1} である.よって,S_n は群となる.S_n を n 次**対称群** (symmeric group) という.S_n は位数 $n!$ の有限群である.

なお,$n = 1, 2$ のとき,S_n はアーベル群である.しかし,$n \geq 3$ のとき,S_n は非可換群である.実際,例えば,互換 $(1\ 2), (1\ 3)$ に対して,

$$(1\ 2)(1\ 3)(1) = 3, \quad (1\ 3)(1\ 2)(1) = 2 \tag{4.8}$$

より,

$$(1\ 2)(1\ 3) \neq (1\ 3)(1\ 2) \tag{4.9}$$

となるからである.　　　　　　　　　　　　　　　　　　　　　　　$\diamondsuit$

$\diamondsuit$ **例 4.12**（ベクトル空間）　V をベクトル空間とし,V の和を考える.このとき,結合律がなりたつ.また,V の単位元は零ベクトルである.さらに,$\boldsymbol{x} \in V$ の逆元は $\boldsymbol{x}$ の逆ベクトル $-\boldsymbol{x}$ である.よって,V は和に関して加法群となる.　$\diamondsuit$

問 4.3　$n \geq 2$ のとき,$\mathrm{O}(n)$ および $\mathrm{SO}(n)$ は無限群であることを示せ.

補足　(3.5) より,$\mathrm{O}(1) = \{\pm 1\}$ は位数 2 の有限アーベル群である.さらに,$\mathrm{SO}(1) = \{1\}$ は単位群 例4.6 である.

問 4.4　次の問に答えよ.
(1) $\mathrm{SO}(2)$ はアーベル群であることを示せ.
(2) $0 < \theta < \pi$ または $\pi < \theta < 2\pi$ とすると,

$$\begin{pmatrix} 1 & 0 \\ 0 & -1 \end{pmatrix} \begin{pmatrix} \cos\theta & -\sin\theta \\ \sin\theta & \cos\theta \end{pmatrix} \neq \begin{pmatrix} \cos\theta & -\sin\theta \\ \sin\theta & \cos\theta \end{pmatrix} \begin{pmatrix} 1 & 0 \\ 0 & -1 \end{pmatrix} \tag{4.10}$$

であることを示せ.　⬤

補足　(2) より,$n \geq 2$ のとき,$\mathrm{O}(n)$ は非可換群であり,$n \geq 3$ のとき,$\mathrm{SO}(n)$ は非可換群であることが分かる.

問 4.5　行列式が 1 の n 次実行列全体の集合を $\mathrm{SL}(n, \mathbf{R})$ と表す.
(1) $\mathrm{SL}(n, \mathbf{R})$ は行列の積に関して群となることを示せ.　⬤
(2) $\begin{pmatrix} 1 & 1 \\ 0 & 1 \end{pmatrix} \begin{pmatrix} 1 & 0 \\ 1 & 1 \end{pmatrix} \neq \begin{pmatrix} 1 & 0 \\ 1 & 1 \end{pmatrix} \begin{pmatrix} 1 & 1 \\ 0 & 1 \end{pmatrix}$ であることを示せ.　⬤

補足　$\mathrm{SL}(n, \mathbf{R})$ を n 次**実特殊線形群** (real special linear group) という.$\mathrm{SL}(1, \mathbf{R}) = \{1\}$ は単位群 例4.6 である.また,$\mathrm{SO}(n) \subset \mathrm{SL}(n, \mathbf{R})$ なので,

問 4.3 より，$n \geq 2$ のとき，$\mathrm{SL}(n, \mathbf{R})$ は無限群である．さらに，(2) より，$n \geq 2$ のとき，$\mathrm{SL}(n, \mathbf{R})$ は非可換群であることが分かる．

行列式が 1 の n 次複素行列全体の集合を $\mathrm{SL}(n, \mathbf{C})$ と表すと，$\mathrm{SL}(n, \mathbf{R})$ と同様に，$\mathrm{SL}(n, \mathbf{C})$ は群となる．$\mathrm{SL}(n, \mathbf{C})$ を n 次**複素特殊線形群** (complex special linear group) という．$\mathrm{SL}(1, \mathbf{C}) = \{1\}$ は単位群である．また，$n \geq 2$ のとき，$\mathrm{SL}(n, \mathbf{R})$ は無限群である．さらに，$n \geq 2$ のとき，$\mathrm{SL}(n, \mathbf{C})$ は非可換群である．

§4.1.6　部分群 ···◇◇◇

群の部分集合を考える際には，単なる部分集合ではなく，次に定めるようなそれ自身が群となるようなものを考えることが多い．

> **定義 4.3**　G を群，H を G の部分集合とする．H が G の積により，群となるとき，H を G の**部分群** (subgroup) という．

部分群の単位元はもとの群の単位元であり，部分群の元としての逆元はもとの群の元としての逆元である．これらのことに関しては，次の問で確かめよう．

> **問 4.6**　G を群，H を G の部分群とする．
> (1) H は空ではないことを示せ．**重要**✪
> (2) H の単位元は G の単位元であることを示せ．**重要**
> (3) $a \in H$ とする．群 H の元としての a の逆元は群 G の元としての a の逆元 a^{-1} であることを示せ．**重要**✪

部分群の例をいくつか挙げておこう．

◇ **例 4.13**（自明な部分群）　G を群とする．このとき，単位群 例 4.6 および G 自身は明らかに G の部分群である．これらを**自明な部分群** (trivial subgroup) という．
◇

◇ **例 4.14**　例 4.7 で述べた加法群 $\mathbf{Z}, \mathbf{Q}, \mathbf{R}, \mathbf{C}$ を考える．まず，$\mathbf{Z}$ は $\mathbf{Q}, \mathbf{R}, \mathbf{C}$ の部分群である．また，$\mathbf{Q}$ は $\mathbf{R}, \mathbf{C}$ の部分群である．さらに，$\mathbf{R}$ は $\mathbf{C}$ の部分群である．
◇

◇ **例 4.15**　例 4.8 で述べた乗法群 $\mathbf{Q} \setminus \{0\}, \mathbf{R} \setminus \{0\}, \mathbf{C} \setminus \{0\}$ を考える．まず，$\mathbf{Q} \setminus \{0\}$ は $\mathbf{R} \setminus \{0\}, \mathbf{C} \setminus \{0\}$ の部分群である．また，$\mathbf{R} \setminus \{0\}$ は $\mathbf{C} \setminus \{0\}$ の部分群である．
◇

◇ **例 4.16** 行列からなる群 $\mathrm{SO}(n)$, $\mathrm{SL}(n,\mathbf{R})$, $\mathrm{O}(n)$, $\mathrm{GL}(n,\mathbf{R})$ を考える. まず, $\mathrm{SO}(n)$ は $\mathrm{SL}(n,\mathbf{R})$, $\mathrm{O}(n)$, $\mathrm{GL}(n,\mathbf{R})$ の部分群である. また, $\mathrm{SL}(n,\mathbf{R})$ は $\mathrm{GL}(n,\mathbf{R})$ の部分群である. さらに, $\mathrm{O}(n)$ も $\mathrm{GL}(n,\mathbf{R})$ の部分群である. ◇

◇ **例 4.17**（交代群） n 文字の置換で, 偶置換となるもの全体の集合を A_n と表す. 偶置換と偶置換の積は偶置換であることに注意すると, A_n は S_n の部分群となる. A_n を n 次の**交代群** (alternative group) という. ◇

◇ **例 4.18**（ベクトル空間の部分空間） V をベクトル空間, W を V の部分空間 定義 1.3 とする. このとき, V を例 4.12 で述べたように加法群とみなすと, W は V の部分群である. ◇

§4.1.7 部分群となるための条件 ···◇◇◇

群の部分集合が群となるための条件に関して, 次がなりたつ.

> **定理 4.3** G を群とし, $H \subset G$ とすると, 次の (1), (2) は同値である.
>
> (1) H は G の部分群である.
>
> (2) H は空ではなく, 任意の $a, b \in H$ に対して, $ab^{-1} \in H$ である.

【証明】 <u>(1) ⇒ (2)</u> H を G の部分群とすると, 問 4.6 (1) より, H は空ではない. また, $a, b \in H$ とすると, 群の定義 定義 4.1 の条件 (3) および問 4.6 (3) より, $b^{-1} \in H$ である. さらに, H は G の部分群なので, $ab^{-1} \in H$ である.

よって, (2) がなりたつ.

<u>(2) ⇒ (1)</u> まず, H が空でないことより, ある $a \in H$ が存在する. よって,

$$e = aa^{-1} \in H \tag{4.11}$$

となり, $e \in H$ である. したがって, e は H の単位元となり, H は群の定義 定義 4.1 の条件 (2) をみたす.

次に, $a \in H$ とすると, $e \in H$ より,

$$a^{-1} = ea^{-1} \in H \tag{4.12}$$

となり, $a^{-1} \in H$ である. よって, a^{-1} は a の逆元となり, H は群の定義 定義 4.1 の条件 (3) をみたす.

さらに, $a, b \in H$ とすると, 定理 4.2 (1) および $b^{-1} \in H$ より,

4

群とその作用

$$ab = a(b^{-1})^{-1} \in H \tag{4.13}$$

となり，$ab \in H$ である．よって，G の積は H の積を定める．とくに，G の結合律より，H は結合律，すなわち，群の定義 定義 4.1 の条件 (1) をみたす．

以上より，H は G の部分群である．　　　　　　　　　　　　　　　　　□

> **例題 4.3**　定理 4.3 を用いることにより，$\mathrm{O}(n)$ が $\mathrm{GL}(n, \mathbf{R})$ の部分群であることを示せ．

解説　$A, B \in \mathrm{O}(n)$ とすると，$B^{-1} \in \mathrm{O}(n)$ である 注意 3.1 ．よって，定理 3.1 より，$AB^{-1} \in \mathrm{O}(n)$ である．したがって，定理 4.3 より，$\mathrm{O}(n)$ は $\mathrm{GL}(n, \mathbf{R})$ の部分群である．　　　　　　　　　　　　　　　　　　□

問 4.7　定理 4.3 を用いることにより，$\mathrm{SL}(n)$ が $\mathrm{GL}(n, \mathbf{R})$ の部分群であることを示せ．■要

§4.1.8　準同型写像 ···◇◇◇

　群から群への写像については，次のような意味で群としての構造を保つものを考えることが多い．

> **定義 4.4**　G, H を群，$f : G \to H$ を写像とする．任意の $a, b \in G$ に対して，
> $$f(ab) = f(a)f(b) \tag{4.14}$$
> がなりたつとき，f を**準同型写像** (homomorphism) という．
> 　また，f が全単射な準同型写像のとき，f を**同型写像** (isomorphism) という．G から H への同型写像が存在するとき，G と H は**同型** (isomorphic) であるという．

高校までの数学で学んできたことの中から，準同型写像の例を挙げてみよう．

◇ **例 4.19**（指数関数）　$a > 0$, $a \neq 1$ とすると，a を底とする指数関数は写像
$$f : \mathbf{R} \to \mathbf{R} \setminus \{0\} \tag{4.15}$$
を定める（図 4.1，図 4.2）．すなわち，

$$f(x) = a^x \quad (x \in \mathbf{R}) \tag{4.16}$$

である. ここで, 指数法則

$$a^{x+y} = a^x a^y \quad (x, y \in \mathbf{R}) \tag{4.17}$$

に注意すると, f は加法群 $\mathbf{R}$ 例4.7 から乗法群 $\mathbf{R} \setminus \{0\}$ 例4.8 への準同型写像である.

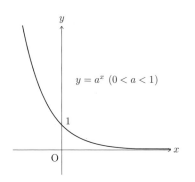

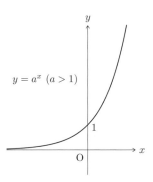

図 4.1 $y = a^x$ のグラフ $(0 < a < 1)$ **図 4.2** $y = a^x$ のグラフ $(a > 1)$

また,

$$\mathbf{R}_{>0} = \{x \in \mathbf{R} \mid x > 0\} \tag{4.18}$$

とおくと, $\mathbf{R}_{>0}$ は $\mathbf{R} \setminus \{0\}$ の部分群となる. さらに, 値域を変更し, 指数関数を改めて写像

$$f : \mathbf{R} \to \mathbf{R}_{>0} \tag{4.19}$$

とみなすと, f は全単射となるので, 同型写像である. とくに, $\mathbf{R}$ と $\mathbf{R}_{>0}$ は同型である.   ◇

◇ **例 4.20**（置換の符号）　置換の符号 §3.1.2 は写像

$$\mathrm{sgn} : S_n \to \{\pm 1\} \tag{4.20}$$

を定める. ここで, 集合 $\{\pm 1\}$ は通常の積に関して位数 2 の乗法群となることに注意しよう. さらに, 任意の $\sigma, \tau \in S_n$ に対して,

$$\mathrm{sgn}\,(\sigma\tau) = (\mathrm{sgn}\,\sigma)(\mathrm{sgn}\,\tau) \tag{4.21}$$

がなりたつことに注意すると，sgn は準同型写像である.   ◇

◇ **例 4.21**（行列式）正則行列の行列式は 0 とはならないことに注意すると 注意 3.3，
行列式は写像

$$\det : \mathrm{GL}(n, \mathbf{R}) \to \mathbf{R} \setminus \{0\} \tag{4.22}$$

を定める．ここで，定理 3.10 より，任意の $A, B \in \mathrm{GL}(n, \mathbf{R})$ に対して，

$$\det(AB) = (\det A)(\det B) \tag{4.23}$$

である．よって，det は $\mathrm{GL}(n, \mathbf{R})$ から乗法群 $\mathbf{R} \setminus \{0\}$ への準同型写像である.   ◇

◇ **例 4.22**（線形写像）V, W を $\mathbf{R}$ 上のベクトル空間[4]，$f : V \to W$ を線形写像
とする 定義 2.5 ．このとき，任意の $\boldsymbol{x}, \boldsymbol{y} \in V$ に対して，

$$f(\boldsymbol{x} + \boldsymbol{y}) = f(\boldsymbol{x}) + f(\boldsymbol{y}) \tag{4.24}$$

である．よって，V, W を例 4.12 のように加法群とみなすと，f は準同型写像であ
る.   ◇

§4.1.9 準同型写像の基本的性質 ·······················◇◇◇

準同型写像について，次がなりたつ.

> **定理 4.4** G, H を群，$f : G \to H$ を準同型写像とすると，次の (1), (2)
> がなりたつ.
> (1) e_G, e_H をそれぞれ G, H の単位元とすると，$f(e_G) = e_H$.
> (2) $a \in G$ とすると，$f(a^{-1}) = f(a)^{-1}$.

【証明】 (1) の証明は例題 4.4，(2) の証明は問 4.8 とする.   □

> **例題 4.4** 定理 4.4 (1) を示せ.

解説 まず，単位元の定義 定義 4.1 条件 (2) より，

$$e_G^2 = e_G \tag{4.25}$$

である．なお，群の積は結合律をみたすことに注意し 定義 4.1 条件 (1) ，$a \in G$ およ

---

[4] $\mathbf{C}$ 上のベクトル空間の場合も同様である.

び $n = 0, 1, 2, \ldots$ に対して，a の n 個の積を a^n と表す．これを a の n **乗**という．ただし，$a^0 = e_G$ と約束する．ここで，準同型写像に対する条件 (4.14) において，$a = b = e_G$ とすると，(4.25) より，

$$f(e_G) = f(e_G^2) = f(e_G)f(e_G), \tag{4.26}$$

すなわち，

$$f(e_G) = f(e_G)f(e_G) \tag{4.27}$$

となる．よって，群の定義 定義 4.1 の条件 (1)〜(3) より，

$$e_H = f(e_G)^{-1}f(e_G) = f(e_G)^{-1}(f(e_G)f(e_G)) = (f(e_G)^{-1}f(e_G))f(e_G)$$
$$= e_H f(e_G) = f(e_G) \tag{4.28}$$

となる [5]．したがって，定理 4.4 (1) がなりたつ．　　□

4

群とその作用

問 4.8　定理 4.4 (2) を示せ．重要

　群の間の同型写像は全単射なので 定義 4.4，逆写像を考えることができる．さらに，次がなりたつ．

定理 4.5　G, H を群，$f : G \to H$ を同型写像とする．このとき，f の逆写像 $f^{-1} : H \to G$ は同型写像である．

【証明】　f^{-1} は全単射なので §2.2.5，f^{-1} が準同型写像であることを示せばよい．このことは問 2.22 (1) と同様の考え方で示すことができる．以下は問 4.9 とする．

　　□

問 4.9　定理 4.5 において，f^{-1} が準同型写像であることを示せ．重要

§4.1.10　準同型写像の像と核 ◇◇◇

　準同型写像に対して，次のような特別な像や逆像 §2.1.6 を考えることができる．

---

[5] 要するに，(4.27) の両辺に左から $f(e_G)^{-1}$ を掛けている，ということである．

定義 4.5 G, H を群,$f : G \to H$ を準同型写像とする.このとき,

$$\mathrm{Im}\, f = f(G) \tag{4.29}$$

とおき,これを f の**像**という.また,

$$\mathrm{Ker}\, f = f^{-1}(\{e_H\}) \tag{4.30}$$

とおき,これを f の**核**という.

◇ **例 4.23**   ベクトル空間を例 4.12 で述べたように,加法群とみなそう.このとき,ベクトル空間の間の線形写像は準同型写像となる 例 4.22 .さらに,準同型写像としての像および核は,それぞれ線形写像としての像および核 定義 2.8 に他ならない.

◇

準同型写像の像および核について,次がなりたつ.

定理 4.6 G, H を群,$f : G \to H$ を準同型写像とすると,次の (1), (2) がなりたつ.

(1) f の像 $\mathrm{Im}\, f$ は H の部分群である.

(2) f の核 $\mathrm{Ker}\, f$ は G の部分群である.

【**証明**】 定理 4.3 を用いて示すことができる.以下は問 4.10 とする.   □

問 **4.10**   次の問に答えよ.

(1) 定理 4.6 (1) を示せ. 重要   (2) 定理 4.6 (2) を示せ. 重要

次の問は定理 2.7 (2) の証明と同様の考え方で解くことができる.

問 **4.11** G, H を群,$f : G \to H$ を準同型写像とする.

(1) f が単射ならば,$\mathrm{Ker}\, f$ は単位群 例 4.6 であることを示せ.

(2) $\mathrm{Ker}\, f$ が単位群ならば,f は単射であることを示せ.

補足 つまり,f が単射であることと $\mathrm{Ker}\, f$ が単位群であることは同値である.

本節のまとめ

☑ 群は結合律をみたす積が定められた集合であり，単位元や任意の元に対する逆元をもつ． 定義 4.1

☑ 群の例として，直交群，特殊直交群，ユークリッド空間の等長変換群が挙げられる． §4.1.2

☑ 群の単位元や元に対する逆元は一意的である． 定理 4.1

☑ 群の特別な部分集合として，部分群を考えることができる． 定義 4.3

☑ 群の間の特別な写像として，準同型写像を考えることができる． 定義 4.4

☑ 群の間の準同型写像に対して，像や核を考えることができる． 定義 4.5

4.2 同値関係と商集合

 集合は単なるものの集まりとしてとらえるのではなく，その元をいくつか選んだときに何らかの関係を考えることが多い．その中でも二項関係とよばれるものが基本的である．本節では，とくに重要な二項関係である同値関係を扱う．さらに，同値関係による商集合について述べる．これらの概念は群の集合への作用を考える際にも自然に現れる．

§4.2.1 二項関係と同値関係

数学では，**あたえられた集合の中から 2 つの元を任意に選んだときに，みたすかみたさないかを判定できるような規則**を考えることがある．このような規則のことをその集合上の**二項関係** (binary relation) という．同値関係は二項関係の一種であるが，大雑把に言えば，もともとは異なるものを同じものとみなすような規則のことである．

まず，次の 2 つの例から始めよう．

◇ **例 4.24**（有理数） 有理数とは，整数と 0 ではない整数の比として表される数である．すなわち，有理数 $r \in \mathbf{Q}$ はある $m \in \mathbf{Z}$ および $n \in \mathbf{Z} \setminus \{0\}$ を用いて，$r = \dfrac{m}{n}$ と表される．ただし，$m, m' \in \mathbf{Z}$ および $n, n' \in \mathbf{Z} \setminus \{0\}$ を用いて表される 2 つの有理数 $\dfrac{m}{n}$ と $\dfrac{m'}{n'}$ は等式 $mn' = nm'$ がなりたつとき，$\dfrac{m}{n} = \dfrac{m'}{n'}$ であると定める．

例えば,

$$-\frac{2}{3} = \frac{-2}{3} = \frac{2}{-3} = \frac{-4}{6} = \frac{4}{-6} \tag{4.31}$$

である. よって, 整数と 0 ではない整数の組が異なるものであったとしても, その比は同じ有理数を表すことがある. ◇

◇ **例 4.25**（三角形の合同）　$a, b, c > 0$ がいわゆる三角不等式

$$a < b + c, \quad b < c + a, \quad c < a + b \tag{4.32}$$

をみたしているとしよう. このとき, 平面上に三辺の長さが a, b, c の三角形を描くことができる. ただし, 描かれる三角形は 1 通りではなく, さまざまなものが考えられる（図 4.3). しかし, 三角形に関わるさまざまな性質を考察する際には, それらの三角形はすべて同じものであるとみなす. このことは平面を $\mathbf{R}^2$ とみなし, 等長変換 定義 3.8 の概念を用いて説明することができる. すなわち, 2 つの三角形は平行移動, 回転および鏡映のいくつかの合成 §3.3 である等長変換によって, 一方の像がもう一方となるときに同じものであるとみなす. このようにして等長変換で写り合う三角形は互いに**合同** (congruent) であるという. ◇

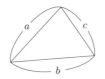

図 4.3　合同な三角形

そこで, 次のように定める.

> **定義 4.6**　X を空でない集合, $\sim$[6] を X 上の二項関係とし, $a, b \in X$ が $\sim$ をみたすとき, $a \sim b$ と表すことにする. 次の (1)〜(3) がなりたつとき, $\sim$ を**同値関係** (equivalence relation) という. また, $a \sim b$ となる $a, b \in X$ に対して, a と b は**同値** (equivalent) であるという.
> (1) 任意の $a \in X$ に対して, $a \sim a$ である.（**反射律**：reflexive law)

---

[6]「$\sim$」は "tilde"（ティルダ）と読む. 同値関係については, この記号がよく用いられる.

> (2) 任意の $a, b \in X$ に対して，$a \sim b$ ならば $b \sim a$ である．（**対称律**：symmetric law）
>
> (3) 任意の $a, b, c \in X$ に対して，$a \sim b$ かつ $b \sim c$ ならば $a \sim c$ である．（**推移律**：transitive law）

同値関係の例をいくつか挙げよう．

◇ **例 4.26**（自明な同値関係）　X を空でない集合とし，X 上の二項関係 $\sim$ を，任意の $a, b \in X$ に対して $a \sim b$ とすることにより定める．このとき，$\sim$ は明らかに定義 4.6 の条件 (1)〜(3) をみたし，$\sim$ は同値関係である．これを**自明な同値関係**（trivial equivalence relation）という．　　　　　　　　　　　　　　　　　　◇

◇ **例 4.27**（相等関係）　X を空でない集合とし，X 上の二項関係 $\sim$ を，$a, b \in X$ に対して $a = b$ のとき $a \sim b$ とすることにより定める．このとき，$\sim$ は明らかに定義 4.6 の条件 (1)〜(3) をみたし，$\sim$ は同値関係である．これを**相等関係**という [7]．　◇

例 4.24 で述べたことは，同値関係の用語を用いると，次の例題 4.5 のように表すことができる．

例題 4.5　集合 X を

$$X = \mathbf{Z} \times (\mathbf{Z} \setminus \{0\}) \tag{4.33}$$

により定める．このとき，X 上の二項関係 $\sim$ を，$(m, n), (m', n') \in X$ に対して $mn' = nm'$ となるとき $(m, n) \sim (m', n')$ とすることにより定める．次の (1)〜(3) を示すことにより，$\sim$ は同値関係となることを示せ．
(1) $\sim$ は反射律をみたす．　　　　(2) $\sim$ は対称律をみたす．
(3) $\sim$ は推移律をみたす．

解説　(1) $(m, n) \in X$ とする．このとき，$mn = nm$ なので，$\sim$ の定義より，$(m, n) \sim (m, n)$ である．よって，$\sim$ は反射律をみたす．

(2) $(m, n), (m', n') \in X$，$(m, n) \sim (m', n')$ とする．このとき，$\sim$ の定義より，$mn' = nm'$ である．よって，$m'n = n'm$ となり，$\sim$ の定義より，$(m', n') \sim (m, n)$ である．したがって，$\sim$ は対称律をみたす．

(3) $(m, n), (m', n'), (m'', n'') \in X$，$(m, n) \sim (m', n')$，$(m', n') \sim (m'', n'')$ と

---

[7] 文献によっては，相等関係のことを自明な同値関係とよぶことがある．

する. このとき, $\sim$ の定義より,

$$mn' = nm', \quad m'n'' = n'm'' \tag{4.34}$$

である. (4.34) の 2 式を掛けると,

$$mn'm'n'' = nm'n'm'' \tag{4.35}$$

である. ここで, $n' \neq 0$ であることに注意し, (4.35) の両辺を n' で割ると,

$$mm'n'' = nm'm'' \tag{4.36}$$

である.

$m' \neq 0$ のとき, (4.36) の両辺を m' で割ると, $mn'' = nm''$ である.

$m' = 0$ のとき, (4.34) および $n' \neq 0$ より, $m = m'' = 0$ となるので, $mn'' = nm''$ である.

よって, $\sim$ の定義より, $(m, n) \sim (m'', n'')$ である. したがって, $\sim$ は推移律をみたす. □

また, 例 4.25 で述べたことは, 同値関係の用語を用いると, 次の問のように表すことができる.

問 **4.12** X を平面 $\mathbf{R}^2$ の三角形全体の集合とし, X 上の二項関係 $\sim$ を, $S, T \in X$ に対してある $f \in \text{Iso}(\mathbf{R}^2)$ が存在し $f(S) = T$ となるとき, $S \sim T$ とすることにより定める. 次の (1)~(3) を示すことにより, $\sim$ は同値関係となることを示せ.

(1) $\sim$ は反射律をみたす. 🔲 (2) $\sim$ は対称律をみたす. 🔲
(3) $\sim$ は推移律をみたす. 🔲

補足 この同値関係がいわゆる三角形の**合同関係** (congruence relation) である.

問 **4.13** $n \in \mathbf{N}$ を固定しておく. このとき, $\mathbf{Z}$ 上の二項関係 $\sim$ を, $k, l \in \mathbf{Z}$ に対して k と l が n を法として合同なとき, すなわち, $k - l$ が n で割り切れるとき, $k \sim l$ とすることにより定める. 次の (1)~(3) を示すことにより, $\sim$ は同値関係となることを示せ.

(1) $\sim$ は反射律をみたす. 🔲 (2) $\sim$ は対称律をみたす. 🔲
(3) $\sim$ は推移律をみたす. 🔲

補足 この場合は $k \sim l$ であることを

$$k \equiv l \mod n \tag{4.37}$$

などと表すことが多い. また, この同値関係を n を**法** (modulus) とする**合同関係**という.

§4.2.2 同値類 ···◇◇◇

例 4.24 の有理数の構成のように, 一般に同値関係のあたえられた集合から商集合という新たな集合を構成しよう. まず, 本項では, 準備として, 同値類について述べる. X を空でない集合, $\sim$ を X 上の同値関係とする. このとき, $a \in X$ に対して, $C(a) \subset X$ を

$$C(a) = \{x \in X \mid a \sim x\} \tag{4.38}$$

により定める. すなわち, $C(a)$ は a と同値な X の元全体からなる集合である. $C(a)$ を $\sim$ による a の**同値類** (equivalence class), $C(a)$ の各元を $C(a)$ の**代表元** (representative element) または**代表** (representative) という. $C(a)$ は $[a]$ などと表すこともある.

同値類に関して, 次がなりたつ.

> **定理 4.7** X を空でない集合, $\sim$ を X 上の同値関係とする. このとき, 次の (1), (2) がなりたつ.
>
> (1) 任意の $a \in X$ に対して, $a \in C(a)$ である. とくに, 任意の $a \in X$ に対して, $C(a) \neq \emptyset$ である.
>
> (2) $a, b \in X$ とすると, 次の (a)〜(c) は互いに同値である.
>
>   (a) $a \sim b$.   (b) $C(a) = C(b)$.   (c) $C(a) \cap C(b) \neq \emptyset$.

【証明】 (1) 反射律より, 明らかである.

(2) (a) $\Rightarrow$ (b), (b) $\Rightarrow$ (c), (c) $\Rightarrow$ (a) を示せばよい. (a) $\Rightarrow$ (b) および (b) $\Rightarrow$ (c) のみ示し, (c) $\Rightarrow$ (a) の証明は問 4.14 とする.

(a) $\Rightarrow$ (b) $C(a) \subset C(b)$ および $C(b) \subset C(a)$ を示せばよい 定理 1.5 (2).

$C(a) \subset C(b)$ $x \in C(a)$ とする. このとき, 同値類の定義 (4.38) より, $a \sim x$ である. また, (a) および対称律より, $b \sim a$ である. よって, 推移律より, $b \sim x$ となり, 同値類の定義より, $x \in C(b)$ である. したがって, $x \in C(a)$ ならば $x \in C(b)$ となり, $C(a) \subset C(b)$ である §1.1.8.

$C(b) \subset C(a)$ $x \in C(b)$ とする. このとき, 同値類の定義より, $b \sim x$ である. よって, (a) および推移律より, $a \sim x$ となり, 同値類の定義より, $x \in C(a)$

である. したがって, $x \in C(b)$ ならば $x \in C(a)$ となり, $C(b) \subset C(a)$ である. 以上より $(a) \Rightarrow (b)$ がなりたつ.

(b) $\Rightarrow$ (c)   (b) および (1) より,

$$C(a) \cap C(b) = C(a) \neq \emptyset \tag{4.39}$$

となる. よって, (b) $\Rightarrow$ (c) がなりたつ. $\square$

問 4.14   定理 4.7 (2) の証明において, (c) $\Rightarrow$ (a) を示せ. ▨

§4.2.3   商集合 ‥‥‥‥‥‥‥‥‥‥‥‥‥‥‥‥‥‥‥‥‥‥‥◇◇◇

さらに, 同値関係による商集合について述べよう. X を空でない集合, $\sim$ を X 上の同値関係とする. このとき, $\sim$ による同値類全体の集合を $X/\sim$ と表す. すなわち, (4.38) により X の部分集合として定められた $\sim$ による同値類をそれぞれ 1 つの元とみなし, それらの集まりからなる集合を考え, $X/\sim$ とするのである. $X/\sim$ を $\sim$ による X の**商集合** (quotient set) という.

定理 4.7 より, $\sim$ による同値類全体は X を互いに素な §1.2.1 部分集合に分解する. すなわち,

$$X = \{x \mid \text{ある } C \in X/\sim \text{ が存在し, } x \in C\} \tag{4.40}$$

であり [8], $C, C' \in X/\sim$ かつ $C \neq C'$ ならば, $C \cap C' = \emptyset$ である (図 4.4).

さらに, 写像 $\pi : X \to X/\sim$ を

$$\pi(x) = C(x) \quad (x \in X) \tag{4.41}$$

により定める. π を**自然な射影** (natural projection) という. 商集合 $X/\sim$ はそもそも X の元 x を用いて $C(x)$ と表される同値類すべてを集めたものなので, π は全射である 定義 2.9 .

◇**例 4.28**   例 4.26 の自明な同値関係を考える. このとき, 自然な射影 $\pi : X \to X/\sim$ は

$$\pi(x) = X \quad (x \in X) \tag{4.42}$$

により定められる. よって, $X/\sim = \{X\}$ であり, $X/\sim$ は 1 個の元のみからなる

────────────

[8] 実際には, 定理 4.7 (1) より, $x \in C$ となる $C \in X/\sim$ として $C(x)$ を選ぶことができる.

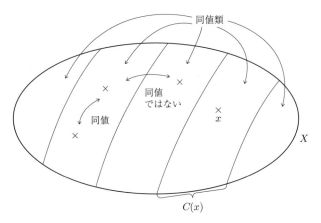

図 4.4　同値類による分解

有限集合である．集合 $\{X\}$ は X という 1 つの集合のみを構成要素とする集合であることに注意しよう．　　　　　　　　　　　　　　　　　　　　　　　　　◇

◇ **例 4.29**　例 4.27 の相等関係を考える．このとき，自然な射影 $\pi : X \to X/\sim$ は

$$\pi(x) = \{x\} \quad (x \in X) \tag{4.43}$$

により定められる．よって，

$$X/\sim = \{\{x\} \,|\, x \in X\} \tag{4.44}$$

である．とくに，π は全単射であり 定義 2.9 ，$X/\sim$ は π によって X 自身とみなすことができる．　　　　　　　　　　　　　　　　　　　　　　　　　　　◇

◇ **例 4.30**　例題 4.5 において，$X/\sim = \mathbf{Q}$ である．この場合，$(m, n) \in X$ に対して，$C((m, n))$ は $\dfrac{m}{n}$ と表す．また，$\mathbf{Q}$ の元の代表としては既約分数を選ぶことが多い．　　　　　　　　　　　　　　　　　　　　　　　　　　　　　　　◇

◇ **例 4.31**　問 4.13 の $n \in \mathbf{N}$ を法とする合同関係を考える．まず，任意の $k \in \mathbf{Z}$ に対して，ある $q \in \mathbf{Z}$ および $r \in \{0, 1, 2, \ldots, n-1\}$ が一意的に存在し，

$$k = qn + r \tag{4.45}$$

となる．すなわち，q, r はそれぞれ k を n で割ったときの商および余りである．このことをもとに，次の問について考えよう．　　　　　　　　　　　　　　　　◇

問 4.15 例 4.31 において，$\mathbf{Z}/\sim$ の元の個数を求めよ．また，$n = 2$ のとき，$\mathbf{Z}/\sim$ の元はどのようなものであるかを答えよ． 🔳

問 4.12 の三角形の合同関係については，まず，次の問を考えよう．

問 4.16 集合 Y を

$$Y = \{(a_1, a_2, a_3) \mid a_1, a_2, a_3 > 0,\ a_1 < a_2 + a_3,\ a_2 < a_3 + a_1,\ a_3 < a_1 + a_2\} \tag{4.46}$$

により定める．このとき，Y 上の二項関係 $\sim'$ を，$(a_1, a_2, a_3), (b_1, b_2, b_3) \in Y$ に対してある $\sigma \in S_3$ §3.1.2 が存在し

$$(b_1, b_2, b_3) = (a_{\sigma(1)}, a_{\sigma(2)}, a_{\sigma(3)}) \tag{4.47}$$

となるとき，$(a_1, a_2, a_3) \sim' (b_1, b_2, b_3)$ とすることにより定める．次の (1)〜(3) を示すことにより，$\sim'$ は同値関係となることを示せ．
(1) $\sim'$ は反射律をみたす． 🔳   (2) $\sim'$ は対称律をみたす． 🔳
(3) $\sim'$ は推移律をみたす． 🔳

◇ **例 4.32** 問 4.12 の三角形の合同関係を考える．まず，合同な三角形どうしを同じものとみなすと，それら全体からなる集合は $X/\sim$ である．一方，$a, b, c > 0$ に対して，3 辺が a, b, c の三角形が存在するための必要十分条件は三角不等式 (4.32) がなりたつことである．ここで，3 辺の順序を入れ替えて得られる三角形はもとの三角形と合同であることに注意すると，$X/\sim$ は問 4.16 の同値関係 $\sim'$ による Y の商集合 $Y/\sim'$ とみなすことができる．   ◇

§4.2.4 基底変換行列 ··◇◇◇

線形代数に現れる同値関係に関連して，基底変換行列や表現行列について簡単に述べておこう．以下では，ベクトル空間は有限次元であり，零空間 例1.9 ではないとする．また，簡単のため，$\mathbf{R}$ 上のベクトル空間を考える．

V を $\mathbf{R}$ 上の n 次元のベクトル空間，$\{\boldsymbol{v}_1, \boldsymbol{v}_2, \ldots, \boldsymbol{v}_n\}, \{\boldsymbol{w}_1, \boldsymbol{w}_2, \ldots, \boldsymbol{w}_n\}$ を V の基底 定義3.4 とする．このとき，$j = 1, 2, \ldots, n$ に対して，ある $p_{1j}, p_{2j}, \ldots, p_{nj} \in \mathbf{R}$ が一意的に存在し，

$$\boldsymbol{w}_j = p_{1j}\boldsymbol{v}_1 + p_{2j}\boldsymbol{v}_2 + \cdots + p_{nj}\boldsymbol{v}_n \tag{4.48}$$

となることが分かる．すなわち，$p_{1j}, p_{2j}, \ldots, p_{nj}$ は基底 $\{\boldsymbol{v}_1, \boldsymbol{v}_2, \ldots, \boldsymbol{v}_n\}$

に関する $\boldsymbol{w}_j$ の成分である.

そこで, $P \in M_n(\mathbf{R})$ を $P = (p_{ij})_{n \times n}$ により定め, $j = 1, 2, \ldots, n$ に対して, (4.48) がなりたつことを

$$(\boldsymbol{w}_1 \ \boldsymbol{w}_2 \ \cdots \ \boldsymbol{w}_n) = (\boldsymbol{v}_1 \ \boldsymbol{v}_2 \ \cdots \ \boldsymbol{v}_n)P \tag{4.49}$$

と表す. すなわち, 行ベクトルの成分を数の代わりにベクトルとし, (4.49) の右辺は定義 2.4 で定めた行列の積のように考えるのである. P を**基底変換** (change of basis) $\{\boldsymbol{v}_1, \boldsymbol{v}_2, \ldots, \boldsymbol{v}_n\} \to \{\boldsymbol{w}_1, \boldsymbol{w}_2, \ldots, \boldsymbol{w}_n\}$ の**基底変換行列** (change-of-basis matrix) という. 基底変換行列について, 次がなりたつことが分かる.

> **定理 4.8** 1 つの基底変換に対する基底変換行列は一意的である. また, 基底変換行列は正則である.

数ベクトル空間の基底変換行列の場合, 数ベクトルは列ベクトルとして表されており, (4.49) の右辺は行列の積のように考えればよいので, 次がなりたつことはほとんど明らかである.

> **定理 4.9** $\{\boldsymbol{a}_1, \boldsymbol{a}_2, \ldots, \boldsymbol{a}_n\}$, $\{\boldsymbol{b}_1, \boldsymbol{b}_2, \ldots, \boldsymbol{b}_n\}$ を $\mathbf{R}^n$ の基底とし, $i, j = 1, 2, \ldots, n$ に対して, $\boldsymbol{a}_j, \boldsymbol{b}_j$ の第 i 成分をそれぞれ a_{ij}, b_{ij} とする. このとき, $A, B \in M_n(\mathbf{R})$ を $A = (a_{ij})_{n \times n}, B = (b_{ij})_{n \times n}$ により定め, 基底変換 $\{\boldsymbol{a}_1, \boldsymbol{a}_2, \ldots, \boldsymbol{a}_n\} \to \{\boldsymbol{b}_1, \boldsymbol{b}_2, \ldots, \boldsymbol{b}_n\}$ の基底変換行列を P とすると,
>
> $$B = AP \tag{4.50}$$
>
> である.

◇ **例 4.33** $\{\boldsymbol{e}_1, \boldsymbol{e}_2, \ldots, \boldsymbol{e}_n\}$ を $\mathbf{R}^n$ の標準基底 例 3.10, $\{\boldsymbol{a}_1, \boldsymbol{a}_2, \ldots, \boldsymbol{a}_n\}$ を $\mathbf{R}^n$ の基底とする. $i, j = 1, 2, \ldots, n$ に対して, $\boldsymbol{a}_j$ の第 i 成分を (i, j) 成分とする n 次の正方行列を A とする. このとき, 基底変換 $\{\boldsymbol{e}_1, \boldsymbol{e}_2, \ldots, \boldsymbol{e}_n\} \to \{\boldsymbol{a}_1, \boldsymbol{a}_2, \ldots, \boldsymbol{a}_n\}$ の基底変換行列を P とすると, 定理 4.9 より,

$$A = E_n P \tag{4.51}$$

である. よって, $P = A$ である. ◇

なお, 数ベクトル空間の基底に関しては, 次がなりたつことが分かる.

定理 4.10　$a_1, a_2, \ldots, a_n \in \mathbf{R}^n$ とすると，$\{a_1, a_2, \ldots, a_n\}$ が $\mathbf{R}^n$ の基底であるための必要十分条件は

$$|a_1 \; a_2 \; \cdots \; a_n| \neq 0 \tag{4.52}$$

である．

例題 4.6　$\{e_1, e_2\}$ を $\mathbf{R}^2$ の標準基底とし，$a_1, a_2 \in \mathbf{R}^2$ を

$$a_1 = \begin{pmatrix} 1 \\ 0 \end{pmatrix}, \quad a_2 = \begin{pmatrix} 1 \\ 1 \end{pmatrix} \tag{4.53}$$

により定める．
(1) $\{a_1, a_2\}$ は $\mathbf{R}^2$ の基底であることを示せ．
(2) 基底変換 $\{a_1, a_2\} \to \{e_1, e_2\}$ の基底変換行列を求めよ．

解説　(1) 例 3.6 より，

$$|a_1 \; a_2| = \begin{vmatrix} 1 & 1 \\ 0 & 1 \end{vmatrix} = 1 \cdot 1 = 1 \neq 0 \tag{4.54}$$

である．よって，定理 4.10 より，$\{a_1, a_2\}$ は $\mathbf{R}^2$ の基底である．
(2) 求める基底変換行列を P とすると，定理 4.9 および (4.53) より，

$$\begin{pmatrix} 1 & 0 \\ 0 & 1 \end{pmatrix} = \begin{pmatrix} 1 & 1 \\ 0 & 1 \end{pmatrix} P \tag{4.55}$$

である．よって，(4.54)，(3.147) より，

$$P = \begin{pmatrix} 1 & 1 \\ 0 & 1 \end{pmatrix}^{-1} \begin{pmatrix} 1 & 0 \\ 0 & 1 \end{pmatrix} = \frac{1}{1} \begin{pmatrix} 1 & -1 \\ 0 & 1 \end{pmatrix} \begin{pmatrix} 1 & 0 \\ 0 & 1 \end{pmatrix} = \begin{pmatrix} 1 & -1 \\ 0 & 1 \end{pmatrix} \tag{4.56}$$

である． $\qquad\square$

問 4.17　$\{e_1, e_2\}$ を $\mathbf{R}^2$ の標準基底とし，$a_1, a_2 \in \mathbf{R}^2$ を (4.53)，$b_1, b_2 \in \mathbf{R}^2$ を

$$b_1 = \begin{pmatrix} 1 \\ 1 \end{pmatrix}, \quad b_2 = \begin{pmatrix} 0 \\ 1 \end{pmatrix} \tag{4.57}$$

により定める. このとき, 例題 4.6 (1) より, $\{a_1, a_2\}$ は $\mathbf{R}^2$ の基底である. 次の問に答えよ.

(1) $\{b_1, b_2\}$ は $\mathbf{R}^2$ の基底であることを示せ.

(2) 基底変換 $\{b_1, b_2\} \to \{e_1, e_2\}$ の基底変換行列を求めよ.

(3) 基底変換 $\{a_1, a_2\} \to \{b_1, b_2\}$ の基底変換行列を求めよ.

(4) 基底変換 $\{b_1, b_2\} \to \{a_1, a_2\}$ の基底変換行列を求めよ.

§4.2.5 表現行列 ◇◇◇

有限次元のベクトル空間の間の線形写像に対して, 基底を選んでおくことにより, 表現行列という行列を対応させることができる. 簡単のため, ベクトル空間の線形変換 例 2.8 を考え, 基底については, 定義域, 値域ともに同じものを選んだ場合を述べる.

V を n 次元のベクトル空間, $f : V \to V$ を線形変換とする. また, V の基底 $\{v_1, v_2, \ldots, v_n\}$ を選んでおく. このとき, $j = 1, 2, \ldots, n$ に対して, 基底 $\{v_1, v_2, \ldots, v_n\}$ に関する $f(v_j)$ の成分を $a_{1j}, a_{2j}, \ldots, a_{nj}$ とする. すなわち,

$$f(v_j) = a_{1j}v_1 + a_{2j}v_2 + \cdots + a_{nj}v_n \quad (j = 1, 2, \ldots, n) \tag{4.58}$$

である. そこで, n 次の正方行列 A を $A = (a_{ij})_{n \times n}$ により定め [9], (4.58) を (4.49) のように

$$(f(v_1)\ f(v_2)\ \cdots\ f(v_n)) = (v_1\ v_2\ \cdots\ v_n)A \tag{4.59}$$

と表す. A を基底 $\{v_1, v_2, \ldots, v_n\}$ に関する f の**表現行列** (representation matrix) という. 表現行列について, 次がなりたつ.

‖ **定理 4.11** 1 つの基底に関する表現行列は一意的である.

◇ **例 4.34** $f : \mathbf{R}^n \to \mathbf{R}^n$ を線形変換とする. このとき, ある $A \in M_n(\mathbf{R})$ が一意的に存在し, f は

$$f(x) = Ax \quad (x \in \mathbf{R}^n) \tag{4.60}$$

と表される 問 2.6 補定 . ここで, $\{e_1, e_2, \ldots, e_n\}$ を $\mathbf{R}^n$ の標準基底とする. また,

---

[9] V が $\mathbf{R}$ 上のベクトル空間のときは $A \in M_n(\mathbf{R})$, V が $\mathbf{C}$ 上のベクトル空間のときは $A \in M_n(\mathbf{C})$ である.

$i, j = 1, 2, \ldots, n$ に対して，A の (i, j) 成分を a_{ij} とする．このとき，

$$f(\boldsymbol{e}_j) = A\boldsymbol{e}_j = \begin{pmatrix} a_{1j} \\ a_{2j} \\ \vdots \\ a_{nj} \end{pmatrix} = a_{1j}\boldsymbol{e}_1 + a_{2j}\boldsymbol{e}_2 + \cdots + a_{nj}\boldsymbol{e}_n \tag{4.61}$$

となる．よって，

$$(\, f(\boldsymbol{e}_1) \; f(\boldsymbol{e}_2) \; \cdots \; f(\boldsymbol{e}_n)\,) = (\, \boldsymbol{e}_1 \; \boldsymbol{e}_2 \; \cdots \; \boldsymbol{e}_n\,)A \tag{4.62}$$

である．したがって，標準基底に関する f の表現行列は A である．   ◇

例題 4.7 $\boldsymbol{a}_1, \boldsymbol{a}_2 \in \mathbf{R}^2$ を (4.53) により定める．このとき，例題 4.6 (1) より，$\{\boldsymbol{a}_1, \boldsymbol{a}_2\}$ は $\mathbf{R}^2$ の基底である．さらに，線形変換 $f : \mathbf{R}^2 \to \mathbf{R}^2$ を

$$f(\boldsymbol{x}) = \begin{pmatrix} 1 & 0 \\ 0 & 2 \end{pmatrix} \boldsymbol{x} \quad (\boldsymbol{x} \in \mathbf{R}^2) \tag{4.63}$$

により定める．基底 $\{\boldsymbol{a}_1, \boldsymbol{a}_2\}$ に関する f の表現行列を求めよ．

解説   まず，(4.53), (4.63) より，

$$f(\boldsymbol{a}_1) = \begin{pmatrix} 1 & 0 \\ 0 & 2 \end{pmatrix} \begin{pmatrix} 1 \\ 0 \end{pmatrix} = \begin{pmatrix} 1 \\ 0 \end{pmatrix}, \tag{4.64}$$

$$f(\boldsymbol{a}_2) = \begin{pmatrix} 1 & 0 \\ 0 & 2 \end{pmatrix} \begin{pmatrix} 1 \\ 1 \end{pmatrix} = \begin{pmatrix} 1 \\ 2 \end{pmatrix} \tag{4.65}$$

である．よって，求める表現行列を A とすると，(4.59) より，

$$\begin{pmatrix} 1 & 1 \\ 0 & 2 \end{pmatrix} = \begin{pmatrix} 1 & 1 \\ 0 & 1 \end{pmatrix} A \tag{4.66}$$

である．したがって，(3.147) より，

$$A = \begin{pmatrix} 1 & 1 \\ 0 & 1 \end{pmatrix}^{-1} \begin{pmatrix} 1 & 1 \\ 0 & 2 \end{pmatrix} = \frac{1}{1} \begin{pmatrix} 1 & -1 \\ 0 & 1 \end{pmatrix} \begin{pmatrix} 1 & 1 \\ 0 & 2 \end{pmatrix} = \begin{pmatrix} 1 & -1 \\ 0 & 2 \end{pmatrix} \tag{4.67}$$

である. □

問 4.18 $b_1, b_2 \in \mathbf{R}^2$ を (4.57) により定める. このとき, 問 4.17 (1) より, $\{b_1, b_2\}$ は $\mathbf{R}^2$ の基底である. さらに, 線形変換 $f : \mathbf{R}^2 \to \mathbf{R}^2$ を (4.63) により定める. 基底 $\{b_1, b_2\}$ に関する f の表現行列を求めよ.

　基底変換によって表現行列がどのように変わるのかについては, 次のように述べることができる.

定理 4.12　V を n 次元のベクトル空間, $f : V \to V$ を線形変換とする. また, $\{v_1, v_2, \ldots, v_n\}$, $\{v'_1, v'_2, \ldots, v'_n\}$ を V の基底, P を基底変換 $\{v_1, v_2, \ldots, v_n\} \to \{v'_1, v'_2, \ldots, v'_n\}$ に関する基底変換行列とする. さらに, A を基底 $\{v_1, v_2, \ldots, v_n\}$ に関する f の表現行列, B を基底 $\{v'_1, v'_2, \ldots, v'_n\}$ に関する f の表現行列とする. このとき,

$$B = P^{-1}AP \tag{4.68}$$

である.

【証明】　まず, B および P の定義, P および A の定義を用いて, それぞれ

$$(f(v'_1) \ f(v'_2) \ \cdots \ f(v'_n)) = (v'_1 \ v'_2 \ \cdots \ v'_n)PB, \tag{4.69}$$

$$(f(v'_1) \ f(v'_2) \ \cdots \ f(v'_n)) = (v'_1 \ v'_2 \ \cdots \ v'_n)AP \tag{4.70}$$

がなりたつことを示す. 以下は問 4.19 とする. □

問 4.19　定理 4.12 について, 次の問に答えよ.
(1) (4.69) を示せ.　　(2) (4.70) を示せ.
(3) (4.69), (4.70) を用いることにより, (4.68) を示せ.

§4.2.6　正方行列の相似関係 ···◇◇◇

　定理 4.12 で述べたように, 1 つの線形変換に対する表現行列は基底によって変わりうるが, その変わり方は (4.68) のようにあたえられる. よって, 線形変換そのものを考察する立場からは, (4.68) によって関係付けられる行列 A と B は同じものであるとみなすのが自然であろう.

　そこで, $M_n(\mathbf{R})$ 上の二項関係 $\sim$ を, $A, B \in M_n(\mathbf{R})$ に対してある $P \in \mathrm{GL}(n, \mathbf{R})$ が存在し (4.68) がなりたつとき, $A \sim B$ とすることによ

り定める. このとき, 次がなりたつ.

|| **定理 4.13**   ~ は同値関係である.

【証明】 ~ が反射律, 対称律, 推移律をみたすことを示せばよい. 反射律について
のみ示し, 対称律と推移律については問 4.20 とする.
反射律 $A \in M_n(\mathbf{R})$ とする. このとき, $E_n \in \mathrm{GL}(n, \mathbf{R})$ であり,

$$A = E_n^{-1} A E_n \tag{4.71}$$

である. よって, ~ の定義より, $A \sim A$ となり, ~ は反射律をみたす.   □

問 4.20   定理 4.13 において, 次の (1), (2) を示せ.
(1) ~ は対称律をみたす. 重要   (2) ~ は推移律をみたす. 重要

定理 4.13 の同値関係 ~ を行列の**相似関係** (similarity relation) という. ま
た, $A, B \in M_n(\mathbf{R})$ に対して, $A \sim B$ であるとき, A は B と**相似** (similar)
であるという.

線形代数における主要なテーマの 1 つは, この**相似関係に関して, あたえ
られた正方行列の同値類の中からしかるべき代表を選ぶこと**である. しばし
ば考えられる代表は対角行列であるが, 次がなりたつことが分かる.

|| **定理 4.14** $A \in M_n(\mathbf{R})$ とし, $\lambda_1, \lambda_2, \dots, \lambda_r \in \mathbf{R}$ を A のすべての互いに
|| 異なる固有値 定義 3.9 とする [10]. A が対角行列と相似, すなわち, 対角化
|| 可能であるための必要十分条件は
||
|| $$\sum_{i=1}^{r} \dim(W(\lambda_i)) = n \tag{4.72}$$
||
|| である. ただし, $W(\lambda)$ は固有値 λ に対する A の固有空間であ
|| る 問題 3.3 補足 .

注意 4.3   対角化可能な正方行列 $A \in M_n(\mathbf{R})$ の対角化は次の (1)〜(5) の手順で
行えばよい.
(1) A の固有多項式 $\phi_A(\lambda) = |\lambda E_n - A|$ を計算する.
(2) A の固有値 $\lambda_1, \lambda_2, \dots, \lambda_r \in \mathbf{R}$, すなわち, $\phi_A(\lambda) = 0$ の解を求める (ただ

---

[10] 定義 3.9 における $\mathbf{C}$ を $\mathbf{R}$ に置き換えている.

し，$\lambda_1, \lambda_2, \ldots, \lambda_r$ は互いに異なるとする）.

(3) 各 $i = 1, 2, \ldots, r$ に対して，A の固有値 λ_i に対する固有空間

$$W(\lambda_i) = \{\boldsymbol{x} \in \mathbf{R}^n | A\boldsymbol{x} = \lambda_i \boldsymbol{x}\} \tag{4.73}$$

の基底を求める．さらに，これらの基底をすべて集めたものを $\{\boldsymbol{p}_1, \boldsymbol{p}_2, \ldots, \boldsymbol{p}_n\}$ とする．

(4) $P = (\boldsymbol{p}_1 \ \boldsymbol{p}_2 \ \cdots \ \boldsymbol{p}_n)$ とおく．

(5) $P^{-1}AP$ は対角行列となる．

対角化可能ではない正方行列に対しては，相似な行列として，上三角行列 例3.6 やジョルダン標準形[11] とよばれるものを考えることもある．また，直交行列に対しては，定理 3.25 で述べたような標準形を考えることができる．

4

群とその作用

本節のまとめ

☑ 同値関係は反射律，対称律，推移律をみたす二項関係である． 定義 4.6

☑ 同値関係による商集合は同値類全体からなる集合である． §4.2.3

☑ 同値類全体は，もとの集合をいくつかの互いに素な部分集合に分解する． §4.2.3

☑ ベクトル空間の線形変換に対する表現行列は，基底変換を行うことにより相似なものへと変わる． §4.2.6

4.3 群の作用

本節では，群を集合へ作用させることを考える．とくに，群が作用する集合の部分集合の対称性が固定部分群の概念を通して説明できることや，群の作用により定められる商空間や軌道について述べる．

§4.3.1 作用の定義と例

幾何学では，群 §4.1.2 はそれが作用する集合と組にして考えることが多い．

---

[11] ジョルダン標準形については，例えばあとがきの参考文献 [3]，[4] を見よ．

実は, そのような例は本書ですでに現れている. まず, n 次直交群 O(n) 例 4.1 を n 次元ユークリッド空間 $\mathbf{R}^n$ と組にして考えよう. このとき, 次がなりたつ.

> **定理 4.15** 次の (1), (2) がなりたつ.
> (1) 任意の $A, B \in$ O(n) および任意の $\boldsymbol{x} \in \mathbf{R}^n$ に対して, $A(B\boldsymbol{x}) = (AB)\boldsymbol{x}$.
> (2) 任意の $\boldsymbol{x} \in \mathbf{R}^n$ に対して, $E_n\boldsymbol{x} = \boldsymbol{x}$.

そこで, 次のように定める.

> **定義 4.7** G を群, X を空でない集合, $\varphi : G \times X \to X$ を写像とする. 次の (1), (2) がなりたつとき, G は X に**左から作用する** (act from the left) という.
> (1) 任意の $a, b \in G$ および任意の $x \in X$ に対して, $\varphi(a, \varphi(b, x)) = \varphi(ab, x)$.
> (2) 任意の $x \in X$ に対して, $\varphi(e, x) = x$. ただし, e は G の単位元である.

このとき, G を X の**変換群** (transformation group), X を G **集合** (G-set) という. また, $\varphi(a, x)$ は ax とも表す.

✎ 注意 4.4 定義 4.7 において, 右からの作用についても定めることができる. 右からの作用の場合は ax の代わりに xa と表し, 例えば, (1) に対応する条件は $(xa)b = x(ab)$ である.

群の作用の例をいくつか挙げよう.

◇ 例 4.35 写像 $\varphi : $ O$(n) \times \mathbf{R}^n \to \mathbf{R}^n$ を

$$\varphi(A, \boldsymbol{x}) = A\boldsymbol{x} \quad ((A, \boldsymbol{x}) \in \mathrm{O}(n) \times \mathbf{R}^n) \tag{4.74}$$

により定める. このとき, 定理 4.15 より, O(n) は $\mathbf{R}^n$ に左から作用する. 定理 4.15 (2) において, E_n は O(n) の単位元であることに注意しよう.

同様に, SO(n) 例 4.2, GL$(n, \mathbf{R})$ 例 4.9, SL$(n, \mathbf{R})$ 問 4.5 補定 は $\mathbf{R}^n$ に左から作用する.

なお, $\mathbf{R}^n$ を実数を成分とする n 次行ベクトル全体の集合として定める場合は, O(n), SO(n), GL$(n, \mathbf{R})$, SL$(n, \mathbf{R})$ の元を $\mathbf{R}^n$ の元に右から掛けることにより,

右からの作用を定めることができる. ◇

◇ **例 4.36** $\mathbf{R}^n$ の等長変換群 $\mathrm{Iso}(\mathbf{R}^n)$ 例 4.3 を思い出そう. まず, 合成写像の定義 (2.44) より, 任意の $f, g \in \mathrm{Iso}(\mathbf{R}^n)$ および任意の $\boldsymbol{x} \in \mathbf{R}^n$ に対して,

$$(g \circ f)(\boldsymbol{x}) = g(f(\boldsymbol{x})) \tag{4.75}$$

である. また, 恒等変換 $\mathrm{id}_{\mathbf{R}^n} \in \mathrm{Iso}(\mathbf{R}^n)$ は $\mathrm{Iso}(\mathbf{R}^n)$ の単位元であり, 任意の $\boldsymbol{x} \in \mathbf{R}^n$ に対して,

$$\mathrm{id}_{\mathbf{R}^n}(\boldsymbol{x}) = \boldsymbol{x} \tag{4.76}$$

である. よって, 写像 $\varphi : \mathrm{Iso}(\mathbf{R}^n) \times \mathbf{R}^n \to \mathbf{R}^n$ を

$$\varphi(f, \boldsymbol{x}) = f(\boldsymbol{x}) \quad ((f, \boldsymbol{x}) \in \mathrm{Iso}(\mathbf{R}^n) \times \mathbf{R}^n) \tag{4.77}$$

により定めると, $\mathrm{Iso}(\mathbf{R}^n)$ は $\mathbf{R}^n$ に左から作用する. ◇

◇ **例 4.37**（自明な作用）　G を群, X を空でない集合とし, 写像 $\varphi : G \times X \to X$ を

$$\varphi(a, x) = x \quad ((a, x) \in G \times X) \tag{4.78}$$

により定める. このとき, 明らかに G は X に左から作用する. これを**自明な作用**(trivial action) という.

同様に, 右からの自明な作用を定めることができる. ◇

行列に対して行に関する基本変形を何回か施すことは, 正則行列を左から掛けることに相当する. このことを次の例題で, 群の作用として見てみよう.

例題 4.8　写像 $\varphi : \mathrm{GL}(m, \mathbf{R}) \times M_{m,n}(\mathbf{R}) \to M_{m,n}(\mathbf{R})$ を

$$\varphi(P, X) = PX \quad ((P, X) \in \mathrm{GL}(m, \mathbf{R}) \times M_{m,n}(\mathbf{R})) \tag{4.79}$$

により定める. このとき, $\mathrm{GL}(m, \mathbf{R})$ は $M_{m,n}(\mathbf{R})$ に左から作用することを示せ.

解説　まず, 積の結合律 定理 2.1(1) より, 任意の $P, Q \in \mathrm{GL}(m, \mathbf{R})$ および任意の $X \in M_{m,n}(\mathbf{R})$ に対して,

$$P(QX) = (PQ)X \tag{4.80}$$

である. また, E_m は $\mathrm{GL}(m, \mathbf{R})$ の単位元であり, 任意の $X \in M_{m,n}(\mathbf{R})$ に対して,

$$E_m X = X \tag{4.81}$$

である. よって, $\mathrm{GL}(m, \mathbf{R})$ は $M_{m,n}(\mathbf{R})$ に左から作用する. □

補足 行列に対して列に関する基本変形を何回か施すことは, 正則行列を右から掛けることに相当する. ここで, 写像 $\varphi : M_{m,n}(\mathbf{R}) \times \mathrm{GL}(n, \mathbf{R}) \to M_{m,n}(\mathbf{R})$ を

$$\varphi(X, P) = XP \quad ((X, P) \in M_{m,n}(\mathbf{R}) \times \mathrm{GL}(n, \mathbf{R})) \tag{4.82}$$

により定めると, 例題 4.8 と同様に, $\mathrm{GL}(n, \mathbf{R})$ は $M_{m,n}(\mathbf{R})$ に右から作用する.

有限次元のベクトル空間の線形変換は基底を選んでおくことにより, 表現行列という正方行列が対応する §4.2.5 . そして, 基底を取り替えると, それに応じて表現行列も変わるのであった 定理 4.12 . このことも群の作用として述べることができる. 次の問で考えてみよう.

問 4.21 写像 $\varphi : M_n(\mathbf{R}) \times \mathrm{GL}(n, \mathbf{R}) \to M_n(\mathbf{R})$ を

$$\varphi(X, P) = P^{-1} X P \quad ((X, P) \in M_n(\mathbf{R}) \times \mathrm{GL}(n, \mathbf{R})) \tag{4.83}$$

により定める. このとき, $\mathrm{GL}(n, \mathbf{R})$ は $M_n(\mathbf{R})$ に右から作用することを示せ. 🔲

問 4.22 写像 $\varphi : \mathrm{GL}(n, \mathbf{R}) \times M_n(\mathbf{R}) \to M_n(\mathbf{R})$ を

$$\varphi(P, X) = PXP^{-1} \quad ((P, X) \in \mathrm{GL}(n, \mathbf{R}) \times M_n(\mathbf{R})) \tag{4.84}$$

により定める. このとき, $\mathrm{GL}(n, \mathbf{R})$ は $M_n(\mathbf{R})$ に左から作用することを示せ. 🔲

§4.3.2 固定部分群 ···········◇◇◇

群が作用する集合の部分集合があたえられると, 固定部分群とよばれる群を考えることができる. G を群, X を空でない集合とし, 簡単のため, G が X に左から作用しているとする [12]. さらに, $Y \subset X$, $Y \neq \emptyset$ とする. このとき, $a \in G$ に対して, $aY \subset X$ を

$$aY = \{ay \mid y \in Y\} \tag{4.85}$$

[12) 右から作用している場合も同様である.

により定める．さらに，$G_Y \subset G$ を

$$G_Y = \{a \in G \,|\, aY = Y\} \tag{4.86}$$

により定める．このとき，次がなりたつ．

‖ **定理 4.16**　G_Y は G の部分群 定義4.3 である．

【証明】 群の定義 定義4.1 より，次の (1)〜(3) を示せばよい．(1), (2) の証明は例題 4.9 とし，(3) の証明は問 4.23 とする．なお，G_Y の積が結合律をみたすことついては，G の積が結合律をみたすことより，明らかである．

(1) $e \in G_Y$. (2) $a, b \in G_Y$ ならば，$ab \in G_Y$. (3) $a \in G_Y$ ならば，$a^{-1} \in G_Y$.
□

G_Y を Y の**固定部分群** (stabilizer subgroup)，**安定化部分群**または**等方部分群** (isotropy subgroup) という．

> **例題 4.9**　定理 4.16 の証明において，(1), (2) を示せ．

解説 (1) 群の作用の定義 定義4.7 の条件 (2) より，

$$eY = \{ey \,|\, y \in Y\} = \{y \,|\, y \in Y\} = Y \tag{4.87}$$

である．よって，G_Y の定義 (4.86) より，$e \in G_Y$ である．

(2) まず，$a, b \in G_Y$ とすると，群の作用の定義 定義4.7 の条件 (1) および G_Y の定義より，

$$(ab)Y = a(bY) = aY = Y \tag{4.88}$$

となる．すなわち，

$$(ab)Y = Y \tag{4.89}$$

である．よって，G_Y の定義より，$ab \in G_Y$ である．
□

問 4.23　定理 4.16 の証明において，(3) を示せ．

§4.3.3　円の対称性 ◇◇◇

固定部分群は部分集合の対称性を表すものと捉えることができる．例として，平面上に描かれた円や三角形を思い浮かべてみよう（図 4.5，図 4.6）．ま

ず，円上の点はどこも同じように曲がっており，とても対称性の高い図形であるといえよう．一方，三角形については，その種類によって対称性も異なってくる．例えば，正三角形は円ほどではないが，対称性は比較的高いといえる．それに対して，正三角形ではない二等辺三角形は対称性がやや低くなる．さらに，3 辺の長さがすべて異なる三角形は対称性が最も低いといえよう．

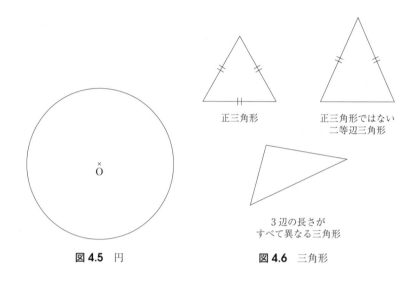

正三角形

正三角形ではない
二等辺三角形

3 辺の長さが
すべて異なる三角形

図 4.5 円   **図 4.6** 三角形

上に述べたことを固定部分群を求めることによって，より正確に説明しよう．まず，例 4.36 で述べた $\mathrm{Iso}(\mathbf{R}^n)$ の $\mathbf{R}^n$ への作用において，$n = 2$ とする．さらに，$X \subset \mathbf{R}^2$, $X \neq \emptyset$ とする．このとき，(4.86) において，G を $\mathrm{Iso}(\mathbf{R}^2)$，$Y$ を X とすることにより，X の固定部分群

$$\mathrm{Iso}(\mathbf{R}^2)_X = \{ f \in \mathrm{Iso}(\mathbf{R}^2) \,|\, f(X) = X \} \tag{4.90}$$

が得られる．

本項では，簡単のため，X が原点を中心とする半径 1 の円の場合を考えよう．まず，X の直径を 1 つ選んでおき，その両端の点を $\boldsymbol{x}_1, \boldsymbol{x}_2$ とする（図 4.7 左）．また，$f \in \mathrm{Iso}(\mathbf{R}^2)_X$ とする．このとき，等長変換の定義 定義 3.8 より，

$$2 = d(\boldsymbol{x}_1, \boldsymbol{x}_2) = d(f(\boldsymbol{x}_1), f(\boldsymbol{x}_2)) \tag{4.91}$$

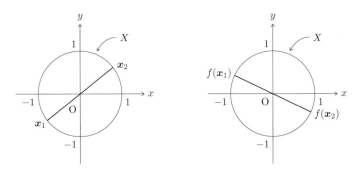

図 4.7 円の形を変えない等長変換

である. さらに, (4.90) より, $f(\boldsymbol{x}_1), f(\boldsymbol{x}_2) \in X$ なので, $f(\boldsymbol{x}_1)$ と $f(\boldsymbol{x}_2)$ は X の 1 つの直径の両端の点である (図 4.7 右). ここで, 等長変換の定義 定義 3.8 より,

$$d(f(\boldsymbol{x}_1), f(\boldsymbol{0})) = d(\boldsymbol{x}_1, \boldsymbol{0}) = 1, \tag{4.92}$$

$$d(f(\boldsymbol{x}_2), f(\boldsymbol{0})) = d(\boldsymbol{x}_2, \boldsymbol{0}) = 1 \tag{4.93}$$

なので, $f(\boldsymbol{0}) = \boldsymbol{0}$ となる. よって, 定理 3.21 より, f は $A \in \mathrm{O}(2)$ を用いて,

$$f(\boldsymbol{x}) = A\boldsymbol{x} \quad (\boldsymbol{x} \in \mathbf{R}^2) \tag{4.94}$$

と表される. すなわち, 例 3.16 より, f は原点を中心とする回転または原点を通る直線に関する対称移動を意味する. 逆に, 原点を中心とする回転または原点を通る直線に関する対称移動は $\mathrm{Iso}(\mathbf{R}^2)_X$ の元となる.

ここで, $f \in \mathrm{Iso}(\mathbf{R}^2)_X$ が (4.94) のように表されることを用いて, 全単射 $\Phi : \mathrm{Iso}(\mathbf{R}^2)_X \to \mathrm{O}(2)$ を

$$\Phi(f) = A \quad (f \in \mathrm{Iso}(\mathbf{R}^2)_X) \tag{4.95}$$

により定める. このとき, Φ は同型写像となる. すなわち, $\mathrm{Iso}(\mathbf{R}^2)_X$ は $\mathrm{O}(2)$ とみなすことができる. このことは次の問で確かめよう.

問 4.24 Φ は同型写像であることを示せ. ■

§4.3.4 三角形の対称性 ・・・・・・・・・・・・・・・・・・・・・・・・・・・・・・・・・◇◇◇

次は, (4.90) の X を三角形とし, 次の (1)~(3) の場合に分けて考えよう.

(1) X は正三角形.

(2) X は正三角形ではない二等辺三角形.

(3) X は 3 辺の長さがすべて異なる三角形.

まず, (1) について, 簡単のため, X の 3 つの頂点 $\boldsymbol{x}_1$, $\boldsymbol{x}_2$, $\boldsymbol{x}_3$ が単位円上にあり,

$$\boldsymbol{x}_1 = \begin{pmatrix} 1 \\ 0 \end{pmatrix}, \quad \boldsymbol{x}_2 = \begin{pmatrix} \cos \frac{2}{3}\pi \\ \sin \frac{2}{3}\pi \end{pmatrix}, \quad \boldsymbol{x}_3 = \begin{pmatrix} \cos \frac{4}{3}\pi \\ \sin \frac{4}{3}\pi \end{pmatrix} \tag{4.96}$$

としてあたえられている場合を考える (図 4.8 左). このとき,

「$\boldsymbol{x}, \boldsymbol{y} \in X$ に対して, $d(\boldsymbol{x}, \boldsymbol{y})$ が最大となるのは,

$\boldsymbol{x}, \boldsymbol{y}$ が $\boldsymbol{x}_1$, $\boldsymbol{x}_2$, $\boldsymbol{x}_3$ のうちの 2 点のとき」 $\tag{4.97}$

である.

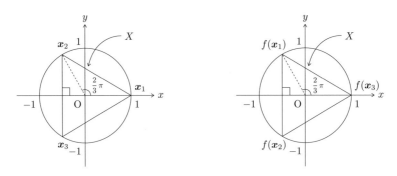

図 4.8 正三角形の場合

次に, $f \in \mathrm{Iso}(\mathbf{R}^2)_X$ とする. このとき, (4.91) と同様に, $i, j = 1, 2, 3$, $i \neq j$ のとき,

$$d(\boldsymbol{x}_i, \boldsymbol{x}_j) = d(f(\boldsymbol{x}_i), f(\boldsymbol{x}_j)) \tag{4.98}$$

である. よって, (4.97) より, $f(\boldsymbol{x}_1)$, $f(\boldsymbol{x}_2)$, $f(\boldsymbol{x}_3)$ は X の 3 つの頂点である (図 4.8 右). ここで, (4.92), (4.93) と同様に,

$$d(f(\boldsymbol{x}_1), f(\boldsymbol{0})) = d(f(\boldsymbol{x}_2), f(\boldsymbol{0})) = d(f(\boldsymbol{x}_3), f(\boldsymbol{0})) = 1 \tag{4.99}$$

となり，$f(\mathbf{0}) = \mathbf{0}$ である．したがって，定理 3.21 より，f は $A \in \mathrm{O}(2)$ を用いて，(4.94) のように表される．すなわち，例 3.16 より，f は原点を中心とする回転または原点を通る直線に関する対称移動を意味する．さらに，f によって X の頂点が X のいずれかの頂点へ写ることから，f および A は，次の (a)〜(f) のいずれかによってあたえられる 例 3.16．

(a) f は恒等変換であり，$A = E_2$．

(b) f は原点を中心とする角 $\dfrac{2}{3}\pi$ の回転であり，$A = \begin{pmatrix} \cos\frac{2}{3}\pi & -\sin\frac{2}{3}\pi \\ \sin\frac{2}{3}\pi & \cos\frac{2}{3}\pi \end{pmatrix}$．

(c) f は原点を中心とする角 $\dfrac{4}{3}\pi$ の回転であり，$A = \begin{pmatrix} \cos\frac{4}{3}\pi & -\sin\frac{4}{3}\pi \\ \sin\frac{4}{3}\pi & \cos\frac{4}{3}\pi \end{pmatrix}$．

(d) f は x_1 軸に関する対称移動であり，$A = \begin{pmatrix} 1 & 0 \\ 0 & -1 \end{pmatrix}$．

(e) f は $\mathbf{0}$ と $\mathbf{x}_2$ を通る直線に関する対称移動であり，$A = \begin{pmatrix} \cos\frac{2}{3}\pi & \sin\frac{2}{3}\pi \\ \sin\frac{2}{3}\pi & -\cos\frac{2}{3}\pi \end{pmatrix}$．

(f) f は $\mathbf{0}$ と $\mathbf{x}_3$ を通る直線に関する対称移動であり，$A = \begin{pmatrix} \cos\frac{4}{3}\pi & \sin\frac{4}{3}\pi \\ \sin\frac{4}{3}\pi & -\cos\frac{4}{3}\pi \end{pmatrix}$．

以上より，$\mathrm{Iso}(\mathbf{R}^2)_X$ は (a)〜(f) によってあたえられる等長変換からなる位数 6 の有限群 定義 4.2 である．

(2), (3) の場合については，それぞれ例題 4.10，問 4.25 としよう．

例題 4.10 $0 < \theta < \frac{2}{3}\pi$ とし，単位円上の 3 点 $\mathbf{x}_1, \mathbf{x}_2, \mathbf{x}_3$ を

$$\mathbf{x}_1 = \begin{pmatrix} 1 \\ 0 \end{pmatrix}, \quad \mathbf{x}_2 = \begin{pmatrix} \cos\theta \\ \sin\theta \end{pmatrix}, \quad \mathbf{x}_3 = \begin{pmatrix} \cos\theta \\ -\sin\theta \end{pmatrix} \quad (4.100)$$

により定める（図 4.9）．さらに，X を $\mathbf{x}_1, \mathbf{x}_2, \mathbf{x}_3$ を頂点とする正三角形ではない二等辺三角形とする [13]．このとき，$\mathrm{Iso}(\mathbf{R}^2)_X$ は位数 2 の有限群であることを示せ．

---

[13] $\frac{2}{3}\pi < \theta < \pi$ の場合も同様に考えることができる．

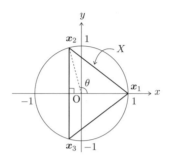

図 4.9 正三角形ではない二等辺三角形の場合

解説 まず，

「$\boldsymbol{x}, \boldsymbol{y} \in X$ に対して，$d(\boldsymbol{x}, \boldsymbol{y})$ が最大となるのは，

$$(\boldsymbol{x}, \boldsymbol{y}) = (\boldsymbol{x}_2, \boldsymbol{x}_3), (\boldsymbol{x}_3, \boldsymbol{x}_2) \text{ のとき」} \tag{4.101}$$

であることに注意する．次に，$f \in \mathrm{Iso}(\mathbf{R}^2)_X$ とする．このとき，(4.91) と同様に，$i, j = 1, 2, 3$，$i \neq j$ のとき，(4.98) がなりたつ．よって，(4.101) より，

$$(f(\boldsymbol{x}_2), f(\boldsymbol{x}_3)) = (\boldsymbol{x}_2, \boldsymbol{x}_3), (\boldsymbol{x}_3, \boldsymbol{x}_2) \tag{4.102}$$

である．さらに，

$$f(\boldsymbol{x}_1) = \boldsymbol{x}_1 \tag{4.103}$$

である．

ここで，(4.92), (4.93) と同様に，(4.99) がなりたつので，$f(\boldsymbol{0}) = \boldsymbol{0}$ である．したがって，定理 3.21 より，f は $A \in \mathrm{O}(2)$ を用いて，(4.94) のように表される．すなわち，例 3.16 より，f は原点を中心とする回転または原点を通る直線に関する対称移動を意味する．さらに，(4.102), (4.103) より，f および A は，次の (a), (b) のいずれかによってあたえられる 例 3.16 ．

(a) f は恒等変換であり，$A = E_2$．

(b) f は x_1 軸に関する対称移動であり，$A = \begin{pmatrix} 1 & 0 \\ 0 & -1 \end{pmatrix}$．

以上より，$\mathrm{Iso}(\mathbf{R}^2)_X$ は (a), (b) によってあたえられる等長変換からなる位数 2 の有限群である． □

問 4.25　単位円上の 3 点 x_1, x_2, x_3 を

$$d(x_1, x_2) > d(x_2, x_3) > d(x_3, x_1) \tag{4.104}$$

となるように選んでおく. さらに, X を x_1, x_2, x_3 を頂点とする 3 辺の長さがすべて異なる三角形とする. このとき, $\mathrm{Iso}(\mathbf{R}^2)_X$ は単位群 例4.6 であることを示せ.

重要

　ここまでに述べたことを振り返ってみよう. 円の固定部分群は O(2) と同型な無限群である §4.3.3 問4.24. 一方, 正三角形, 正三角形ではない二等辺三角形, 3 辺の長さがすべて異なる三角形の固定部分群はそれぞれ位数 6, 2, 1 の有限群である. このように, 図形の対称性の高さが作用する群の「大きさ」として反映されている.

§4.3.5　二面体群 ···◇◇◇

　さらに, (4.90) の X が正多角形の場合について考えよう. $m \in \mathbf{N}$, $m \geq 3$ とし, X を正 m 角形とする. なお, $m = 3$ の場合は, すでに §4.3.4 で述べている.

　簡単のため, X の m 個の頂点 x_1, x_2, ..., x_m が単位円上にあり,

$$x_k = \begin{pmatrix} \cos\frac{2(k-1)}{m}\pi \\ \sin\frac{2(k-1)}{m}\pi \end{pmatrix} \quad (k = 1, 2, \ldots, m) \tag{4.105}$$

としてあたえられている場合を考える (図4.10). また, $f \in \mathrm{Iso}(\mathbf{R}^2)_X$ とする.

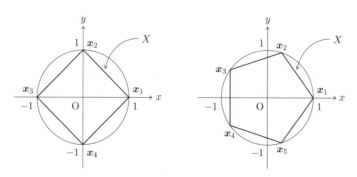

図 4.10　正方形の場合 (左) と正五角形の場合 (右)

このとき，§4.3.4 で述べた正三角形の場合と同様に考えると，f は $A \in \mathrm{O}(2)$ を用いて，(4.94) のように表される．さらに，f および A は，次の (a), (b) のいずれかによってあたえられる 例3.16.

(a) $k = 1, 2, \ldots, m$ に対して，f は原点を中心とする角 $\frac{2(k-1)}{m}\pi$ の回転

であり，$A = \begin{pmatrix} \cos\frac{2(k-1)}{m}\pi & -\sin\frac{2(k-1)}{m}\pi \\ \sin\frac{2(k-1)}{m}\pi & \cos\frac{2(k-1)}{m}\pi \end{pmatrix}$ である．

(b) $k = 1, 2, \ldots, m$ に対して，f は $\mathbf{0}$ と $\boldsymbol{x}_k$ を通る直線に関する

対称移動であり，$A = \begin{pmatrix} \cos\frac{2(k-1)}{m}\pi & \sin\frac{2(k-1)}{m}\pi \\ \sin\frac{2(k-1)}{m}\pi & -\cos\frac{2(k-1)}{m}\pi \end{pmatrix}$ である．

よって，$\mathrm{Iso}(\mathbf{R}^2)_X$ は位数 $2m$ の有限群である．これを**二面体群** (dihedral group) という．位数 $2m$ の二面体群は D_{2m} あるいは D_m と表すことが多い [14]．なお，正多角形とは無関係に $m = 1, 2$ の場合も二面体群を考えることができる．

§4.3.6 軌道と軌道分解 ···◇◇◇

G を群，X を空でない集合とし，G が X に左から作用しているとする．このとき，$x \in X$ に対して，$Gx \subset X$ を

$$Gx = \{ax \mid a \in G\} \tag{4.106}$$

により定め，これを x の**軌道** (orbit) という．同様に，右からの作用の場合も軌道を定めることができる．このときは，x の軌道を xG と表す．軌道に関して，次がなりたつ．

> **定理 4.17** G を群，X を空でない集合とし，G が X に左または右から作用しているとする．さらに，X 上の二項関係 $\sim$ §4.2.1 を，$x, y \in X$ に対して x と y が同じ軌道の元であるとき，$x \sim y$ とすることにより定める．このとき，次の (1), (2) がなりたつ．
> (1) $\sim$ は同値関係である．
> (2) 任意の $x \in X$ に対して，x の同値類は x の軌道に等しい．

---

[14] 文献によって記号がまちまちなので，注意する必要がある．

【証明】 左からの作用の場合に示す．右からの作用の場合も同様である．

(1) ～ が反射律，対称律，推移律をみたすことを示せばよい．

まず，$x \in X$ とする．このとき，群の作用の定義 定義 4.7 の条件 (2) および軌道の定義 (4.106) より，

$$x = ex \in Gx, \tag{4.107}$$

すなわち，$x \in Gx$ である．よって，～ の定義より，$x \sim x$ となり，反射律がなりたつ．

また，～ の定義より，対称律と推移律がなりたつことは明らかである．

(2) $x \in X$ とする．$C(x) \subset Gx$ および $Gx \subset C(x)$ を示せばよい 定理 1.5 (2)．ただし，$C(x)$ は x の同値類 (4.38) である．

$\underline{C(x) \subset Gx}$ $y \in C(x)$ とする．このとき，同値類および ～ の定義より，x と y は同じ軌道の元である．ここで，$x \in Gx$ なので，$y \in Gx$ である．よって，包含関係の定義 §1.1.8 より，$C(x) \subset Gx$ である．

$\underline{Gx \subset C(x)}$ $y \in Gx$ とする．このとき，$x \in Gx$ より，x と y は同じ軌道の元である．よって，～ の定義より，$x \sim y$ となり，同値類の定義より，$y \in C(x)$ である．したがって，包含関係の定義より，$Gx \subset C(x)$ である． □

定理 4.17 において，(2) より，～ による X の商集合 $X/\sim$ §4.2.3 は X の軌道全体からなる集合である．また，$X/\sim$ は左からの作用の場合は $G\backslash X$[15]，右からの作用の場合は X/G と表し，これらを G による X の**商空間** (quotient space) または**商** (quotient) という．とくに，軌道全体は X を互いに素な部分集合に分解する．この分解を X の**軌道分解** (orbit decomposition) という．

§4.3.7 軌道の例 ⋯⋯⋯⋯⋯⋯⋯⋯⋯⋯⋯⋯⋯⋯⋯⋯⋯⋯⋯◇◇◇

軌道の例をいくつか挙げよう．

◇ **例 4.38** 例 4.35 で述べた $\mathrm{O}(n)$ の $\mathbf{R}^n$ への左からの作用を考える．

まず，任意の $A \in \mathrm{O}(n)$ に対して，$A\mathbf{0} = \mathbf{0}$ なので，$\mathbf{0}$ の軌道は $\{\mathbf{0}\}$ である．

次に，$\boldsymbol{x} \in \mathbf{R}^n \setminus \{\mathbf{0}\}$ とする．このとき，$\mathbf{R}^n$ の正規直交基底 $\{\boldsymbol{a}_1, \boldsymbol{a}_2, \dots, \boldsymbol{a}_n\}$ 定義 3.6 を

$$\boldsymbol{a}_1 = \frac{1}{\|\boldsymbol{x}\|}\boldsymbol{x} \tag{4.108}$$

となるように選んでおく．さらに，

---

[15] 集合の差を表す記号と混同しないように注意しよう．

$$P = (\, \boldsymbol{a}_1 \ \boldsymbol{a}_2 \ \cdots \ \boldsymbol{a}_n \,) \tag{4.109}$$

とおくと，$P \in \mathrm{O}(n)$ である 定理 3.18．ここで，

$$\boldsymbol{e}_1 = \begin{pmatrix} 1 \\ 0 \\ \vdots \\ 0 \end{pmatrix} \tag{4.110}$$

とおくと，(4.109) および $P^{-1}P = E_n$ より，$P^{-1}\boldsymbol{a}_1 = \boldsymbol{e}_1$ である．すなわち，(4.108) より，

$$P^{-1}\boldsymbol{x} = \|\boldsymbol{x}\|\boldsymbol{e}_1 \tag{4.111}$$

である．ここで，$P^{-1} \in \mathrm{O}(n)$ なので 注意 3.1，$\boldsymbol{x}$ と $\|\boldsymbol{x}\|\boldsymbol{e}_1$ は同じ軌道の元である．

よって，$\boldsymbol{x}, \boldsymbol{y} \in \mathbf{R}^n$ に対して，$\boldsymbol{x}$ と $\boldsymbol{y}$ が同じ軌道の元となるのは $\|\boldsymbol{x}\| = \|\boldsymbol{y}\|$ のときである．また，$\boldsymbol{x} \in \mathbf{R}^n$ の軌道の代表 §4.2.2 としては，$\|\boldsymbol{x}\|\boldsymbol{e}_1$ を選ぶことができる（図 4.10）．　　　　　　　　　　　　　　　　　　　◇

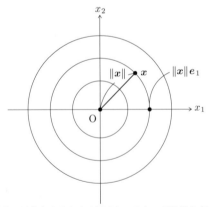

原点や原点を中心とする円ひとつひとつが軌道を表す

図 4.11　$\mathrm{O}(2)$ の作用による軌道

◇ **例 4.39**　G を群，X を空でない集合とし，G の X への自明な作用を考える．このとき，$x \in X$ の軌道は $\{x\}$ である．また，同じ軌道であるという同値関係は相等関係 例 4.27 である．　　　　　　　　　　　　　　　　　　　◇

◇ **例 4.40**　例 4.35 で述べた SO(n) の $\mathbf{R}^n$ への左からの作用を考える.

$n = 1$ のとき, SO(1) = {1} なので, 作用は自明となり, $x \in \mathbf{R}$ の軌道は $\{x\}$ である.

$n \geq 2$ のときは, 例 4.38 と同様である.　　　　　　　　　　　　　　　◇

問 4.26　例 4.35 で述べた GL($n, \mathbf{R}$) の $\mathbf{R}^n$ への左からの作用を考える. $x \in \mathbf{R}^n \setminus \{\mathbf{0}\}$ とし, $e_1 \in \mathbf{R}^n$ を (4.110) により定める. このとき, x と e_1 は同じ軌道の元であることを示せ. 🔲

補足　$\mathbf{0}$ の軌道は $\{\mathbf{0}\}$ であることと合わせると, $x, y \in \mathbf{R}^n$ に対して, x と y が同じ軌道の元となるのは $x = y = \mathbf{0}$ または $x, y \neq \mathbf{0}$ のときである. また, $x \neq \mathbf{0}$ のとき, $x \in \mathbf{R}^n$ の軌道の代表としては, e_1 を選ぶことができる.

◇ **例 4.41**　例 4.35 で述べた SL($n, \mathbf{R}$) の $\mathbf{R}^n$ への左からの作用を考える.

$n = 1$ のとき, SL(1, $\mathbf{R}$) = {1} なので, 作用は自明となり, $x \in \mathbf{R}$ の軌道は $\{x\}$ である.

$n \geq 2$ のときは, 問 4.26 と同様である.　　　　　　　　　　　　　　　◇

問 4.27　例 4.36 で述べた Iso($\mathbf{R}^n$) の $\mathbf{R}^n$ への左からの作用を考える. $x_1, x_2 \in \mathbf{R}^n$ とすると, x_1 と x_2 は同じ軌道の元であることを示せ. 🔲

補足　とくに, 任意の $x \in \mathbf{R}^n$ に対して, x の軌道は $\mathbf{R}^n$ である.

一般に, 任意の 2 個の元が同じ軌道の元となるとき, すなわち, 作用による商空間が 1 つの軌道のみからなるとき, 作用は**推移的** (transitive) であるという.

◇ **例 4.42**　例題 4.8 で述べた GL($m, \mathbf{R}$) の $M_{m,n}(\mathbf{R})$ への左からの作用を考える. 行に関する基本変形を考えることにより, 軌道の代表としては階段行列 §2.2.3 を選ぶことができる. また, $X, Y \in M_{m,n}(\mathbf{R})$ に対して, X と Y が同じ軌道の元ならば,

$$\operatorname{rank} X = \operatorname{rank} Y \tag{4.112}$$

である.　　　　　　　　　　　　　　　　　　　　　　　　　　　　　　　◇

◇ **例 4.43**　問 4.21 で述べた GL($n, \mathbf{R}$) の $M_n(\mathbf{R})$ への右からの作用を考える. $X \in M_n(\mathbf{R})$ とすると, X が対角化可能なとき, X の軌道の代表としては対角行列を選ぶことができる. また, $X, Y \in M_n(\mathbf{R})$ とし, X と Y がともに対角化可能なとき, X と Y が同じ軌道の元となるのは, X, Y の固有値が重複度も込めて一致するときである.

なお, 実際には対角化可能ではない正方行列も存在するため, この作用について

は，数を複素数の範囲まで拡げ，$\mathrm{GL}(n, \mathbf{C})$ の $M_n(\mathbf{C})$ への右からの作用を考えた方が見通しがよい．このときは，軌道の代表として，ジョルダン標準形を選ぶことができる．   ◇

本節のまとめ

☑ 群の集合への作用を考えることができる． §4.3.1

☑ 群が作用する集合の部分集合に対して，固定部分群を考えることができる． §4.3.2

☑ 固定部分群の概念を用いて，円や正多角形の対称性を説明することができる． §4.3.3 〜 §4.3.5

☑ 群が作用する集合の元に対して，軌道を考えることができる． §4.3.6

☑ 群の作用によって定められる商空間は軌道全体からなる． §4.3.6

章末問題

================ **標準問題** ================

問題 4.1 G, H を群とし，$(a,b), (a',b') \in G \times H$ に対して，(a,b) と (a',b') の積 $(a,b)(a',b') \in G \times H$ を

$$(a,b)(a',b') = (aa', bb') \tag{4.113}$$

により定める．

(1) $G \times H$ の積は結合律をみたすことを示せ．

(2) e, e' をそれぞれ G, H の単位元とすると，(e,e') は $G \times H$ の単位元であることを示せ．

(3) $(a,b) \in G \times H$ とすると，(a,b) の逆元は (a^{-1}, b^{-1}) であることを示せ．

補足 (1)〜(3) より，$G \times H$ は群となる．群 $G \times H$ を G と H の**直積群** (product group) という．

問題 4.2 G を群とする．H および K が G の部分群 定義 4.3 ならば，$H \cap K$ は G の部分群であることを示せ．

問題 4.3　次の問に答えよ.

(1) $A \in \mathrm{O}(n)$, $\boldsymbol{b} \in \mathbf{R}^n$ とすると,

$$\begin{pmatrix} A & \boldsymbol{b} \\ \boldsymbol{0} & 1 \end{pmatrix} \in \mathrm{GL}(n+1, \mathbf{R}) \tag{4.114}$$

であることを示せ. ただし, $\boldsymbol{0}$ はすべての成分が 0 の n 次の行ベクトルである.

易

(2) (1) より, $\mathrm{GL}(n+1, \mathbf{R})$ の部分集合 G を

$$G = \left\{ \begin{pmatrix} A & \boldsymbol{b} \\ \boldsymbol{0} & 1 \end{pmatrix} \middle| A \in \mathrm{O}(n),\ \boldsymbol{b} \in \mathbf{R}^n \right\} \tag{4.115}$$

により定めることができる. G は $\mathrm{GL}(n+1, \mathbf{R})$ の部分群 定義 4.3 であることを示せ.

(3) 定理 3.21 より, $f \in \mathrm{Iso}(\mathbf{R}^n)$ を $A \in \mathrm{O}(n)$ および $\boldsymbol{b} \in \mathbf{R}^n$ を用いて,

$$f(\boldsymbol{x}) = A\boldsymbol{x} + \boldsymbol{b} \quad (\boldsymbol{x} \in \mathbf{R}^n) \tag{4.116}$$

と表しておくと, (2) より, 全単射 $\Phi : \mathrm{Iso}(\mathbf{R}^n) \to G$ を

$$\Phi(f) = \begin{pmatrix} A & \boldsymbol{b} \\ \boldsymbol{0} & 1 \end{pmatrix} \tag{4.117}$$

により定めることができる. Φ は同型写像であることを示せ.

問題 4.4　$\mathbf{R}^n \times \mathbf{R}^n$ 上の二項関係 $\sim$ を, $(\boldsymbol{a}, \boldsymbol{b}), (\boldsymbol{a}', \boldsymbol{b}') \in \mathbf{R}^n \times \mathbf{R}^n$ に対して

$$\boldsymbol{b} - \boldsymbol{a} = \boldsymbol{b}' - \boldsymbol{a}' \tag{4.118}$$

となるとき, $(\boldsymbol{a}, \boldsymbol{b}) \sim (\boldsymbol{a}', \boldsymbol{b}')$ とすることにより定める. 次の (1)〜(3) を示すことにより, $\sim$ は同値関係となることを示せ.

(1) $\sim$ は反射律をみたす.　　(2) $\sim$ は対称律をみたす.　　(3) $\sim$ は推移律をみたす.

補足　$n = 2, 3$ のとき, 商集合 $(\mathbf{R}^n \times \mathbf{R}^n)/\!\sim$ はそれぞれ平面ベクトル, 空間ベクトル全体からなる集合に他ならない (図 4.12).

問題 4.5　G を群とし, $a \in G$ とする. このとき, 写像 $i_a : G \to G$ を

$$i_a(g) = aga^{-1} \quad (g \in G) \tag{4.119}$$

により定める. 次の問に答えよ.

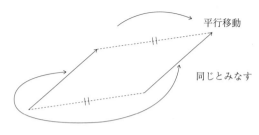

図 4.12 平面ベクトル

(1) i_a は全射 定義 2.9 であることを示せ.

(2) i_a は単射 定義 2.9 であることを示せ.

(3) i_a は同型写像 定義 4.4 であることを示せ.

補足 i_a を**内部自己同型写像** (inner automorphism) という.

(4) 写像 $\varphi : G \times G \to G$ を

$$\varphi(a, g) = i_a(g) \quad ((a, g) \in G \times G) \tag{4.120}$$

により定める. このとき, G は G に左から作用することを示せ.

問題 4.6 G を群とする. 次の問に答えよ.

(1) H を G の部分群 定義 4.3 とし, $b \in G$ とする. このとき, $bHb^{-1} \subset G$ を

$$bHb^{-1} = \{bab^{-1} \,|\, a \in H\} \tag{4.121}$$

により定める. bHb^{-1} は G の部分群であることを示せ.

(2) X を空でない集合とし, G が X に左から作用しているとする. さらに, $Y \subset X$, $Y \neq \emptyset$ とし, $b \in G$ とする. このとき,

$$G_{bY} = bG_Y b^{-1} \tag{4.122}$$

であることを示せ. ㊞

━━━━━━━━━━━━━ **発展問題** ━━━━━━━━━━━━━

問題 4.7 X を空でない集合, R を X 上の二項関係とし, $a, b \in X$ が R をみたすとき, aRb と表すことにする. 次の (i)〜(iii) がなりたつとき, R を**順序関係** (order relation) という.

(i) 任意の $a \in X$ に対して，aRa である．（**反射律**）

(ii) 任意の $a, b \in X$ に対して，aRb かつ bRa ならば $a = b$ である．（**反対称律**：anti-symmetric law）

(iii) 任意の $a, b, c \in X$ に対して，aRb かつ bRc ならば aRc である．（**推移律**）

　例えば，**N**，**Z**，**Q**，**R** 上の大小関係 $\leq$ は順序関係となる．また，X を集合とすると，定理 1.5 より，包含関係 $\subset$ はべき集合 2^X 問題 1.5 上の順序関係となる．

　X を空でない集合とし，X を定義域とする実数値関数全体の集合を $F(X)$ とおく．このとき，$F(X)$ 上の二項関係 R を，$f, g \in F(X)$ に対して $f(x) \leq g(x)$ が任意の $x \in X$ に対してなりたつとき，fRg とすることにより定める．次の問を示すことにより，R は順序関係となることを示せ．

(1) R は反射律をみたす． 重要　　　(2) R は反対称律をみたす． 重要

(3) R は推移律をみたす． 重要

問題 4.8　G を群，X を空でない集合とし，G が X に左から作用しているとする．このとき，$a \in G$ に対して，写像 $\varphi(a) : X \to X$ を

$$\varphi(a)(x) = ax \quad (x \in X) \tag{4.123}$$

により定める．次の問に答えよ．

(1) $\varphi(a)$ は全射 定義 2.9 であることを示せ．

(2) $\varphi(a)$ は単射 定義 2.9 であることを示せ．

(3) X から X への全単射全体の集合を $S(X)$ と表す．このとき，$S(X)$ は写像の合成に関して群となる．例えば，$n \in \mathbf{N}$ とし，

$$X = \{1, 2, \ldots, n\} \tag{4.124}$$

のときは，$S(X)$ は n 次の対称群 S_n である 例 4.11．また，(1)，(2) より，$\varphi(a) \in S(X)$ である．$\varphi(a)$ は準同型写像 $\varphi : G \to S(X)$ 定義 4.4 を定めることを示せ．

(4) $\varphi : G \to S(X)$ を準同型写像とし，写像 $\overset{\text{プサイ}}{\psi} : G \times X \to X$ を

$$\psi(a, x) = \varphi(a)(x) \quad ((a, x) \in G \times X) \tag{4.125}$$

により定める．このとき，G は X に左から作用することを示せ． 難

4

群とその作用

第5章

2次超曲面

5.1　2次超曲面と群の作用

　1つの未知変数についての2次方程式は，未知変数の個数を増やすことによって一般化することができる．本章では，複数の未知変数についての2次方程式を2次超曲面として幾何学的に捉える．とくに，本節では，2次超曲面全体の集合へのユークリッド空間の等長変換群の作用について述べ，2次超曲面を等長変換で写すことによって標準形に変形するということは，群の作用の立場からは，商空間の各軌道の中からしかるべき代表を選ぶことであることを見る．

§5.1.1　2次方程式の解

実数を係数とする未知変数 x についての2次方程式は

$$ax^2 + 2bx + c = 0 \tag{5.1}$$

と表すことができる．ただし，$a, b, c \in \mathbf{R}$, $a \neq 0$ である．なお，(5.1) 左辺の x の係数を $2b$ としているのは，後の計算で余計な定数が現れないようにするためである．

ここでは，(5.1) の実数解について考えよう．まず，(5.1) 左辺は

$$ax^2 + 2bx + c = a\left(x^2 + \frac{2b}{a}x\right) + c = a\left\{\left(x + \frac{b}{a}\right)^2 - \frac{b^2}{a^2}\right\} + c$$

$$= a\left(x + \frac{b}{a}\right)^2 - \frac{b^2 - ac}{a} \tag{5.2}$$

と変形することができる[1]．よって，(5.1) は

---

[1] 平方完成とよばれる初等的な変形であるが，次節以降でも基本的な考え方となるため，改めて述べることにする．

$$\left(x + \frac{b}{a}\right)^2 = \frac{b^2 - ac}{a^2} \tag{5.3}$$

と同値である.

ここで, $x \in \mathbf{R}$ のとき, (5.3) 左辺は常に 0 以上となる. したがって, $b^2 - ac < 0$ のとき, (5.1) の実数解は存在しない. 一方, $b^2 - ac \geq 0$ のとき, (5.3) より,

$$x + \frac{b}{a} = \pm\frac{\sqrt{b^2 - ac}}{a} \tag{5.4}$$

となる. すなわち, (5.1) の実数解は

$$x = \frac{-b \pm \sqrt{b^2 - ac}}{a} \tag{5.5}$$

となり, これはよく知られた 2 次方程式の解の公式である. とくに, $b^2 - ac = 0$ のとき, (5.5) の解は

$$x = -\frac{b}{a} \tag{5.6}$$

の 1 つのみであるが, $b^2 - ac > 0$ のとき, (5.5) の解は 2 つ存在する.

§5.1.2 2 次超曲面の定義と例 ⋯⋯⋯⋯⋯⋯⋯⋯⋯⋯⋯⋯⋯⋯⋯◇◇◇

2 次方程式 (5.1) を未知変数の個数を増やすことによって一般化しよう. まず, $n \in \mathbf{N}$ とすると, 実数を係数とする n 個の未知変数 $x_1, x_2, \ldots, x_n$ についての 2 次方程式は

$$\sum_{i,j=1}^{n} a_{ij} x_i x_j + 2\sum_{i=1}^{n} b_i x_i + c = 0 \tag{5.7}$$

と表すことができる. ただし, $a_{ij}, b_i, c \in \mathbf{R}$ $(i, j = 1, 2, \ldots, n)$ であり, (5.7) が 2 次方程式であることから, $a_{11}, a_{12}, \ldots, a_{nn}$ の内の少なくとも 1 つは 0 ではない.

以下では, §5.1.1 のように, $x_1, x_2, \ldots, x_n$ がすべて実数であるような (5.7) の解について考えることにしよう. §5.1.1 で述べた $n = 1$ のときと異なり, $n \geq 2$ のときは (5.7) の解を (5.5) のように具体的に表すことは困難となる. そこで, $\boldsymbol{x} \in \mathbf{R}^n$ を

$$\boldsymbol{x} = \begin{pmatrix} x_1 \\ x_2 \\ \vdots \\ x_n \end{pmatrix} \tag{5.8}$$

により定める．(5.7) の解は $\mathbf{R}^n$ の元を表すことに注目し，(5.7) の解全体の集合を $\mathbf{R}^n$ の部分集合とみなすことにしよう．すなわち，2 次方程式の解全体をユークリッド空間内の図形とみなすのである．そして，次のように定める．

> **定義 5.1**　(5.7) あるいは (5.7) の解 $\boldsymbol{x} \in \mathbf{R}^n$ 全体の集合を **2 次超曲面** (quadratic hypersurface) という．$n = 2, 3$ のときの 2 次超曲面をそれぞれ **2 次曲線** (quadratic curve)，**2 次曲面** (quadratic surface) ともいう．

まず，$n = 1$ のときについて，改めて述べておこう．

◇ **例 5.1**　2 次方程式 (5.1) の実数解全体の集合を X とおき，X を $\mathbf{R}$ の部分集合とみなす．このとき，§5.1.1 で述べたことから，

$$X = \begin{cases} \emptyset & (b^2 - ac < 0), \\ \left\{ -\dfrac{b}{a} \right\} & (b^2 - ac = 0), \\ \left\{ \dfrac{-b \pm \sqrt{b^2 - ac}}{a} \right\} & (b^2 - ac > 0) \end{cases} \tag{5.9}$$

である．　　　　　　　　　　　　　　　　　　　　　　　　　　　　　◇

また，2 次曲線と 2 次曲面の例を挙げておこう．

◇ **例 5.2**（楕円）　$a, b > 0$ とすると，未知変数 x, y についての 2 次方程式

$$\frac{x^2}{a^2} + \frac{y^2}{b^2} = 1 \tag{5.10}$$

は楕円を表す 2 次曲線である（図 5.1）．とくに，$a = b$ のとき，(5.10) は円を表す．
　　　　　　　　　　　　　　　　　　　　　　　　　　　　　　　　　　◇

! **注意 5.1**　(5.10) 右辺は 0 ではないが，方程式を変形し，このように表すことがある．以下の例についても同様である．

◇ **例 5.3**（双曲線）　$a, b > 0$ とすると，未知変数 x, y についての 2 次方程式

$$\frac{x^2}{a^2} - \frac{y^2}{b^2} = 1 \tag{5.11}$$

は双曲線を表す 2 次曲線である（図 5.2）.   ◇

◇ **例 5.4**（放物線）　$a > 0$ とすると，未知変数 x, y についての 2 次方程式

$$x^2 = 2ay \tag{5.12}$$

は放物線を表す 2 次曲線である（図 5.3）.   ◇

◇ **例 5.5**（球面）　$r > 0$ とすると，未知変数 x, y, z についての 2 次方程式

$$x^2 + y^2 + z^2 = r^2 \tag{5.13}$$

は球面を表す 2 次曲面である（図 5.4）.   ◇

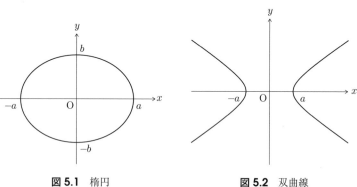

図 5.1　楕円   **図 5.2**　双曲線

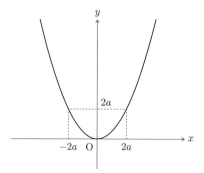

図 5.3　放物線   **図 5.4**　球面

§5.1.3　2 次超曲面の表示 ·· ◇◇◇

2 次超曲面 (5.7) を考えよう. $n \geq 2$ のとき, $i, j = 1, 2, \ldots, n$, $i \neq j$ とすると, $x_i x_j = x_j x_i$ であることより, a_{ij}, a_{ji} は一意的ではない. しかし, $a_{ij} = a_{ji}$ という条件をみたす a_{ij}, a_{ji} は一意的である（図 5.5）. 以下では, このようにしておく. すなわち, $i = j$ のときも合わせると,

$$a_{ij} = a_{ji} \quad (i, j = 1, 2, \ldots, n) \tag{5.14}$$

である.

$$px_i x_j + qx_j x_i$$
$$= \tfrac{p+q}{2}x_i x_j + \tfrac{p+q}{2}x_j x_i \ (\because x_i x_j = x_j x_i)$$
$$\Rightarrow a_{ij} = a_{ji} = \tfrac{p+q}{2}$$

図 5.5　条件 $a_{ij} = a_{ji}$ のもとでの a_{ij}, a_{ji} の一意性

このとき, $a_{11}, a_{12}, \ldots, a_{nn}$ の内の少なくとも 1 つは 0 ではないことから, 零行列ではない対称行列 $A \in M_n(\mathbf{R})$ 問題 1.4 および $\boldsymbol{b} \in \mathbf{R}^n$ を

$$A = \begin{pmatrix} a_{11} & a_{12} & \cdots & a_{1n} \\ a_{21} & a_{22} & \cdots & a_{2n} \\ \vdots & \vdots & \ddots & \vdots \\ a_{n1} & a_{n2} & \cdots & a_{nn} \end{pmatrix}, \quad \boldsymbol{b} = \begin{pmatrix} b_1 \\ b_2 \\ \vdots \\ b_n \end{pmatrix} \tag{5.15}$$

により定めることができる. さらに, (5.8), (5.15) より,

$${}^t\boldsymbol{x}A\boldsymbol{x} = (\, x_1 \ x_2 \ \cdots \ x_n \,) \begin{pmatrix} \sum\limits_{j=1}^{n} a_{1j}x_j \\ \sum\limits_{j=1}^{n} a_{2j}x_j \\ \vdots \\ \sum\limits_{j=1}^{n} a_{nj}x_j \end{pmatrix} = \sum_{i=1}^{n} x_i \sum_{j=1}^{n} a_{ij}x_j = \sum_{i,j=1}^{n} a_{ij}x_i x_j$$

$$\tag{5.16}$$

5

2次超曲面

である [2]. また,

$$
{}^t\boldsymbol{b}\boldsymbol{x} = (\, b_1\ b_2\ \cdots\ b_n\,) \begin{pmatrix} x_1 \\ x_2 \\ \vdots \\ x_n \end{pmatrix} = \sum_{i=1}^{n} b_i x_i \tag{5.17}
$$

である. よって, (5.7) は

$$
{}^t\boldsymbol{x}A\boldsymbol{x} + 2\,{}^t\boldsymbol{b}\boldsymbol{x} + c = 0 \tag{5.18}
$$

と表すことができる. すなわち, 2 次超曲面は $A \in \mathrm{Sym}(n) \setminus \{O\}$ 問題 1.4 ,
$\boldsymbol{b} \in \mathbf{R}^n$ および $c \in \mathbf{R}$ を用いて, $\boldsymbol{x}$ についての 2 次方程式 (5.18) あるいは
$\mathbf{R}^n$ の部分集合

$$
\{\boldsymbol{x} \in \mathbf{R}^n \mid {}^t\boldsymbol{x}A\boldsymbol{x} + 2\,{}^t\boldsymbol{b}\boldsymbol{x} + c = 0\} \tag{5.19}
$$

として表されることが分かった.

§5.1.4 2 次超曲面の変換 ·· ◇◇◇

　ここで, $\mathbf{R}^n$ に対しては等長変換というユークリッド距離を保つ全単射が
定められたことを思い出そう 定義 3.8 . $\mathbf{R}^n$ の部分集合として表される 2 次超
曲面 (5.19) は等長変換による像を考えることにより, 新たな $\mathbf{R}^n$ の部分集合
へと写る. このとき, 次がなりたつ.

> **定理 5.1**　$\mathbf{R}^n$ の等長変換は $\mathbf{R}^n$ 内の 2 次超曲面を $\mathbf{R}^n$ 内の 2 次超曲面へ
> 写す.

【証明】　定理 3.21 で示した等長変換の具体的表示 (3.89) より, ほとんど明らかで
あるが, 後の議論のために, 2 次超曲面 (5.19) を定める条件式である (5.18) が等長
変換によって, どのように変わるのかを計算しておこう.

　$f \in \mathrm{Iso}(\mathbf{R}^n)$ とする. このとき, $f^{-1} \in \mathrm{Iso}(\mathbf{R}^n)$ である 定理 3.20 (2) . さらに,
$\boldsymbol{x} \in \mathbf{R}^n$ に対して, $\boldsymbol{y} = f(\boldsymbol{x})$ とおくと, $\boldsymbol{x} = f^{-1}(\boldsymbol{y})$ である. これを (5.18) に代
入すると,

$$
{}^t(f^{-1}(\boldsymbol{y}))Af^{-1}(\boldsymbol{y}) + 2\,{}^t\boldsymbol{b}f^{-1}(\boldsymbol{y}) + c = 0 \tag{5.20}
$$

---

[2] 1 次行列 (a) をスカラー a と同一視している.

である．ここで，定理 3.21 より，ある $P \in \mathrm{O}(n)$ および $\boldsymbol{q} \in \mathbf{R}^n$ が存在し，

$$f^{-1}(\boldsymbol{y}) = P\boldsymbol{y} + \boldsymbol{q} \tag{5.21}$$

となる．(5.21) を (5.20) に代入すると，

$$^t(P\boldsymbol{y} + \boldsymbol{q})A(P\boldsymbol{y} + \boldsymbol{q}) + 2^t\boldsymbol{b}(P\boldsymbol{y} + \boldsymbol{q}) + c = 0 \tag{5.22}$$

である．よって，次の (1)，(2) を示せばよい．

(1) $^t\boldsymbol{y}(^tPAP)\boldsymbol{y} + 2^t(A\boldsymbol{q} + \boldsymbol{b})P\boldsymbol{y} + {}^t\boldsymbol{q}A\boldsymbol{q} + 2^t\boldsymbol{b}\boldsymbol{q} + c = 0.$

(2) $^tPAP \in \mathrm{Sym}(n) \setminus \{O\}.$

　(1)，(2) の証明はそれぞれ例題 5.1，問 5.1 とする．なお，(1) が 2 次超曲面を表すことを示すには $^tPAP \neq O$ であることを示すだけで十分であるが，後の議論では (2) のように ^tPAP が対称行列となることが重要なポイントとなる．　□

例題 5.1　定理 5.1 の証明において，(1) を示せ．

解説　問題 2.9 (1) を用いて，1 次行列および A は対称行列であることに注意すると，

$$
\begin{aligned}
{}^t(P\boldsymbol{y} + \boldsymbol{q})A(P\boldsymbol{y} + \boldsymbol{q}) &= (^t\boldsymbol{y}{}^tP + {}^t\boldsymbol{q})(AP\boldsymbol{y} + A\boldsymbol{q}) \\
&= {}^t\boldsymbol{y}(^tPAP)\boldsymbol{y} + {}^t\boldsymbol{y}{}^tPA\boldsymbol{q} + {}^t\boldsymbol{q}AP\boldsymbol{y} + {}^t\boldsymbol{q}A\boldsymbol{q} \\
&= {}^t\boldsymbol{y}(^tPAP)\boldsymbol{y} + {}^t(^t\boldsymbol{y}{}^tPA\boldsymbol{q}) + {}^t\boldsymbol{q}{}^tAP\boldsymbol{y} + {}^t\boldsymbol{q}A\boldsymbol{q} \\
&= {}^t\boldsymbol{y}(^tPAP)\boldsymbol{y} + {}^t(A\boldsymbol{q})^t(^tP)^t(^t\boldsymbol{y}) + {}^t(A\boldsymbol{q})P\boldsymbol{y} + {}^t\boldsymbol{q}A\boldsymbol{q} \\
&= {}^t\boldsymbol{y}(^tPAP)\boldsymbol{y} + 2^t(A\boldsymbol{q})P\boldsymbol{y} + {}^t\boldsymbol{q}A\boldsymbol{q}
\end{aligned}
\tag{5.23}
$$

となる．よって，(5.22) は (1) と同値である．　□

問 5.1　定理 5.1 の証明において，(2) を示せ．🔺

§5.1.5　等長変換群の作用 ·····································◇◇◇

　§5.1.1 で述べた 1 変数のときとは異なり，2 変数以上のときは 2 次超曲面 (5.19) が $\mathbf{R}^n$ のどのような部分集合を表すのかは一般には判別し難い．そこで，定理 5.1 に注目し，ユークリッド空間の等長変換，すなわち，回転，鏡映，平行移動といった操作 §3.3 を何回か施すことで写り合う 2 次超曲面は同

じものであるとみなそう. そもそも, 例えば, 例 5.2 で述べた楕円は (5.10)
のように表されるものばかりではなく, (5.10) の楕円に対して, 回転, 鏡映,
平行移動といった操作を何回か施して得られるものもすべて同じ楕円なので
ある. そしてこのことは, 双曲線 例 5.3 , 放物線 例 5.4 , 球面 例 5.5 について
も同様である. そこで, (5.19) を例 5.2〜例 5.5 の (5.10)〜(5.13) で表したよ
うな**標準形**とよばれる理解しやすい形に変形することを考えよう. このこと
は群の作用 §4.3 として次のように述べることができる.

まず, 2 次超曲面 (5.19) を定める条件式である (5.18) の左辺に注目し, X
を n 変数の 2 次多項式で表される $\mathbf{R}^n$ 上の実数値関数全体の集合とする. す
なわち,

$$X = \{\alpha : \mathbf{R}^n \to \mathbf{R} \mid \alpha は n 変数の 2 次多項式で表される \} \qquad (5.24)$$

である. さらに, $f \in \mathrm{Iso}(\mathbf{R}^n)$ および $\alpha \in X$ に対して, 実数値関数
$\varphi(f, \alpha) : \mathbf{R}^n \to \mathbf{R}$ を

$$\varphi(f, \alpha)(\boldsymbol{x}) = \alpha(f^{-1}(\boldsymbol{x})) \quad (\boldsymbol{x} \in \mathbf{R}^n) \qquad (5.25)$$

により定める. このとき, 定理 5.1 の証明より, $\varphi(f, \alpha)$ は n 変数の 2 次多
項式で表される. すなわち, $\varphi(f, \alpha) \in X$ である. よって, $\varphi(f, \alpha)$ は写像
$\varphi : \mathrm{Iso}(\mathbf{R}^n) \times X \to X$ を定める. このとき, 次がなりたつ.

‖ **定理 5.2**　$\mathrm{Iso}(\mathbf{R}^n)$ は X に左から作用する.

【**証明**】 群の作用の定義 定義 4.7 の条件 (1), (2) がなりたつことを示せばよい. 条
件 (1) の証明は例題 5.2 とし, 条件 (2) の証明は問 5.2 とする. 　　　□

例題 5.2　定理 5.2 の証明において, 条件 (1) がなりたつことを示せ.

解説 $\mathrm{Iso}(\mathbf{R}^n)$ の積は写像の合成であることに注意する 例 4.3 . また, $\varphi(f, \alpha)$ を
$f\alpha$ と表す 定義 4.7 .

$f, g \in \mathrm{Iso}(\mathbf{R}^n)$, $\alpha \in X$, $\boldsymbol{x} \in \mathbf{R}^n$ とすると, (5.25) および問 2.21 補足より,

$$(f(g\alpha))(\boldsymbol{x}) = (g\alpha)(f^{-1}(\boldsymbol{x})) = \alpha(g^{-1}(f^{-1}(\boldsymbol{x}))) = \alpha((g^{-1} \circ f^{-1})(\boldsymbol{x}))$$
$$= \alpha((f \circ g)^{-1}(\boldsymbol{x})) = ((f \circ g)\alpha)(\boldsymbol{x}) \qquad (5.26)$$

となる．すなわち，

$$(f(g\alpha))(\boldsymbol{x}) = ((f \circ g)\alpha)(\boldsymbol{x}) \tag{5.27}$$

である．よって，

$$f(g\alpha) = (f \circ g)\alpha \tag{5.28}$$

となり，条件 (1) がなりたつ． $\square$

問 5.2 定理 5.2 の証明において，条件 (2) がなりたつことを示せ． ▣▣

定理 5.2 より，2 次超曲面を等長変換で写すことによって標準形に変形するということは，群の作用の立場から捉えると，$\mathrm{Iso}(\mathbf{R}^n)$ の X への作用に関して，商空間 $\mathrm{Iso}(\mathbf{R}^n)\backslash X$ の各軌道 §4.3.6 の中からしかるべき代表 §4.2.2 を選ぶことである，ということができる．

§5.1.6 直交群の作用 ·····································◇◇◇

商空間 $\mathrm{Iso}(\mathbf{R}^n)\backslash X$ の軌道の中から代表を選ぶに際し，まず，2 次超曲面を定める式の 2 次の項に注目しよう．定理 5.1 の証明を振り返ると，2 次超曲面 (5.18) は等長変換 $f \in \mathrm{Iso}(\mathbf{R}^n)$ を作用させることによって，2 次の項が A から ${}^t PAP$ へと変わっている．よって，${}^t PAP$ が標準形とよぶべき形に変形できるかどうかを考えるべきであろう．実は，この部分にも群の作用が現れている．まず，定理 5.1 の証明の (2) より，写像

$$\psi : (\mathrm{Sym}(n) \backslash \{O\}) \times \mathrm{O}(n) \to \mathrm{Sym}(n) \backslash \{O\} \tag{5.29}$$

を

$$\psi(A, P) = {}^t PAP \quad ((A, P) \in (\mathrm{Sym}(n) \backslash \{O\}) \times \mathrm{O}(n)) \tag{5.30}$$

により定めることができる．このとき，次がなりたつ．証明は問 5.3 としよう．

‖ **定理 5.3** $\mathrm{O}(n)$ は $\mathrm{Sym}(n) \backslash \{O\}$ に右から作用する．

問 5.3 定理 5.3 を示せ． ▣▣

次は，$\mathrm{O}(n)$ の $\mathrm{Sym}(n) \backslash \{O\}$ への作用に関して，商空間 $(\mathrm{Sym}(n) \backslash \{O\})/\mathrm{O}(n)$ の各軌道の中からしかるべき代表を選ぶことを考えよう．

5

2次超曲面

§5.1.7 対称行列の対角化 ···◇◇◇

商空間 $(\mathrm{Sym}(n) \setminus \{O\})/\mathrm{O}(n)$ の各軌道の代表としては，いつでも対角行列を選ぶことができる．対称行列として零行列 O も含めて考えると，このことは次の定理がなりたつことに他ならない．

> **定理 5.4** 任意の対称行列は直交行列によって対角化可能である．すなわち，任意の $A \in \mathrm{Sym}(n)$ に対して，ある $P \in \mathrm{O}(n)$ が存在し，$P^{-1}AP = {}^t PAP$ 注意 3.1 は対角行列となる．

✐ 注意 5.2 定理 5.4 において，対称行列を対角化する直交行列は，必要ならば列のいずれかを -1 倍することにより，行列式を 1 とすることができる．すなわち，$P \in \mathrm{SO}(n)$ とすることができる．

なお，直交行列によって対角化可能な実正方行列は対称行列であることは比較的容易に示すことができる．このことは次の問としよう．とくに，実正方行列に対しては，直交行列によって対角化可能であることと対称行列であることは同値である．

問 5.4 $A \in M_n(\mathbf{R})$ に対して，ある $P \in \mathrm{O}(n)$ が存在し，$P^{-1}AP$ が対角行列となるとする．このとき，A は対称行列であることを示せ．

定理 5.4 を示すには，次の定理 5.5 および定理 5.6 を用いる．

> **定理 5.5** 対称行列の固有値はすべて実数である [3]．

【証明】 $A \in \mathrm{Sym}(n)$ とする．A を複素行列とみなすと，A のすべての成分は実数なので，

$$\bar{A} = A \tag{5.31}$$

である 問題 1.3 補足．また，$\boldsymbol{x} \in \mathbf{C}^n \setminus \{\boldsymbol{0}\}$ を固有値 $\lambda \in \mathbf{C}$ に対する A の固有ベクトルとする．すなわち，

$$A\boldsymbol{x} = \lambda\boldsymbol{x} \tag{5.32}$$

である．(5.32) の両辺のすべての成分を共役複素数に代えると，(5.31) より，

---

[3] 実正方行列の固有値は実数の範囲で考えることもあるが，ここでは，対称行列を複素行列とみなした上で，その固有方程式の解が実数解のみからなるということを主張している．

$$A\bar{\boldsymbol{x}} = \bar{\lambda}\bar{\boldsymbol{x}} \tag{5.33}$$

となる．よって，問題 1.3 (2)，問題 2.9 (1) および $^tA = A$ より，

$$\bar{\lambda}\,^t\bar{\boldsymbol{x}}\boldsymbol{x} = (\bar{\lambda}\,^t\bar{\boldsymbol{x}})\boldsymbol{x} = \,^t(\bar{\lambda}\bar{\boldsymbol{x}})\boldsymbol{x} = \,^t(A\bar{\boldsymbol{x}})\boldsymbol{x} = (\,^t\bar{\boldsymbol{x}}\,^tA)\boldsymbol{x} = (\,^t\bar{\boldsymbol{x}}A)\boldsymbol{x} = \,^t\bar{\boldsymbol{x}}(A\boldsymbol{x})$$
$$= \,^t\bar{\boldsymbol{x}}(\lambda\boldsymbol{x}) = \lambda\,^t\bar{\boldsymbol{x}}\boldsymbol{x} \tag{5.34}$$

となる．すなわち，

$$(\lambda - \bar{\lambda})\,^t\bar{\boldsymbol{x}}\boldsymbol{x} = 0 \tag{5.35}$$

である．ここで，$\boldsymbol{x} \neq \boldsymbol{0}$ なので，

$$\boldsymbol{x} = \begin{pmatrix} x_1 \\ x_2 \\ \vdots \\ x_n \end{pmatrix} \tag{5.36}$$

とおくと，

$$^t\bar{\boldsymbol{x}}\boldsymbol{x} = |x_1|^2 + |x_2|^2 + \cdots + |x_n|^2 > 0 \tag{5.37}$$

となる．ただし，複素数 $z \in \mathbf{C}$ の絶対値を $|z|$ と表した．したがって，(5.35) より，

$$\lambda - \bar{\lambda} = 0, \tag{5.38}$$

すなわち，$\lambda = \bar{\lambda}$ となり，$\lambda \in \mathbf{R}$ である．以上より，対称行列の固有値はすべて実数である． $\square$

> **定理 5.6** 固有値がすべて実数である任意の実正方行列は直交行列によって上三角化可能である．すなわち，$A \in M_n(\mathbf{R})$ に対して，A の固有値がすべて実数ならば，ある $P \in \mathrm{O}(n)$ が存在し，$P^{-1}AP$ は上三角行列 例 3.6 となる．

【証明】 n に関する数学的帰納法により示す．

$n = 1$ のとき，A は初めから上三角行列である．また，$P = E_1$ とすると，$P \in \mathrm{O}(1)$ であり，

$$P^{-1}AP = A \tag{5.39}$$

である．よって，A は上三角化可能である．

$k \in \mathbf{N}$ とし，$n = k$ のとき，定理 5.6 がなりたつと仮定する．$A \in M_{k+1}(\mathbf{R})$ と

し，A の固有値がすべて実数であるとする．$\lambda_1 \in \mathbf{R}$ を A の1つの固有値とすると，固有値 λ_1 に対する A の固有ベクトルとして，$\boldsymbol{x}_1 \in \mathbf{R}^n$ を選ぶことができる．このとき，$\mathbf{R}^n$ の正規直交基底 $\{\boldsymbol{q}_1, \boldsymbol{q}_2, \ldots, \boldsymbol{q}_{k+1}\}$ を

$$\boldsymbol{q}_1 = \frac{1}{\|\boldsymbol{x}_1\|} \boldsymbol{x}_1 \tag{5.40}$$

となるように選んでおく．さらに，

$$Q = (\boldsymbol{q}_1 \ \boldsymbol{q}_2 \ \cdots \ \boldsymbol{q}_{k+1}) \tag{5.41}$$

とおくと，$Q \in \mathrm{O}(k+1)$ である 定理 3.18．また，

$$A\boldsymbol{q}_1 = A\left(\frac{1}{\|\boldsymbol{x}_1\|}\boldsymbol{x}_1\right) = \frac{1}{\|\boldsymbol{x}_1\|}A\boldsymbol{x}_1 = \frac{1}{\|\boldsymbol{x}_1\|} \cdot \lambda_1 \boldsymbol{x}_1 = \lambda_1 \boldsymbol{q}_1 \tag{5.42}$$

となる．よって，$\boldsymbol{0}, {}^t\boldsymbol{b} \in \mathbf{R}^k, C \in M_k(\mathbf{R})$ として，

$$A(\boldsymbol{q}_1 \ \boldsymbol{q}_2 \ \cdots \ \boldsymbol{q}_{k+1}) = (\boldsymbol{q}_1 \ \boldsymbol{q}_2 \ \cdots \ \boldsymbol{q}_{k+1})\begin{pmatrix} \lambda_1 & \boldsymbol{b} \\ \boldsymbol{0} & C \end{pmatrix} \tag{5.43}$$

と表すことができる．すなわち，(5.41) より，

$$Q^{-1}AQ = \begin{pmatrix} \lambda_1 & \boldsymbol{b} \\ \boldsymbol{0} & C \end{pmatrix} \tag{5.44}$$

となる．ここで，定理 3.9 および例題 3.2 より，重複度も込めた A の固有値全体は C の固有値全体に λ_1 を加えたものである．とくに，A の固有値はすべて実数なので，C の固有値もすべて実数である．したがって，帰納法の仮定より，ある $R \in \mathrm{O}(k)$ が存在し，$R^{-1}CR$ は上三角行列となる．そこで，

$$P = Q\begin{pmatrix} 1 & \boldsymbol{0} \\ \boldsymbol{0} & R \end{pmatrix} \tag{5.45}$$

とおくと，$P^{-1}AP$ は上三角行列となる．このことは問 5.5 としよう．

以上より，定理 5.6 がなりたつ．　　　　　　　　　　　　　　　　　　□

問 5.5　定理 5.6 の証明において，$n = k+1$ のとき，$P^{-1}AP$ が上三角行列となることを示せ．

問 5.6　定理 5.5，定理 5.6 を用いることにより，定理 5.4 を示せ．

✐注意 5.3　対称行列 A の直交行列による対角化は次の (1)〜(5) の手順で行えば

よい.

(1) A の固有多項式を計算する.

(2) A の固有値を求める. このとき, すべての固有値は実数となる 定理 5.5 .

(3) A の各固有値に対する固有空間の正規直交基底を求める.

(4) (3) で求めた正規直交基底を列ベクトルとして並べて得られる正方行列を P とおく. このとき, P は直交行列となる 定理 3.18 .

(5) $P^{-1}AP$ は対角行列となる.

なお, (3) の正規直交基底はグラム・シュミットの直交化法 [4] とよばれる方法を用いて計算することができるが, 以下の議論では, P を具体的に求める必要はなく, (2) までの計算で十分である.

§5.1.8 対称行列が正則な場合 ◇◇◇

次節で一般の場合の 2 次超曲面の標準形を求める前に, 本項では (5.18), (5.19) の $A \in \mathrm{Sym}(n) \setminus \{O\}$ が正則な場合を考えてみよう.

まず, 定理 5.1 の証明で述べたように, (5.18) は $P \in \mathrm{O}(n)$ および $\boldsymbol{q} \in \mathbf{R}^n$ に対して,

$$\boldsymbol{x} = P\boldsymbol{y} + \boldsymbol{q} \tag{5.46}$$

とおくことにより,

$$^t\boldsymbol{y}(^tPAP)\boldsymbol{y} + 2\,^t(A\boldsymbol{q} + \boldsymbol{b})P\boldsymbol{y} + {}^t\boldsymbol{q}A\boldsymbol{q} + 2\,^t\boldsymbol{b}\boldsymbol{q} + c = 0 \tag{5.47}$$

となる. ここで, A が正則であるとすると, A が対称行列であることとあわせて, A のすべての固有値は 0 ではない実数である 定理 5.5 [5]. これらの固有値を重複度も込めて $\lambda_1, \lambda_2, \ldots, \lambda_n \in \mathbf{R} \setminus \{0\}$ とする. このとき, 定理 5.4 を用いて, $P \in \mathrm{O}(n)$ を

$$^tPAP = \begin{pmatrix} \lambda_1 & & & \text{\Large 0} \\ & \lambda_2 & & \\ & & \ddots & \\ \text{\Large 0} & & & \lambda_n \end{pmatrix} \tag{5.48}$$

---

[4] 詳しくは, 例えば, あとがきの参考文献 [2] を見よ.

[5] A の正則性より, 連立 1 次方程式 $A\boldsymbol{x} = \boldsymbol{0}$ は自明な解しかもたず, 0 は固有値にはならない.

となるように選んでおく. また, A は正則なので, A の逆行列 A^{-1} が存在する. よって, $\boldsymbol{q} \in \mathbf{R}^n$ を

$$\boldsymbol{q} = -A^{-1}\boldsymbol{b} \tag{5.49}$$

により定めることができる. (5.48), (5.49) より,

$$\boldsymbol{y} = \begin{pmatrix} y_1 \\ y_2 \\ \vdots \\ y_n \end{pmatrix} \tag{5.50}$$

とおくと, (5.47) は

$$\lambda_1 y_1^2 + \lambda_2 y_2^2 + \cdots + \lambda_n y_n^2 + {}^t\boldsymbol{q}A\boldsymbol{q} + 2{}^t\boldsymbol{b}\boldsymbol{q} + c = 0 \tag{5.51}$$

となる.

(5.51) はすでに標準形とよぶべき形になっているが, 次の問のように, 定数項はさらに計算することができる.

問5.7　(5.18) を変形して得られた (5.51) に関して, $\tilde{A} \in M_{n+1}(\mathbf{R})$ を

$$\tilde{A} = \begin{pmatrix} A & \boldsymbol{b} \\ {}^t\boldsymbol{b} & c \end{pmatrix} \tag{5.52}$$

により定める. 次の問に答えよ.
(1) (5.49) を用いて, 行列の積

$$\begin{pmatrix} A & \boldsymbol{b} \\ {}^t\boldsymbol{b} & c \end{pmatrix} \begin{pmatrix} E_n & \boldsymbol{q} \\ \boldsymbol{0} & 1 \end{pmatrix} \tag{5.53}$$

を計算することにより,

$${}^t\boldsymbol{b}\boldsymbol{q} + c = \frac{|\tilde{A}|}{|A|} \tag{5.54}$$

であることを示せ.
(2) (5.51) は

$$\lambda_1 y_1^2 + \lambda_2 y_2^2 + \cdots + \lambda_n y_n^2 + \frac{|\tilde{A}|}{|A|} = 0 \tag{5.55}$$

となることを示せ. 重要✿

(3) $n = 2$ のとき，(5.55) が楕円を表すための条件を λ_1, λ_2, $|A|$, $|\tilde{A}|$ を用いて表せ.

(4) $n = 2$ のとき，(5.55) が双曲線を表すための条件を λ_1, λ_2, $|A|$, $|\tilde{A}|$ を用いて表せ.

(5) $n = 3$ のとき，(5.55) が球面を表すための条件を λ_1, λ_2, λ_3, $|\tilde{A}|$ を用いて表せ.

本節のまとめ

☑ 実数を係数とする複数の未知変数についての 2 次方程式は 2 次超曲面を表す. §5.1.2

☑ 楕円，双曲線，放物線は 2 次曲線，球面は 2 次曲面の例である. 例 5.2 〜 例 5.5

☑ 2 次超曲面全体の集合にはユークリッド空間の等長変換群が作用する. §5.1.5

☑ 対称行列全体の集合には直交群が作用する. §5.1.6

☑ 対称行列は直交行列によって対角化可能である. 定理 5.4

5

2次超曲面

5.2　2次超曲面の標準形

2 次超曲面は有心なものと無心なものとに分けられる．本節では，これらの 2 次超曲面の標準形を求める．さらに，固有な 2 次超曲面についても詳しく調べる他，2 次曲線および 2 次曲面の分類を行う．

§5.2.1　2次超曲面の中心

本節では，2 次超曲面

$$^t\boldsymbol{x}A\boldsymbol{x} + 2{}^t\boldsymbol{b}\boldsymbol{x} + c = 0 \tag{5.56}$$

の標準形について述べよう．ただし，$A \in \mathrm{Sym}(n) \setminus \{O\}$, $\boldsymbol{b}$, $\boldsymbol{x} \in \mathbf{R}^n$, $c \in \mathbf{R}$ である．

まず，定理 5.1 の証明を振り返っておこう．$f \in \mathrm{Iso}(\mathbf{R}^n)$ に対して，$f^{-1} \in \mathrm{Iso}(\mathbf{R}^n)$ を $P \in \mathrm{O}(n)$ および $\boldsymbol{q} \in \mathbf{R}^n$ を用いて，

$$f^{-1}(\boldsymbol{y}) = P\boldsymbol{y} + \boldsymbol{q} \qquad (\boldsymbol{y} \in \mathbf{R}^n) \tag{5.57}$$

と表しておく. このとき, $\boldsymbol{x} = f^{-1}(\boldsymbol{y})$ を (5.56) に代入すると, 2 次超曲面

$$^t\boldsymbol{y}(^tPAP)\boldsymbol{y} + 2^t(A\boldsymbol{q} + \boldsymbol{b})P\boldsymbol{y} + {}^t\boldsymbol{q}A\boldsymbol{q} + 2^t\boldsymbol{b}\boldsymbol{q} + c = 0 \tag{5.58}$$

が得られるのであった. そこで, (5.58) 左辺の 1 次の項である第 2 項に注目し, 次のように定める.

定義 5.2 2 次超曲面 (5.56) を考える. ある $\boldsymbol{q} \in \mathbf{R}^n$ が存在し,

$$A\boldsymbol{q} + \boldsymbol{b} = \boldsymbol{0} \tag{5.59}$$

となるとき, (5.56) は**有心** (with center) であるという. このとき, $\boldsymbol{q}$ を (5.56) の**中心** (center) という. (5.56) が有心でないとき, (5.56) は**無心** (with no center) であるという.

---

2 次超曲面 (5.56) が有心の場合, (5.59) がなりたつように $\boldsymbol{q} \in \mathbf{R}^n$ を選んでおくと, (5.58) は

$$^t\boldsymbol{y}(^tPAP)\boldsymbol{y} + {}^t\boldsymbol{q}A\boldsymbol{q} + 2^t\boldsymbol{b}\boldsymbol{q} + c = 0 \tag{5.60}$$

となる. よって, $\boldsymbol{y} \in \mathbf{R}^n$ が (5.60) の解ならば, $-\boldsymbol{y}$ も (5.60) の解である. すなわち, (5.60) が表す $\mathbf{R}^n$ の部分集合としての 2 次超曲面は原点に関して対称である. したがって, (5.57) より, (5.56) が表す $\mathbf{R}^n$ の部分集合としての 2 次超曲面は点 $\boldsymbol{q}$ に関して対称である. これが「有心」という用語の意味である.

◇ **例 5.6** 2 次超曲面 (5.56) において, A が正則であるとする §5.1.8 . このとき, (5.56) は有心である. 実際, (5.59) をみたす $\boldsymbol{q}$ は $\boldsymbol{q} = -A^{-1}\boldsymbol{b}$ によってあたえられるからである.   ◇

§5.2.2   有心または無心な 2 次曲線の例 ·····················◇◇◇

まず, 有心または無心な 2 次曲線の例を挙げておこう.

◇ **例 5.7** 例 5.2, 例 5.3 で述べた楕円, 双曲線は有心である. 一方, 例 5.4 で述べた放物線は無心である.   ◇

例題 5.3 2 次曲線

$$3x^2 - 10xy + 3y^2 + 2x - 14y - 5 = 0 \tag{5.61}$$

は有心であることを示せ. さらに, その中心を求めよ.

解説 $A \in \mathrm{Sym}(2) \setminus \{O\}$, $\boldsymbol{b}$, $\boldsymbol{x} \in \mathbf{R}^2$, $c \in \mathbf{R}$ を

$$A = \begin{pmatrix} 3 & -5 \\ -5 & 3 \end{pmatrix}, \quad \boldsymbol{b} = \begin{pmatrix} 1 \\ -7 \end{pmatrix}, \quad \boldsymbol{x} = \begin{pmatrix} x \\ y \end{pmatrix} \quad c = -5 \tag{5.62}$$

により定めると, (5.61) は (5.56) となる. ここで, (3.35) より,

$$|A| = 3 \cdot 3 - (-5) \cdot (-5) = -16 \neq 0 \tag{5.63}$$

なので, A は正則である 注意 3.3 . よって, (5.61) は有心である 例 5.6 . さらに, 中心 $\boldsymbol{q} \in \mathbf{R}^2$ は (3.147) より,

$$\boldsymbol{q} = -A^{-1}\boldsymbol{b} = -\begin{pmatrix} 3 & -5 \\ -5 & 3 \end{pmatrix}^{-1} \begin{pmatrix} 1 \\ -7 \end{pmatrix} = -\frac{1}{-16} \begin{pmatrix} 3 & 5 \\ 5 & 3 \end{pmatrix} \begin{pmatrix} 1 \\ -7 \end{pmatrix}$$

$$= \begin{pmatrix} -2 \\ -1 \end{pmatrix} \tag{5.64}$$

となる.

なお, (5.61) は

$$(x - 3y - 1)(3x - y + 5) = 0 \tag{5.65}$$

と同値である. よって, (5.61) は $\boldsymbol{q}$ で交わる 2 直線

$$x - 3y - 1 = 0, \qquad 3x - y + 5 = 0 \tag{5.66}$$

を表す. □

問 5.8 2 次曲線

$$x^2 - 4xy + 4y^2 - 6x + 12y + 5 = 0 \tag{5.67}$$

は有心であることを示せ. さらに, その中心を求めよ.

§**5.2.3 有心または無心な 2 次曲面の例** ···································◇◇◇

次に，有心または無心な 2 次曲面の例を挙げておこう．

◇ **例 5.8**（楕円面）　$a, b, c > 0$ とすると，2 次曲面

$$\frac{x^2}{a^2} + \frac{y^2}{b^2} + \frac{z^2}{c^2} = 1 \tag{5.68}$$

は有心である（図 5.6）．これを**楕円面** (ellipsoid) という．とくに，例 5.5 で述べた球面は楕円面であり，有心である．　　　　　　　　　　　　　　　◇

図 5.6　楕円面

◇ **例 5.9**（一葉双曲面）　$a, b, c > 0$ とすると，2 次曲面

$$\frac{x^2}{a^2} + \frac{y^2}{b^2} - \frac{z^2}{c^2} = 1 \tag{5.69}$$

は有心である（図 5.7）．これを**一葉双曲面** (hyperboloid of one sheet) という．
　　　　　　　　　　　　　　　　　　　　　　　　　　　　　　　　　◇

◇ **例 5.10**（二葉双曲面）　$a, b, c > 0$ とすると，2 次曲面

$$\frac{x^2}{a^2} + \frac{y^2}{b^2} - \frac{z^2}{c^2} = -1 \tag{5.70}$$

は有心である（図 5.8）．これを**二葉双曲面** (hyperboloid of two sheets) という．
　　　　　　　　　　　　　　　　　　　　　　　　　　　　　　　　　◇

◇ **例 5.11**（楕円放物面）　$a, b > 0$ とすると，2 次曲面

$$z = \frac{x^2}{a^2} + \frac{y^2}{b^2} \tag{5.71}$$

は無心である（図 5.9）．これを**楕円放物面** (elliptic paraboloid) という．　　◇

◇ **例 5.12**（双曲放物面）　$a, b > 0$ とすると，2 次曲面

図 5.7 一葉双曲面

図 5.8 二葉双曲面

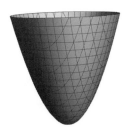

図 5.9 楕円放物面

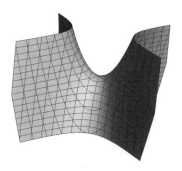

図 5.10 双曲放物面

$$z = \frac{x^2}{a^2} - \frac{y^2}{b^2} \tag{5.72}$$

は無心である（図 5.10）．これを**双曲放物面** (hyperbolic paraboloid) という． ◇

§5.2.4　有心 2 次超曲面の標準形 ·································◇◇◇

　有心 2 次超曲面を標準形というもので表そう．まず，2 次超曲面 (5.56) を (5.57) のように等長変換で写すことによって，2 次超曲面 (5.58) が得られる．ここで，A は対称行列なので，A の重複度を込めたすべての固有値を $\lambda_1, \ldots, \lambda_n$ とすると，これらは実数である 定理 5.5 ．さらに，$A \neq O$ なので，$r = \mathrm{rank}\, A$ とおくと，$1 \leq r \leq n$ である．このとき，必要ならば，$\lambda_1, \ldots, \lambda_n$ の順序を入れ替えることにより，

$$\lambda_1, \ldots, \lambda_r \neq 0, \qquad \lambda_{r+1} = \cdots = \lambda_n = 0 \tag{5.73}$$

としてよい. よって, 定理 5.4 より, (5.57) の $P \in \mathrm{O}(n)$ を

$$
{}^t PAP = \begin{pmatrix} \lambda_1 & & 0 & \\ & \ddots & & O \\ 0 & & \lambda_r & \\ & O & & O \end{pmatrix} \tag{5.74}
$$

となるように選んでおくことができる. このとき, (5.58) は

$$
\lambda_1 y_1^2 + \cdots + \lambda_r y_r^2 + 2{}^t(A\boldsymbol{q} + \boldsymbol{b})P\boldsymbol{y} + {}^t\boldsymbol{q}A\boldsymbol{q} + 2{}^t\boldsymbol{b}\boldsymbol{q} + c = 0 \tag{5.75}
$$

となる. ただし,

$$
\boldsymbol{y} = \begin{pmatrix} y_1 \\ \vdots \\ y_n \end{pmatrix} \tag{5.76}
$$

である.

　ここで, (5.56) が有心であるとしよう. このとき, (5.57) の $\boldsymbol{q} \in \mathbf{R}^n$ を (5.59) をみたすように選んでおくことができる. よって, (5.75) は

$$
\lambda_1 y_1^2 + \cdots + \lambda_r y_r^2 + d = 0 \tag{5.77}
$$

となる. ただし,

$$
d = {}^t\boldsymbol{q}A\boldsymbol{q} + 2{}^t\boldsymbol{b}\boldsymbol{q} + c \tag{5.78}
$$

である. (5.77) を有心 2 次超曲面の**標準形**という.

§5.2.5　無心 2 次超曲面の標準形 ···◇◇◇

　続いて, 無心 2 次超曲面を標準形というもので表そう. まず, (5.56) を無心 2 次超曲面とし, §5.2.4 と同じ記号を用いることにする. このとき, $r < n$ である. 実際, $r = n$ とすると, A は正則となるので, (5.56) は有心となってしまうからである 例 5.6 .

　次に, (5.56) を等長変換で写すことによって, (5.75) が得られる. すなわち,

$$
(\, b_1' \;\cdots\; b_n' \,) = {}^t(A\boldsymbol{q} + \boldsymbol{b})P \tag{5.79}
$$

とおくと,

$$\lambda_1 y_1^2 + \cdots + \lambda_r y_r^2 + 2(b_1' y_1 + \cdots + b_n' y_n) + d = 0 \tag{5.80}$$

である. さらに,

$$d' = d - \frac{(b_1')^2}{\lambda_1} - \cdots - \frac{(b_r')^2}{\lambda_r} \tag{5.81}$$

とおくと, 2 次方程式 (5.1) に対する平方完成 (5.2) のように,

$$\lambda_1 \left(y_1 + \frac{b_1'}{\lambda_1} \right)^2 + \cdots + \lambda_r \left(y_r + \frac{b_r'}{\lambda_r} \right)^2 + 2(b_{r+1}' y_{r+1} + \cdots + b_n' y_n) + d' = 0 \tag{5.82}$$

となる. よって,

$$\boldsymbol{z} = \begin{pmatrix} z_1 \\ \vdots \\ z_n \end{pmatrix} = g(\boldsymbol{y}) = g \left(\begin{pmatrix} y_1 \\ \vdots \\ y_n \end{pmatrix} \right), \tag{5.83}$$

$$z_i = y_i + \frac{b_i'}{\lambda_i} \quad (i = 1, \ldots, r), \quad z_i = y_i \quad (i = r+1, \ldots, n) \tag{5.84}$$

とおくと, $g(\boldsymbol{y})$ は等長変換 $g \in \mathrm{Iso}(\mathbf{R}^n)$ を定め, (5.80) は

$$\lambda_1 z_1^2 + \cdots + \lambda_r z_r^2 + 2(b_{r+1}' z_{r+1} + \cdots + b_n' z_n) + d' = 0 \tag{5.85}$$

となる.

ここで, (5.56) は無心であるとしているので, (5.85) より, $b_{r+1}', \ldots, b_n'$ の内の少なくとも 1 つは 0 ではない. よって,

$$p = \sqrt{(b_{r+1}')^2 + \cdots + (b_n')^2} \tag{5.86}$$

とおくと, $p > 0$ である. このとき, ある $Q \in \mathrm{O}(n-r)$ が存在し,

$$Q \begin{pmatrix} b_{r+1}' \\ b_{r+2}' \\ \vdots \\ b_n' \end{pmatrix} = \begin{pmatrix} p \\ 0 \\ \vdots \\ 0 \end{pmatrix} \tag{5.87}$$

となる 例 4.38 . すなわち,

$$(b_{r+1}' \ b_{r+2}' \ \cdots \ b_n') = (p \ 0 \ \cdots \ 0)Q \tag{5.88}$$

である 問題 2.9(1) 注意 3.1 . また,

$$R = \begin{pmatrix} E_r & O \\ O & Q \end{pmatrix} \tag{5.89}$$

とおくと, $R \in \mathrm{O}(n)$ となる. さらに,

$$\boldsymbol{u} = \begin{pmatrix} u_1 \\ \vdots \\ u_n \end{pmatrix} = h(\boldsymbol{z}) = R\boldsymbol{z} \tag{5.90}$$

とおくと, $h(\boldsymbol{z})$ は等長変換 $h \in \mathrm{Iso}(\mathbf{R}^n)$ を定め, (5.87)〜(5.89) より, (5.85) は

$$\lambda_1 u_1^2 + \cdots + \lambda_r u_r^2 + 2p u_{r+1} + d' = 0 \tag{5.91}$$

となる.

最後に,

$$\boldsymbol{v} = \begin{pmatrix} v_1 \\ \vdots \\ v_n \end{pmatrix} = k(\boldsymbol{u}), \quad v_i = u_i \quad (i \neq r+1), \quad v_{r+1} = u_{r+1} + \frac{d'}{2p} \tag{5.92}$$

とおくと, $k(\boldsymbol{u})$ は等長変換 $k \in \mathrm{Iso}(\mathbf{R}^n)$ を定め, (5.91) は

$$\lambda_1 v_1^2 + \cdots + \lambda_r v_r^2 + 2p v_{r+1} = 0 \tag{5.93}$$

となる. (5.93) を無心 2 次超曲面の**標準形**という.

> **❗注意 5.4** §5.2.4, §5.2.5 の式変形において, 等長変換を表すときに用いる直交行列の行列式は, 必要ならば列のいずれかを -1 倍することにより, すべて 1 とすることができる. よって, 2 次超曲面は鏡映を用いずに, 回転と平行移動の合成のみで標準形に写すことができる §3.3.4 .

§5.2.6 固有または非固有な 2 次超曲面 ⸱⸱⸱⸱⸱⸱⸱⸱⸱⸱⸱⸱⸱⸱⸱⸱⸱⸱⸱⸱⸱◇◇◇

§5.2.4, §5.2.5 では, 2 次超曲面を有心なものと無心なものとに分けて標準形を求めたが, 2 次超曲面は固有なものと非固有なものとに分けることもできる.

定義 5.3 2 次超曲面 (5.56) に対して, $\tilde{A} \in M_{n+1}(\mathbf{R})$ を

$$\tilde{A} = \begin{pmatrix} A & \boldsymbol{b} \\ {}^t\boldsymbol{b} & c \end{pmatrix} \tag{5.94}$$

により定める. rank $\tilde{A} = n+1$ のとき, (5.56) は**固有** (proper) であるという. rank $\tilde{A} \leq n$ のとき, (5.56) は**非固有** (non-proper) であるという.

2 次超曲面 (5.56) を (5.57) のように等長変換で写すと, 2 次超曲面 (5.58) が得られ, (5.94) に対応する行列は

$$\begin{pmatrix} {}^tPAP & {}^tP(A\boldsymbol{q} + \boldsymbol{b}) \\ {}^t(A\boldsymbol{q} + \boldsymbol{b})P & {}^t\boldsymbol{q}A\boldsymbol{q} + 2{}^t\boldsymbol{b}\boldsymbol{q} + c \end{pmatrix} \tag{5.95}$$

へと変わる. ここで, 次の問を考えよう.

問 5.9 等式

$$ {}^t\begin{pmatrix} P & \boldsymbol{q} \\ 0 & 1 \end{pmatrix} \begin{pmatrix} A & \boldsymbol{b} \\ {}^t\boldsymbol{b} & c \end{pmatrix} \begin{pmatrix} P & \boldsymbol{q} \\ 0 & 1 \end{pmatrix} = \begin{pmatrix} {}^tPAP & {}^tP(A\boldsymbol{q} + \boldsymbol{b}) \\ {}^t(A\boldsymbol{q} + \boldsymbol{b})P & {}^t\boldsymbol{q}A\boldsymbol{q} + 2{}^t\boldsymbol{b}\boldsymbol{q} + c \end{pmatrix} \tag{5.96}$$

を示せ.

$P \in \mathrm{O}(n)$ が正則であることから, 行列 $\begin{pmatrix} P & \boldsymbol{q} \\ 0 & 1 \end{pmatrix}$ が正則であることに注意すると, 問 5.9 より, 2 つの行列 (5.94) と (5.95) の階数は一致する. すなわち, 2 次超曲面を等長変換で写しても, この行列の階数は不変である. よって, 2 次超曲面が固有である, あるいは, 非固有であるという性質は等長変換の作用によって不変である.

固有な 2 次超曲面の標準形について, 次がなりたつ.

定理 5.7 2 次超曲面 (5.56) が固有であるとする.
(1) (5.56) が有心のとき, (5.56) の標準形は

$$\lambda_1 x_1^2 + \cdots + \lambda_n x_n^2 + d = 0 \tag{5.97}$$

と表される. ただし, $\lambda_1, \ldots, \lambda_n, d \in \mathbf{R} \setminus \{0\}$ である.
(2) (5.56) が無心のとき, (5.56) の標準形は

$$\lambda_1 x_1^2 + \cdots + \lambda_{n-1} x_{n-1}^2 + 2px_n = 0 \tag{5.98}$$

と表される．ただし，$\lambda_1, \ldots, \lambda_{n-1} \in \mathbf{R} \setminus \{0\}$，$p > 0$ である．

【証明】 2 次超曲面が固有である，あるいは，非固有であるという性質は等長変換の作用によって不変なので，初めから標準形を考えればよい．(1) の証明は例題 5.4 とし，(2) の証明は問 5.10 とする． $\square$

例題 5.4 定理 5.7 (1) を示せ．

解説 有心 2 次超曲面の標準形を考える．すなわち, (5.77) より，$\lambda_1, \ldots, \lambda_r \in \mathbf{R} \setminus \{0\}$ $(1 \le r \le n)$，$d \in \mathbf{R}$ に対して，

$$\lambda_1 x_1^2 + \cdots + \lambda_r x_r^2 + d = 0 \tag{5.99}$$

である[6]．このとき, (5.94) の $\tilde{A}$ の階数は

$$\mathrm{rank}\, \tilde{A} = \mathrm{rank} \begin{pmatrix} \lambda_1 & & 0 & \vdots & & 0 \\ & \ddots & & \vdots & O & \vdots \\ 0 & & \lambda_r & \vdots & & 0 \\ \hline & O & & \vdots & O & 0 \\ \hline 0 & \cdots & 0 & \vdots & 0 & d \end{pmatrix} = \begin{cases} r+1 & (d \ne 0), \\ r & (d = 0) \end{cases} \tag{5.100}$$

となる．よって，$\mathrm{rank}\, \tilde{A} = n + 1$ となるのは $r = n$，$d \ne 0$ のときである．したがって, (5.99) は固有なとき (5.97) となる． $\square$

問 5.10 定理 5.7 (2) を示せ． 重要

§5.2.7 2 次曲線の分類 ···◇◇◇

ここまでに述べたことを用いると，2 次曲線は次のように分類することができる．

---

[6] 途中の変数変換を省略しているので，変数は (5.77) の $y_1, y_2, \ldots, y_r$ を用いずに，$x_1, x_2, \ldots, x_r$ を用いている．

> **定理 5.8** 固有な 2 次曲線は空集合,楕円,双曲線,放物線のいずれかである.また,非固有な 2 次曲線は有心であり,空集合,1 点,交わる 2 直線,平行な 2 直線,重なった 2 直線のいずれかである.

【証明】 初めから標準形を考えればよい.とくに,固有な場合は定理 5.7 を用いればよい.固有な場合の証明は例題 5.5 とし,非固有な場合の証明は問 5.11 とする.

□

> **例題 5.5** 固有な 2 次曲線は空集合,楕円,双曲線,放物線のいずれかであることを示せ.

解説 まず,定理 5.7 (1) より,固有な有心 2 次曲線の標準形は

$$\lambda x^2 + \mu y^2 + d = 0 \tag{5.101}$$

と表される.ただし,$\lambda, \mu, d \in \mathbf{R} \setminus \{0\}$ である.

λ, μ, d の符号がすべて同じとき,(5.101) をみたす $x, y \in \mathbf{R}$ は存在しない.すなわち,(5.101) は空集合を表す.

λ, μ の符号が同じであり,d の符号が λ, μ の符号と異なるとき,(5.101) は楕円を表す 例 5.2 .

λ, μ の符号が異なるとき,(5.101) は双曲線を表す 例 5.3 .

次に,定理 5.7 (2) より,固有な無心 2 次曲線の標準形は

$$\lambda x^2 + 2py = 0 \tag{5.102}$$

と表される.ただし,$\lambda \in \mathbf{R} \setminus \{0\}$,$p > 0$ である.さらに,(5.102) は放物線を表す 例 5.4 .

よって,固有な 2 次曲線は空集合,楕円,双曲線,放物線のいずれかである.　□

問 5.11 非固有な 2 次曲線は有心であり,空集合,1 点,交わる 2 直線,平行な 2 直線,重なった 2 直線のいずれかであることを示せ. 重要

§5.2.8 固有な 2 次曲面の分類 ···◇◇◇

2 次曲面については,2 次曲線よりも多くのものが現れる.まず,固有な 2 次曲面は次のように分類することができる.

定理 5.9   固有な 2 次曲面は空集合, 楕円面, 一葉双曲面, 二葉双曲面, 楕円放物面, 双曲放物面のいずれかである.

【証明】 初めから標準形を考え, 定理 5.7 を用いればよい. 有心の場合の証明は例題 5.6 とし, 無心の場合の証明は問 5.12 とする.   □

例題 5.6   固有な有心 2 次曲面は空集合, 楕円面, 一葉双曲面, 二葉双曲面のいずれかであることを示せ.

解説 まず, 定理 5.7 (1) より, 固有な有心 2 次曲面の標準形は

$$\lambda x^2 + \mu y^2 + \nu z^2 + d = 0 \tag{5.103}$$

と表される. ただし, $\lambda, \mu, \nu, d \in \mathbf{R} \setminus \{0\}$ である.

λ, μ, ν, d の符号がすべて同じとき, (5.103) をみたす $x, y, z \in \mathbf{R}$ は存在しない. すなわち, (5.103) は空集合を表す.

λ, μ, ν の符号がすべて同じであり, d の符号が λ, μ, ν の符号と異なるとき, (5.103) は楕円面を表す 例 5.8 .

λ, μ, ν の符号の内の 2 つが d の符号と同じであり, 残りの 1 つの符号が異なるとき, (5.103) は一葉双曲面を表す 例 5.9 .

λ, μ, ν の符号の内の 2 つが d および残りの 1 つと符号が異なるとき, (5.103) は二葉双曲面を表す 例 5.10 .

よって, 固有な有心 2 次曲面は空集合, 楕円面, 一葉双曲面, 二葉双曲面のいずれかである.   □

問 5.12   固有な無心 2 次曲面は楕円放物面または双曲放物面であることを示せ.

重要

§5.2.9 非固有な 2 次曲面の分類 ···◇◇◇

最後に, 非固有な 2 次曲面を分類しよう. 初めから標準形で考えることにする. まず, 非固有な有心 2 次曲面は次のように分類することができる.

定理 5.10   非固有な有心 2 次曲面は標準形を用いて, 次の (1)〜(10) のいずれかのように表される. ただし, $a, b, c > 0$ である.

(1) $\dfrac{x^2}{a^2} + \dfrac{y^2}{b^2} + \dfrac{z^2}{c^2} = 0$. (1 点)

(2) $\dfrac{x^2}{a^2} + \dfrac{y^2}{b^2} - \dfrac{z^2}{c^2} = 0.$ （**楕円錐面**：elliptic cone）（図 5.11）

(3) $\dfrac{x^2}{a^2} + \dfrac{y^2}{b^2} + 1 = 0.$ （空集合）

(4) $\dfrac{x^2}{a^2} + \dfrac{y^2}{b^2} = 1.$ （**楕円柱面**：elliptic cylinder）（図 5.12）

(5) $\dfrac{x^2}{a^2} - \dfrac{y^2}{b^2} = 1.$ （**双曲柱面**：hyperbolic cylinder）（図 5.13）

(6) $\dfrac{x^2}{a^2} + \dfrac{y^2}{b^2} = 0.$ （直線）

(7) $\dfrac{x^2}{a^2} - \dfrac{y^2}{b^2} = 0.$ （交わる 2 平面）

(8) $\dfrac{x^2}{a^2} + 1 = 0.$ （空集合）

(9) $\dfrac{x^2}{a^2} = 1.$ （平行な 2 平面）

(10) $x^2 = 0.$ （重なった 2 平面）

5

2次超曲面

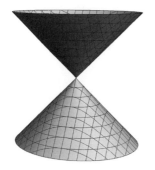

図 5.11 楕円錐面　　　　　**図 5.12** 楕円柱面

【**証明**】 まず，有心 2 次超曲面の標準形 (5.77) および定理 5.7 (1) より，非固有な有心 2 次曲面の標準形は次の (a)，(b)，(c) のいずれかである．

(a) $\lambda x^2 + \mu y^2 + \nu z^2 = 0$ $(\lambda, \mu, \nu \in \mathbf{R} \setminus \{0\})$.

(b) $\lambda x^2 + \mu y^2 + d = 0$ $(\lambda, \mu \in \mathbf{R} \setminus \{0\}, \ d \in \mathbf{R})$.

(c) $\lambda x^2 + d = 0$ $(\lambda \in \mathbf{R} \setminus \{0\}, \ d \in \mathbf{R})$.

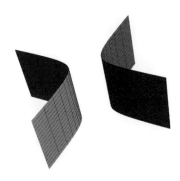

図 5.13　双曲柱面

(a) において，λ, μ, ν の符号がすべて同じとき，(1) の 1 点が得られる．

(a) において，λ, μ, ν の符号の内の 2 つが同じであり，残りの 1 つの符号が異なるとき，(2) の楕円錐面が得られる．

(b) において，λ, μ, d の符号がすべて同じとき，(3) の空集合が得られる．

(b) において，λ, μ の符号が同じであり，d の符号が λ, μ の符号と異なるとき，(4) の楕円柱面が得られる．

(b) において，λ, μ の符号が異なり，$d \neq 0$ のとき，(5) の双曲柱面が得られる．

(b) において，λ, μ の符号が同じであり，$d = 0$ のとき，(6) の直線が得られる．

(b) において，λ, μ の符号が異なり，$d = 0$ のとき，(7) の交わる 2 平面が得られる．

(c) において，λ, d の符号が同じとき，(8) の空集合が得られる．

(c) において，λ と d の符号が異なるとき，(9) の平行な 2 平面が得られる．

(c) において，$d = 0$ のとき，(10) の重なった 2 平面が得られる．

よって，非固有な有心 2 次曲面は標準形を用いて，(1)〜(10) のいずれかのように表される．　　　　　　　　　　　　　　　　　　　　　　　□

また，無心 2 次超曲面の標準形 (5.93) および定理 5.7 (2) より，非固有な無心 2 次曲面の標準形については，次がなりたつ．

定理 5.11　非固有な無心 2 次曲面の標準形は

$$x^2 = 2ay \tag{5.104}$$

と表される**放物柱面** (parabolic cylinder) である（図 5.14）．ただし，$a > 0$ である．

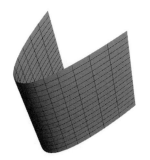

図 5.14　放物柱面

本節のまとめ

- ☑ 有心 2 次超曲面は中心をもち，無心 2 次超曲面は中心をもたない．§5.2.1
- ☑ 2 次超曲面は標準形で表すことができる．§5.2.4，§5.2.5
- ☑ 2 次超曲面は固有なものと非固有なものに分けることができる．§5.2.6
- ☑ 固有な 2 次曲線は空集合，楕円，双曲線，放物線のいずれかである．定理 5.8
- ☑ 非固有な 2 次曲線は有心であり，空集合，1 点，交わる 2 直線，平行な 2 直線，重なった 2 直線のいずれかである．定理 5.8
- ☑ 標準形を用いることにより，2次曲面を分類することができる．定理 5.9 ～ 定理 5.11

章末問題

━━━━ 標準問題 ━━━━

問題 5.1　$A \in \mathrm{Sym}(n)$ とする．任意の $\boldsymbol{x} \in \mathbf{R}^n$ に対して，

$$^t\boldsymbol{x}A\boldsymbol{x} \geq 0 \tag{5.105}$$

となるとき，A は**半正定値** (positive semi-definite) であるという．次の問に答えよ．

(1) $B \in M_{m,n}(\mathbf{R})$ とすると，$B^t B \in \mathrm{Sym}(m)$ であり，$B^t B$ は半正定値であることを示せ．

> **補足** 同様に，${}^t B B \in \mathrm{Sym}(n)$ であり，${}^t B B$ は半正定値である．

(2) $A \in \mathrm{Sym}(n)$ とする．A が半正定値であることと A の固有値がすべて 0 以上であることは同値であることを示せ．

> **補足** $A \in \mathrm{Sym}(n)$ とする．A が半正定値であり，
>
> $$ {}^t\boldsymbol{x} A \boldsymbol{x} = 0 \tag{5.106} $$
>
> となるのは $\boldsymbol{x} = \boldsymbol{0}$ のときに限るとき，A は**正定値** (positive definite) であるという．(2) と同様に，A が正定値であることと A の固有値がすべて正であることは同値である．

問題 5.2 実正方行列を複素行列とみなし，固有値を複素数の範囲で考える．次の問に答えよ．

(1) 交代行列 問題 1.4 の固有値はすべて純虚数であることを示せ．

(2) 直交行列の固有値はすべて絶対値が 1 の複素数であることを，直交行列の標準形 定理 3.25 を用いずに示せ [7]．

問題 5.3 $\alpha \in \mathbf{R}$ とし，2 次曲線

$$ x^2 + 2\alpha xy + y^2 + 2\alpha x + 2\alpha y + 1 = 0 \tag{5.107} $$

を考える．次の問に答えよ．

(1) $\boldsymbol{x} = \begin{pmatrix} x \\ y \end{pmatrix}$ とおくと，(5.107) は $A \in \mathrm{Sym}(2) \setminus \{O\}$ および $\boldsymbol{b} \in \mathbf{R}^2$ を用いて，

$$ {}^t\boldsymbol{x} A \boldsymbol{x} + 2{}^t\boldsymbol{b}\boldsymbol{x} + 1 = 0 \tag{5.108} $$

と表すことができる．$A, \boldsymbol{b}$ を求めよ．🈓

(2) $\boldsymbol{q} \in \mathbf{R}^2$ についての連立 1 次方程式

$$ A\boldsymbol{q} + \boldsymbol{b} = \boldsymbol{0} \tag{5.109} $$

を解き，(5.107) が有心であるための α の条件を求めよ．

---

[7] 実は，定理 3.25 を示す際には，この問の事実を用いている．

(3) $\tilde{A} = \begin{pmatrix} A & \boldsymbol{b} \\ {}^t\boldsymbol{b} & 1 \end{pmatrix}$ とおく．rank $\tilde{A}$ を求め，(5.107) が固有であるための α の条件を求めよ．

(4) A の固有値を求めよ．🈡

(5) (5.109) が解 $\boldsymbol{q}$ をもつとき，$\boldsymbol{q}$ に対して，

$$ {}^t\boldsymbol{q}A\boldsymbol{q} + 2{}^t\boldsymbol{b}\boldsymbol{q} + 1 \tag{5.110} $$

の値を求めよ．

(6) (5.107) が固有な 2 次曲線となるとき，それがどのような 2 次曲線であるのかをさらに調べよ．🈠

(7) (5.107) が非固有な 2 次曲線となるとき，それがどのような 2 次曲線であるのかをさらに調べよ．🈠

問題 5.4　$\alpha \in \mathbf{R}$ とし，2 次曲面

$$ \alpha x^2 + \alpha y^2 + \alpha z^2 + 2xy + 2yz + 2zx + 2x + 2y + 2z + \alpha = 0 \tag{5.111} $$

を考える．次の問に答えよ．

(1) $\boldsymbol{x} = \begin{pmatrix} x \\ y \\ z \end{pmatrix}$ とおくと，(5.111) は $A \in \mathrm{Sym}(3) \setminus \{O\}$ および $\boldsymbol{b} \in \mathbf{R}^3$ を用いて，

$$ {}^t\boldsymbol{x}A\boldsymbol{x} + 2{}^t\boldsymbol{b}\boldsymbol{x} + \alpha = 0 \tag{5.112} $$

と表すことができる．$A, \boldsymbol{b}$ を求めよ．🈡

(2) $\boldsymbol{q} \in \mathbf{R}^3$ についての連立 1 次方程式

$$ A\boldsymbol{q} + \boldsymbol{b} = \boldsymbol{0} \tag{5.113} $$

を解き，(5.111) が有心であるための α の条件を求めよ．

(3) $\tilde{A} = \begin{pmatrix} A & \boldsymbol{b} \\ {}^t\boldsymbol{b} & \alpha \end{pmatrix}$ とおく．rank $\tilde{A}$ を求め，(5.111) が固有であるための α の条件を求めよ．

(4) A の固有値を求めよ．🈡

(5) (5.113) が解 $\boldsymbol{q}$ をもつとき，$\boldsymbol{q}$ に対して，

$$ {}^t\boldsymbol{q}A\boldsymbol{q} + 2{}^t\boldsymbol{b}\boldsymbol{q} + \alpha \tag{5.114} $$

の値を求めよ．

(6) (5.111) が固有な 2 次曲面となるとき，それがどのような 2 次曲面であるのか
をさらに調べよ．**重要**

(7) (5.110) が非固有な 2 次曲面となるとき，それがどのような 2 次曲面であるの
かをさらに調べよ．**重要**

問題 5.5　$\alpha \in \mathbf{R}$ とし，2 次曲面

$$\alpha x^2 + \alpha y^2 + \alpha z^2 + 2zx + y + \alpha = 0 \tag{5.115}$$

を考える．次の問に答えよ．

(1) $\boldsymbol{x} = \begin{pmatrix} x \\ y \\ z \end{pmatrix}$ とおくと，(5.115) は $A \in \mathrm{Sym}(3) \setminus \{O\}$ および $\boldsymbol{b} \in \mathbf{R}^3$ を用
いて，

$$^t\boldsymbol{x}A\boldsymbol{x} + 2^t\boldsymbol{b}\boldsymbol{x} + \alpha = 0 \tag{5.116}$$

と表すことができる．$A, \boldsymbol{b}$ を求めよ．**易**

(2) $\boldsymbol{q} \in \mathbf{R}^3$ についての連立 1 次方程式

$$A\boldsymbol{q} + \boldsymbol{b} = \boldsymbol{0} \tag{5.117}$$

を解き，(5.115) が有心であるための α の条件を求めよ．

(3) $\tilde{A} = \begin{pmatrix} A & \boldsymbol{b} \\ ^t\boldsymbol{b} & \alpha \end{pmatrix}$ とおく．$\mathrm{rank}\,\tilde{A}$ を求め，(5.115) が固有であるための α の
条件を求めよ．

(4) A の固有値を求めよ．**易**

(5) (5.115) が解 $\boldsymbol{q}$ をもつとき，$\boldsymbol{q}$ に対して，

$$^t\boldsymbol{q}A\boldsymbol{q} + 2^t\boldsymbol{b}\boldsymbol{q} + \alpha \tag{5.118}$$

の値を求めよ．

(6) (5.115) が固有な 2 次曲面となるとき，それがどのような 2 次曲面であるのか
をさらに調べよ．**重要**

(7) (5.115) が非固有な 2 次曲面となるとき，それがどのような 2 次曲面であるの
かをさらに調べよ．**重要**

━━━━━━━━━━━━━━━━ **発展問題** ━━━━━━━━━━

問題 5.6　$\mathrm{Sym}(n)$ 上の二項関係 R §4.2.1 を，$A, B \in \mathrm{Sym}(n)$ に対して $A - B$ が半正定値 問題 5.1 となるとき，ARB とすることにより定める．次の問を示すことにより，R は順序関係 問題 4.7 となることを示せ．

(1) R は反射律をみたす．　　(2) R は反対称律をみたす．　　(3) R は推移律をみたす．

あとがき

　本書の内容と関連する文献や，本書に続いて幾何学を学ぶために参考となる文献をいくつか挙げておこう．

　まず，集合や写像，微分積分，線形代数といった大学で学ぶ数学の基礎を扱ったものとして

[1] 藤岡敦,『学んで解いて身につける 大学数学 入門教室』,共立出版 (2022 年)

を挙げておく．
　また，線形代数に関して

[2] 藤岡敦,『手を動かしてまなぶ 線形代数』, 裳華房 (2015 年)

[3] 笠原皓司,『線型代数と固有値問題 スペクトル分解を中心に』(新装版 改訂増補), 現代数学社 (2019 年)

[4] 藤岡敦,『手を動かしてまなぶ 続・線形代数』, 裳華房 (2021 年)

を挙げておく．なお，[3], [4] は [2] に比べて発展的な内容を扱っている．

　第 4 章で扱った群に関連する文献は数多いが，ここでは本書の内容と関係の深い

[5] 岩堀長慶,『初学者のための合同変換群の話 幾何学の形での群論演習』, 現代数学社 (2000 年)

[6] 小林正典,『線形代数と正多面体』, 朝倉書店 (2012 年)

[7] 河野俊丈,『結晶群』, 共立出版 (2015 年)

を挙げておこう．§4.3.5 で現れた二面体群はユークリッド平面の等長変換群 $\mathrm{Iso}(\mathbf{R}^2)$ の有限部分群となるが，[5]〜[7] では，$\mathrm{Iso}(\mathbf{R}^2)$ および $\mathrm{Iso}(\mathbf{R}^3)$ の有限部分群が分類されている．[5] は $\mathrm{Iso}(\mathbf{R}^3)$ の有限部分群を分類することを目

標としており，[6] は [5] で扱っていることも含め，正多面体のような有限の対称性をもつ幾何学的な対象やそれから作られる代数的な対象について述べられている．また，[7] はオービフォールドとよばれる概念を用いて $\mathrm{Iso}(\mathbf{R}^3)$ の有限部分群を分類している．

　幾何学は位相幾何学，微分幾何学とよばれる 2 つの分野に大きく分けることができる．大雑把に述べると，位相幾何学は連続的な変形によって変わらない図形の性質などを扱い，微分幾何学は微分という手段によって図形の性質などを調べる．位相幾何学に関しては

[8] 加藤十吉，『位相幾何学』，裳華房（1988 年）

[9] 河澄響矢，『トポロジーの基礎 上』，東京大学出版会（2022 年）

[10] 河澄響矢，『トポロジーの基礎 下』，東京大学出版会（2022 年）

[11] 坪井俊，『幾何学 II ホモロジー入門』，東京大学出版会（2016 年）

[12] 和久井道久，『代数トポロジーの基礎 基本群とホモロジー群』，近代科学社 Digital（2021 年）

を，微分幾何学に関しては

[13] 梅原雅顕・山田光太郎，『曲線と曲面 微分幾何的アプローチ』改訂版，裳華房（2015 年）

[14] 川崎徹郎，『曲面と多様体』，朝倉書店（2001 年）

[15] 小林昭七，『曲線と曲面の微分幾何』（改訂版），裳華房（1995 年）

[16] 藤岡敦，『手を動かしてまなぶ 曲線と曲面』，裳華房（2023 年）

を入門書として挙げておきたい．なお，位相幾何学や微分幾何学に限らず，数学では微分積分や線形代数の他に集合や位相空間に関する知識が必要となることが多い．これらの予備知識に関しては，上述の文献の中でも必要に応じて補われていたりすることもあるが，例えば，文献 [2]〜[4] や

[17] 藤岡敦，『手を動かしてまなぶ 微分積分』，裳華房（2019 年）

[18] 藤岡敦，『手を動かしてまなぶ ε - δ 論法』，裳華房（2021 年）

[19] 藤岡敦，『手を動かしてまなぶ 集合と位相』，裳華房（2020 年）

などを参考にしてほしい．

　また，現代の幾何学における図形とは一般に多様体とよばれる概念に代表される．多様体の概念は上述の文献にも扱われているが，多様体論に関する文献として

[20] 坪井俊，『幾何学 I 多様体入門』，東京大学出版会（2005 年）

[21] 坪井俊，『幾何学 III 微分形式』，東京大学出版会（2008 年）

[22] 服部晶夫，『多様体』，岩波書店（1989 年）

[23] 藤岡敦，『具体例から学ぶ 多様体』，裳華房（2017 年）

[24] 松島与三，『多様体入門』新装版，裳華房（2017 年）

[25] 松本幸夫，『多様体の基礎』，東京大学出版会（1988 年）

[26] 村上信吾，『多様体』，共立出版（1989 年）

[27] Loring W. Tu（枡田幹也・阿部拓・堀口達也訳），『トゥー 多様体』，裳華房（2019 年）

を挙げておく．

解答例

第 1 章

問 1.1 x, y を (1.1) のように表しておく.

(1) z を $z = \begin{pmatrix} z_1 \\ z_2 \\ \vdots \\ z_n \end{pmatrix}$ $(z_1, z_2, \ldots, z_n \in \mathbf{R})$ と表しておく. $\mathbf{R}$ に対する和につ

いては結合律がなりたつことに注意すると, 和の定義 (1.2) より, $(x + y) + z =$
$\begin{pmatrix} x_1 + y_1 \\ x_2 + y_2 \\ \vdots \\ x_n + y_n \end{pmatrix} + \begin{pmatrix} z_1 \\ z_2 \\ \vdots \\ z_n \end{pmatrix} = \begin{pmatrix} (x_1 + y_1) + z_1 \\ (x_2 + y_2) + z_2 \\ \vdots \\ (x_n + y_n) + z_n \end{pmatrix} = \begin{pmatrix} x_1 + (y_1 + z_1) \\ x_2 + (y_2 + z_2) \\ \vdots \\ x_n + (y_n + z_n) \end{pmatrix} =$
$\begin{pmatrix} x_1 \\ x_2 \\ \vdots \\ x_n \end{pmatrix} + \begin{pmatrix} y_1 + z_1 \\ y_2 + z_2 \\ \vdots \\ y_n + z_n \end{pmatrix} = x + (y + z)$ となる. よって, 定理 1.1 (2) がなりたつ.

(2) まず, 定理 1.1 (1) より, $x + 0 = 0 + x$ である. また, 和の定義 (1.2) および零ベ

クトル 0 の定義より, $x + 0 = \begin{pmatrix} x_1 + 0 \\ x_2 + 0 \\ \vdots \\ x_n + 0 \end{pmatrix} = \begin{pmatrix} x_1 \\ x_2 \\ \vdots \\ x_n \end{pmatrix} = x$ となる. よって, 定理

1.1 (3) がなりたつ.

(3) $\mathbf{R}$ に対する積については結合律がなりたつことに注意すると, スカラー倍の定義 (1.3)

より, $k(lx) = k \begin{pmatrix} lx_1 \\ lx_2 \\ \vdots \\ lx_n \end{pmatrix} = \begin{pmatrix} k(lx_1) \\ k(lx_2) \\ \vdots \\ k(lx_n) \end{pmatrix} = \begin{pmatrix} (kl)x_1 \\ (kl)x_2 \\ \vdots \\ (kl)x_n \end{pmatrix} = (kl) \begin{pmatrix} x_1 \\ x_2 \\ \vdots \\ x_n \end{pmatrix} = (kl)x$

となる. よって, 定理 1.1 (4) がなりたつ.

(4) $\mathbf{R}$ に対する演算については分配律がなりたつことに注意すると, スカラー倍の定義

(1.3) および和の定義 (1.2) より, $(k + l)x = \begin{pmatrix} (k + l)x_1 \\ (k + l)x_2 \\ \vdots \\ (k + l)x_n \end{pmatrix} = \begin{pmatrix} kx_1 + lx_1 \\ kx_2 + lx_2 \\ \vdots \\ kx_n + lx_n \end{pmatrix} =$

$$\begin{pmatrix} kx_1 \\ kx_2 \\ \vdots \\ kx_n \end{pmatrix} + \begin{pmatrix} lx_1 \\ lx_2 \\ \vdots \\ lx_n \end{pmatrix} = k \begin{pmatrix} x_1 \\ x_2 \\ \vdots \\ x_n \end{pmatrix} + l \begin{pmatrix} x_1 \\ x_2 \\ \vdots \\ x_n \end{pmatrix} = k\boldsymbol{x} + l\boldsymbol{x}$$ となる. よって, 定理
1.1 (5) がなりたつ.

(5) $\mathbf{R}$ に対する演算については分配律がなりたつことに注意すると, 和の定義 (1.2) およ

びスカラー倍の定義 (1.3) より, $k(\boldsymbol{x} + \boldsymbol{y}) = k \begin{pmatrix} x_1 + y_1 \\ x_2 + y_2 \\ \vdots \\ x_n + y_n \end{pmatrix} = \begin{pmatrix} k(x_1 + y_1) \\ k(x_2 + y_2) \\ \vdots \\ k(x_n + y_n) \end{pmatrix} =$

$$\begin{pmatrix} kx_1 + ky_1 \\ kx_2 + ky_2 \\ \vdots \\ kx_n + ky_n \end{pmatrix} = \begin{pmatrix} kx_1 \\ kx_2 \\ \vdots \\ kx_n \end{pmatrix} + \begin{pmatrix} ky_1 \\ ky_2 \\ \vdots \\ ky_n \end{pmatrix} = k\boldsymbol{x} + k\boldsymbol{y}$$ となる. よって, 定理 1.1 (6)

がなりたつ.

(6) まず, スカラー倍の定義 (1.3) より, $1\boldsymbol{x} = \begin{pmatrix} 1 \cdot x_1 \\ 1 \cdot x_2 \\ \vdots \\ 1 \cdot x_n \end{pmatrix} = \begin{pmatrix} x_1 \\ x_2 \\ \vdots \\ x_n \end{pmatrix} = \boldsymbol{x}$ となる.

よって, 定理 1.1 (7) がなりたつ. また, $0\boldsymbol{x} = \begin{pmatrix} 0 \cdot x_1 \\ 0 \cdot x_2 \\ \vdots \\ 0 \cdot x_n \end{pmatrix} = \begin{pmatrix} 0 \\ 0 \\ \vdots \\ 0 \end{pmatrix} = \boldsymbol{0}$ となる. よっ

て, 定理 1.1 (8) がなりたつ.

問 1.2 和およびスカラーの定義 (1.6), (1.7) を用いて計算すると, $3 \begin{pmatrix} 4 & 5 & 6 \\ 6 & 5 & 4 \end{pmatrix} +$

$\begin{pmatrix} 0 & 1 & 2 \\ -2 & -1 & 0 \end{pmatrix} = \begin{pmatrix} 3 \cdot 4 & 3 \cdot 5 & 3 \cdot 6 \\ 3 \cdot 6 & 3 \cdot 5 & 3 \cdot 4 \end{pmatrix} + \begin{pmatrix} 0 & 1 & 2 \\ -2 & -1 & 0 \end{pmatrix} = \begin{pmatrix} 12 & 15 & 18 \\ 18 & 15 & 12 \end{pmatrix}$

$+ \begin{pmatrix} 0 & 1 & 2 \\ -2 & -1 & 0 \end{pmatrix} = \begin{pmatrix} 12+0 & 15+1 & 18+2 \\ 18-2 & 15-1 & 12+0 \end{pmatrix} = \begin{pmatrix} 12 & 16 & 20 \\ 16 & 14 & 12 \end{pmatrix}$ である.

問 1.3 (1) $A = (a_{ij})_{m \times n}$, $B = (b_{ij})_{m \times n}$, $C = (c_{ij})_{m \times n} \in M_{m,n}(\mathbf{R})$ とすると, 和
の定義 (1.6) より, $(A+B)+C = (a_{ij} + b_{ij})_{m \times n} + (c_{ij})_{m \times n} = ((a_{ij} + b_{ij}) + c_{ij})_{m \times n} =$
$(a_{ij} + (b_{ij} + c_{ij}))_{m \times n} = (a_{ij})_{m \times n} + (b_{ij} + c_{ij})_{m \times n} = A + (B + C)$ となる. よって,
$M_{m,n}(\mathbf{R})$ は条件 (2) をみたす.

(2) $A = (a_{ij})_{m \times n} \in M_{m,n}(\mathbf{R})$ とする. このとき, 条件 (1) より, $A + O_{m,n} = O_{m,n} + A$
である. また, 和の定義 (1.6) および $O_{m,n}$ の定義より, $A + O_{m,n} = (a_{ij} + 0)_{m \times n} =$
$(a_{ij})_{m \times n} = A$ となる. よって, $M_{m,n}(\mathbf{R})$ は条件 (3) をみたす. とくに, $O_{m,n}$ は $M_{m,n}(\mathbf{R})$
の零ベクトルである.

(3)　$A = (a_{ij})_{m \times n} \in M_{m,n}(\mathbf{R})$, $k, l \in \mathbf{R}$ とすると，スカラー倍の定義 (1.7) より，$k(lA) = k(la_{ij})_{m \times n} = (k(la_{ij}))_{m \times n} = ((kl)a_{ij})_{m \times n} = (kl)(a_{ij})_{m \times n} = (kl)A$ となる．よって，$M_{m,n}(\mathbf{R})$ は条件 (4) をみたす．

(4)　$A = (a_{ij})_{m \times n} \in M_{m,n}(\mathbf{R})$, $k, l \in \mathbf{R}$ とすると，スカラー倍および和の定義 (1.7)，(1.6) より，$(k+l)A = ((k+l)a_{ij})_{m \times n} = (ka_{ij}+la_{ij})_{m \times n} = (ka_{ij})_{m \times n}+(la_{ij})_{m \times n} = kA + lA$ となる．よって，$M_{m,n}(\mathbf{R})$ は条件 (5) をみたす．

(5)　$A = (a_{ij})_{m \times n}$, $B = (b_{ij})_{m \times n} \in M_{m,n}(\mathbf{R})$, $k \in \mathbf{R}$ とすると，和およびスカラー倍の定義 (1.6)，(1.7) より，$k(A + B) = k(a_{ij} + b_{ij})_{m \times n} = (k(a_{ij} + b_{ij}))_{m \times n} = (ka_{ij} + kb_{ij})_{m \times n} = (ka_{ij})_{m \times n} + (kb_{ij})_{m \times n} = kA + kB$ となる．よって，$M_{m,n}(\mathbf{R})$ は条件 (6) をみたす．

(6)　$A = (a_{ij})_{m \times n} \in M_{m,n}(\mathbf{R})$ とする．このとき，スカラー倍の定義 (1.7) より，$1A = (1 \cdot a_{ij})_{m \times n} = (a_{ij})_{m \times n} = A$ となる．よって，$M_{m,n}(\mathbf{R})$ は条件 (7) をみたす．また，$0A = (0 \cdot a_{ij})_{m \times n} = (0)_{m \times n} = O_{m,n}$ となる．よって，$M_{m,n}(\mathbf{R})$ は条件 (8) をみたす．

問 1.4　x', x'' をともに x の逆ベクトルとすると，零ベクトルの定義，逆ベクトルの定義 定義 1.2，和の交換律および和の結合律より，$x' = 0 + x' = (x + x'') + x' = (x'' + x) + x' = x'' + (x + x') = x'' + 0 = x''$ となる．よって，$x' = x''$ となり，x の逆ベクトルは一意的である．

問 1.5　零ベクトルの定義および分配律より，$k0 = k(0 + 0) = k0 + k0$ となる．すなわち，$k0 = k0 + k0$ である．よって，結合律および零ベクトルの定義より，$0 = k0 - k0 = (k0 + k0) - k0 = k0 + (k0 - k0) = k0 + 0 = k0$ となる．すなわち，$k0 = 0$ である．

問 1.6　10 以下の素数は 2, 3, 5, 7 である．よって，10 以下の素数全体の集合を外延的記法により表すと，$\{2, 3, 5, 7\}$ である．

問 1.7　$x \in A$ とする．このとき，$A \subset B$ および包含関係の定義より，$x \in B$ である．さらに，$B \subset C$ および包含関係の定義より，$x \in C$ である．よって，$x \in A$ ならば $x \in C$ となり，包含関係の定義より，$A \subset C$ である．

問 1.8　(1)　まず，$0+0 \neq 1$ なので，$\begin{pmatrix} x_1 \\ x_2 \end{pmatrix} = \begin{pmatrix} 0 \\ 0 \end{pmatrix}$ とすると，$\begin{pmatrix} x_1 \\ x_2 \end{pmatrix}$ は W に対する条件をみたさない．よって，W は条件 (a) をみたさない．次に，$1+0 = 1$, $0+1 = 1$ であるが，$1+1 \neq 1$ である．よって，$\begin{pmatrix} x_1 \\ x_2 \end{pmatrix} = \begin{pmatrix} 1 \\ 0 \end{pmatrix}$, $\begin{pmatrix} y_1 \\ y_2 \end{pmatrix} = \begin{pmatrix} 0 \\ 1 \end{pmatrix}$ とすると，$\begin{pmatrix} x_1 \\ x_2 \end{pmatrix}$, $\begin{pmatrix} y_1 \\ y_2 \end{pmatrix}$ は W に対する条件をみたすが，$\begin{pmatrix} x_1 \\ x_2 \end{pmatrix} + \begin{pmatrix} y_1 \\ y_2 \end{pmatrix} = \begin{pmatrix} 1 \\ 1 \end{pmatrix}$ は W に対する条件をみたさない．したがって，W は条件 (b) をみたさない．さらに，$0+1 = 1$ であるが，$0+2 \neq 1$ である．よって，$\begin{pmatrix} x_1 \\ x_2 \end{pmatrix} = \begin{pmatrix} 0 \\ 1 \end{pmatrix}$ とすると，$\begin{pmatrix} x_1 \\ x_2 \end{pmatrix}$ は W に対する条件をみたすが，$2\begin{pmatrix} x_1 \\ x_2 \end{pmatrix} = \begin{pmatrix} 0 \\ 2 \end{pmatrix}$ は W に対する条件をみたさない．したがって，W は条件 (c) をみたさない．

(2)　まず，$0 \cdot 0 = 0$ なので，$\begin{pmatrix} x_1 \\ x_2 \end{pmatrix} = \begin{pmatrix} 0 \\ 0 \end{pmatrix}$ とすると，$\begin{pmatrix} x_1 \\ x_2 \end{pmatrix}$ は W に対する条件をみたす．よって，W は条件 (a) をみたす．次に，$1 \cdot 0 = 0$, $0 \cdot 1 = 0$ であるが，$1 \cdot 1 \neq 0$ である．よって，$\begin{pmatrix} x_1 \\ x_2 \end{pmatrix} = \begin{pmatrix} 1 \\ 0 \end{pmatrix}$, $\begin{pmatrix} y_1 \\ y_2 \end{pmatrix} = \begin{pmatrix} 0 \\ 1 \end{pmatrix}$ とすると，$\begin{pmatrix} x_1 \\ x_2 \end{pmatrix}$, $\begin{pmatrix} y_1 \\ y_2 \end{pmatrix}$ は W に対する条件をみたすが，$\begin{pmatrix} x_1 \\ x_2 \end{pmatrix} + \begin{pmatrix} y_1 \\ y_2 \end{pmatrix} = \begin{pmatrix} 1 \\ 1 \end{pmatrix}$ は W に対する条件をみたさない．したがって，W は条件 (b) をみたさない．さらに，$\begin{pmatrix} x_1 \\ x_2 \end{pmatrix} \in W$, $k \in \mathbf{R}$ とする．このとき，W に対する条件より，$x_1 x_2 = 0$ である．よって，$(kx_1)(kx_2) = k^2 x_1 x_2 = 0$ となり，$k \begin{pmatrix} x_1 \\ x_2 \end{pmatrix} = \begin{pmatrix} kx_1 \\ kx_2 \end{pmatrix}$ は W に対する条件をみたす．したがって，W は条件 (c) をみたす．

(3)　まず，$0 \geq 0$ なので，$\begin{pmatrix} x_1 \\ x_2 \end{pmatrix} = \begin{pmatrix} 0 \\ 0 \end{pmatrix}$ とすると，$\begin{pmatrix} x_1 \\ x_2 \end{pmatrix}$ は W に対する条件をみたす．よって，W は条件 (a) をみたす．次に，$\begin{pmatrix} x_1 \\ x_2 \end{pmatrix}$, $\begin{pmatrix} y_1 \\ y_2 \end{pmatrix} \in W$ とする．このとき，W に対する条件より，$x_1 \geq 0$, $y_1 \geq 0$ である．よって，$x_1 + y_1 \geq 0$ となり，$\begin{pmatrix} x_1 \\ x_2 \end{pmatrix} + \begin{pmatrix} y_1 \\ y_2 \end{pmatrix} = \begin{pmatrix} x_1 + y_1 \\ x_2 + y_2 \end{pmatrix}$ は W に対する条件をみたす．したがって，W は条件 (b) をみたす．さらに，$1 \geq 0$ であるが，$-1 < 0$ である．よって，$\begin{pmatrix} x_1 \\ x_2 \end{pmatrix} = \begin{pmatrix} 1 \\ 0 \end{pmatrix}$ とすると，$\begin{pmatrix} x_1 \\ x_2 \end{pmatrix}$ は W に対する条件をみたすが，$(-1) \begin{pmatrix} x_1 \\ x_2 \end{pmatrix} = \begin{pmatrix} -1 \\ 0 \end{pmatrix}$ は W に対する条件をみたさない．したがって，W は条件 (c) をみたさない．

問 1.9　$x \in A \cap B$ ならば，共通部分の定義 (1.30) より，$x \in A$ である．よって，包含関係の定義 §1.1.8 より，$A \cap B \subset A$ である．同様に，$A \cap B \subset B$ である．

問 1.10　$x \in C$ とする．このとき，$C \subset A$ および包含関係の定義 §1.1.8 より，$x \in A$ である．また，$C \subset B$ および包含関係の定義より，$x \in B$ である．よって，$x \in A$ かつ $x \in B$，すなわち，共通部分の定義 (1.30) より，$x \in A \cap B$ である．したがって，$x \in C$ ならば $x \in A \cap B$ となり，包含関係の定義より，$C \subset A \cap B$ である．

問 1.11　集合の演算の定義 §1.2.1 より，$(A \cap B) \cup C = \{x \mid x \in (A \cap B) \cup C\} = \{x \mid x \in A \cap B$ または $x \in C\} = \{x \mid \lceil x \in A$ かつ $x \in B \rfloor$ または $x \in C\} = \{x \mid \lceil x \in A$ または $x \in C \rfloor$ かつ $\lceil x \in B$ または $x \in C \rfloor\} = \{x \mid x \in A \cup C$ かつ $x \in B \cup C\} = (A \cup C) \cap (B \cup C)$ である．よって，定理 1.10 (2) がなりたつ．

問 1.12　差の定義 (1.31) より，$(A \setminus B) \setminus C = (\{1, 2\} \setminus \{2, 3\}) \setminus \{1, 2, 3\} = \{1\} \setminus \{1, 2, 3\} = \emptyset$ である．また，$A \setminus (B \setminus C) = \{1, 2\} \setminus (\{2, 3\} \setminus \{1, 2, 3\}) = \{1, 2\} \setminus \emptyset = \{1, 2\}$ である．よって，$(A \setminus B) \setminus C \neq A \setminus (B \setminus C)$ である．

問 1.13　$x \in C \setminus B$ とする．このとき，差の定義 (1.31) より，$x \in C$ かつ $x \notin B$ である．

ここで，$x \in A$ と仮定すると，$A \subset B$ および包含関係の定義 §1.1.8 より，$x \in B$ となり，これは $x \notin B$ であることに矛盾する．よって，$x \notin A$ となるので，$x \in C$ および差の定義より，$x \in C \setminus A$ である．したがって，$x \in C \setminus B$ ならば $x \in C \setminus A$ となり，包含関係の定義より，定理 1.11 (2) がなりたつ．

問 1.14　(1)　定理 1.7 (2) より，$A \cap B \subset B$ である．よって，定理 1.11 (2) より，(1) がなりたつ．

(2)　$x \in A \setminus (A \cap B)$ とする．このとき，差の定義 (1.31) より，$x \in A$ かつ $x \notin A \cap B$ である．よって，共通部分の定義 (1.30) より，$x \in A$ かつ $x \notin B$，すなわち，差の定義より，$x \in A \setminus B$ である．したがって，$x \in A \setminus (A \cap B)$ ならば $x \in A \setminus B$ となり，包含関係の定義 §1.1.8 より，(2) がなりたつ．

問 1.15　集合の演算の定義 §1.2.1 より，$X \setminus (A \cap B) = \{x \mid x \in X, \ x \notin A \cap B\} = \{x \in X \mid x \notin A \cap B\} = \{x \in X \mid \lceil x \in A \text{ かつ } x \in B \rceil \text{ ではない}\} = \{x \in X \mid x \notin A \text{ または } x \notin B\} = \{x \mid x \in X \setminus A \text{ または } x \in X \setminus B\} = (X \setminus A) \cup (X \setminus B)$ である．よって，定理 1.12 (2) がなりたつ．

問 1.16　(1)　$\boldsymbol{x}, \boldsymbol{y} \in W$ とする．このとき，W の定義 (1.43) より，ある $k_1, k_2, \ldots, k_m, l_1, l_2, \ldots, l_m \in \mathbf{R}$ が存在し，$\boldsymbol{x} = k_1 \boldsymbol{x}_1 + k_2 \boldsymbol{x}_2 + \cdots + k_m \boldsymbol{x}_m$，$\boldsymbol{y} = l_1 \boldsymbol{x}_1 + l_2 \boldsymbol{x}_2 + \cdots + l_m \boldsymbol{x}_m$ となる．よって，$\boldsymbol{x} + \boldsymbol{y} = (k_1 + l_1) \boldsymbol{x}_1 + (k_2 + l_2) \boldsymbol{x}_2 + \cdots + (k_m + l_m) \boldsymbol{x}_m$ となる．ここで，$k_1 + l_1, k_2 + l_2, \ldots, k_m + l_m \in \mathbf{R}$ なので，W の定義より，$\boldsymbol{x} + \boldsymbol{y} \in W$ である．したがって，$\boldsymbol{x}, \boldsymbol{y} \in W$ ならば $\boldsymbol{x} + \boldsymbol{y} \in W$ となり，W は定理 1.6 の条件 (b) をみたす．

(2)　$\boldsymbol{x} \in W, k \in \mathbf{R}$ とする．このとき，W の定義より，ある $k_1, k_2, \ldots, k_m \in \mathbf{R}$ が存在し，$\boldsymbol{x} = k_1 \boldsymbol{x}_1 + k_2 \boldsymbol{x}_2 + \cdots + k_m \boldsymbol{x}_m$ となる．よって，$k\boldsymbol{x} = (kk_1) \boldsymbol{x}_1 + (kk_2) \boldsymbol{x}_2 + \cdots + (kk_m) \boldsymbol{x}_m$ となる．ここで，$kk_1, kk_2, \ldots, kk_m \in \mathbf{R}$ なので，W の定義より，$k\boldsymbol{x} \in W$ である．したがって，$\boldsymbol{x} \in W$，$k \in \mathbf{R}$ ならば $k\boldsymbol{x} \in W$ となり，W は定理 1.6 の条件 (c) をみたす．

問 1.17　(1)　$\boldsymbol{x}, \boldsymbol{y} \in W_1 + W_2$ とする．このとき，$W_1 + W_2$ の定義 (1.49) より，ある $\boldsymbol{x}_1, \boldsymbol{y}_1 \in W_1, \boldsymbol{x}_2, \boldsymbol{y}_2 \in W_2$ が存在し，$\boldsymbol{x} = \boldsymbol{x}_1 + \boldsymbol{x}_2$，$\boldsymbol{y} = \boldsymbol{y}_1 + \boldsymbol{y}_2$ となる．よって，$\boldsymbol{x} + \boldsymbol{y} = (\boldsymbol{x}_1 + \boldsymbol{y}_1) + (\boldsymbol{x}_2 + \boldsymbol{y}_2)$ となる．ここで，W_1, W_2 は V の部分空間なので，$\boldsymbol{x}_1 + \boldsymbol{y}_1 \in W_1, \boldsymbol{x}_2 + \boldsymbol{y}_2 \in W_2$ である．したがって，$W_1 + W_2$ の定義より，$\boldsymbol{x} + \boldsymbol{y} \in W_1 + W_2$ である．以上より，$\boldsymbol{x}, \boldsymbol{y} \in W_1 + W_2$ ならば $\boldsymbol{x} + \boldsymbol{y} \in W_1 + W_2$ となり，$W_1 + W_2$ は定理 1.6 の条件 (b) をみたす．

(2)　$\boldsymbol{x} \in W_1 + W_2, k \in \mathbf{R}$ とする．このとき，$W_1 + W_2$ の定義より，ある $\boldsymbol{x}_1 \in W_1, \boldsymbol{x}_2 \in W_2$ が存在し，$\boldsymbol{x} = \boldsymbol{x}_1 + \boldsymbol{x}_2$ となる．よって，$k\boldsymbol{x} = k\boldsymbol{x}_1 + k\boldsymbol{x}_2$ となる．ここで，W_1, W_2 は V の部分空間なので，$k\boldsymbol{x}_1 \in W_1, k\boldsymbol{x}_2 \in W_2$ である．したがって，$W_1 + W_2$ の定義より，$k\boldsymbol{x} \in W_1 + W_2$ である．以上より，$\boldsymbol{x} \in W_1 + W_2, k \in \mathbf{R}$ ならば $k\boldsymbol{x} \in W_1 + W_2$ となり，$W_1 + W_2$ は定理 1.6 の条件 (c) をみたす．

問 1.18　$\boldsymbol{x}_1, \boldsymbol{y}_1 \in W_1, \boldsymbol{x}_2, \boldsymbol{y}_2 \in W_2$ とし，$\boldsymbol{x}_1 + \boldsymbol{x}_2 = \boldsymbol{y}_1 + \boldsymbol{y}_2$ であると仮定する．このとき，

$$\boldsymbol{x}_1 - \boldsymbol{y}_1 = \boldsymbol{y}_2 - \boldsymbol{x}_2 \tag{A.1}$$

である．ここで，W_1 は V の部分空間なので，$\boldsymbol{x}_1, \boldsymbol{y}_1 \in W_1$ より，$\boldsymbol{x}_1 - \boldsymbol{y}_1 \in W_1$ である．同様に，$\boldsymbol{y}_2 - \boldsymbol{x}_2 \in W_2$ である．よって，(A.1) および (3) より，$\boldsymbol{x}_1 - \boldsymbol{y}_1 = \boldsymbol{y}_2 - \boldsymbol{x}_2 = \boldsymbol{0}$ である．したがって，$\boldsymbol{x}_1 = \boldsymbol{y}_1$，$\boldsymbol{x}_2 = \boldsymbol{y}_2$ となり，直和の定義 定義 1.6 より，(1) がなり

たつ.

・・・・・・・・・・・・・・・・・・・・・・・・・・・・ **章末問題** ・・・・・・・・・・・・・・・・・・・・・・・・・・・・

問題 1.1　(1)　対称差の定義より, $A \ominus A = (A \setminus A) \cup (A \setminus A) = \emptyset \cup \emptyset = \emptyset$ である. よって, (1) がなりたつ.

(2)　対称差の定義より, $A \ominus \emptyset = (A \setminus \emptyset) \cup (\emptyset \setminus A) = A \cup \emptyset = A$ である. よって, (2) がなりたつ.

(3)　対称差の定義および和の交換律より, $A \ominus B = (A \setminus B) \cup (B \setminus A) = (B \setminus A) \cup (A \setminus B) = B \ominus A$ である. よって, (3) がなりたつ.

(4)　共通部分の交換律, ド・モルガンの法則, 和の交換律, (1.37) および対称差の定義より, $(A \cup B) \setminus (A \cap B) = (A \cup B) \setminus (B \cap A) = \{(A \cup B) \setminus B\} \cup \{(A \cup B) \setminus A\} = \{(A \cup B) \setminus B\} \cup \{(B \cup A) \setminus A\} = (A \setminus B) \cup (B \setminus A) = A \ominus B$ である. よって, (4) がなりたつ.

問題 1.2　(1)　W_1 は V の部分空間なので, $\mathbf{0} \in W_1$ である. 同様に, $\mathbf{0} \in W_2$ である. よって, 共通部分の定義 (1.30) より, $\mathbf{0} \in W_1 \cap W_2$ となり, $W_1 \cap W_2$ は定理 1.6 の条件 (a) をみたす.

(2)　$\boldsymbol{x}, \boldsymbol{y} \in W_1 \cap W_2$ とする. このとき, 共通部分の定義より, $\boldsymbol{x}, \boldsymbol{y} \in W_1$ かつ $\boldsymbol{x}, \boldsymbol{y} \in W_2$ である. さらに, $\boldsymbol{x}, \boldsymbol{y} \in W_1$ および W_1 が V の部分空間であることから, $\boldsymbol{x} + \boldsymbol{y} \in W_1$ である. 同様に, $\boldsymbol{x} + \boldsymbol{y} \in W_2$ である. よって, 共通部分の定義より, $\boldsymbol{x} + \boldsymbol{y} \in W_1 \cap W_2$ となり, $W_1 \cap W_2$ は定理 1.6 の条件 (b) をみたす.

(3)　$\boldsymbol{x} \in W_1 \cap W_2, k \in \mathbf{R}$ とする. このとき, 共通部分の定義より, $\boldsymbol{x} \in W_1$ かつ $\boldsymbol{x} \in W_2$ である. さらに, $\boldsymbol{x} \in W_1$ および W_1 が V の部分空間であることから, $k\boldsymbol{x} \in W_1$ である. 同様に, $k\boldsymbol{x} \in W_2$ である. よって, 共通部分の定義より, $k\boldsymbol{x} \in W_1 \cap W_2$ となり, $W_1 \cap W_2$ は定理 1.6 の条件 (c) をみたす.

問題 1.3　(1)　転置行列の定義より, ${}^t(A + B)$ の (j, i) 成分 $= A + B$ の (i, j) 成分 $= A$ の (i, j) 成分 $+ B$ の (i, j) 成分 $= {}^tA$ の (j, i) 成分 $+ {}^tB$ の (j, i) 成分, である. よって, (1) がなりたつ.

(2)　転置行列の定義より, ${}^t(kA)$ の (j, i) 成分 $= kA$ の (i, j) 成分 $= k \times A$ の (i, j) 成分 $= k \times {}^tA$ の (j, i) 成分, である. よって, (2) がなりたつ.

問題 1.4　(1)　問題 1.3 (1) および対称行列の定義より, ${}^t(A + B) = {}^tA + {}^tB = A + B$ である. よって, 対称行列の定義より, (1) がなりたつ.

(2)　問題 1.3 (2) および対称行列の定義より, ${}^t(kA) = k{}^tA = kA$ である. よって, 対称行列の定義より, (2) がなりたつ.

(3)　問題 1.3 (1) および交代行列の定義より, ${}^t(A + B) = {}^tA + {}^tB = -A - B = -(A + B)$ である. よって, 交代行列の定義より, (3) がなりたつ.

(4)　問題 1.3 (2) および交代行列の定義より, ${}^t(kA) = k{}^tA = k(-A) = -kA$ である. よって, 交代行列の定義より, (4) がなりたつ.

問題 1.5　(1)　$\{1\}$ の部分集合は $\emptyset$ と $\{1\}$ である. よって, $2^A = \{\emptyset, \{1\}\}$ である.

(2)　$\{1, 2\}$ の部分集合は $\emptyset, \{1\}, \{2\}, \{1, 2\}$ である. よって, $2^A = \{\emptyset, \{1\}, \{2\}, \{1, 2\}\}$ である.

(3)　$k \in \{0, 1, 2, \ldots, n\}$ とすると, k 個の元からなる A の部分集合の個数は, n 個のも

のから k 個選ぶ組合せの総数に等しい，すなわち，${}_n\mathrm{C}_k$ である．よって，2^A の元の個数は (1.71) より，$\sum_{k=0}^{n} {}_n\mathrm{C}_k = (1+1)^n = 2^n$ である．とくに，2^A は有限集合である．

問題 1.6　(1)　問題 1.3 より，${}^t\left\{\frac{1}{2}(A + {}^tA)\right\} = \frac{1}{2}{}^t(A + {}^tA) = \frac{1}{2}\{{}^tA + {}^t({}^tA)\} = \frac{1}{2}({}^tA + A) = \frac{1}{2}(A + {}^tA)$ である．よって，対称行列の定義より，$\frac{1}{2}(A + {}^tA) \in \mathrm{Sym}(n)$ である．

(2)　問題 1.3 より，${}^t\left\{\frac{1}{2}(A - {}^tA)\right\} = \frac{1}{2}{}^t(A - {}^tA) = \frac{1}{2}\{{}^tA - {}^t({}^tA)\} = \frac{1}{2}({}^tA - A) = -\frac{1}{2}(A - {}^tA)$ である．よって，交代行列の定義より，$\frac{1}{2}(A - {}^tA) \in \mathrm{Skew}(n)$ である．

(3)　$B = \frac{1}{2}(A + {}^tA)$ とおくと，(1) より，$B \in \mathrm{Sym}(n)$ である．また，$C = \frac{1}{2}(A - {}^tA)$ とおくと，(2) より，$C \in \mathrm{Skew}(n)$ である．このとき，$A = B + C$ である．

(4)　$A \in \mathrm{Sym}(n) \cap \mathrm{Skew}(n)$ および共通部分の定義 (1.30) より，$A \in \mathrm{Sym}(n)$ かつ $A \in \mathrm{Skew}(n)$ である．さらに，$A \in \mathrm{Sym}(n)$ より，${}^tA = A$ である．また，$A \in \mathrm{Skew}(n)$ より，${}^tA = -A$ である．よって，$A = {}^tA = -A$ となり，$A = -A$ である．したがって，$A = O$ となる．

2

=========================== **第 2 章** ===========================

問 2.1　まず，f_2 と f_2 は明らかに定義 2.2 の条件 (1)〜(3) をみたすので，$f_2 = f_2$ である．次に，定義 2.2 の条件 (1)，(2) に注目すると，f_2 と定義域および値域がそれぞれ等しいものは f_2 以外には f_4 のみである．ここで，$f_2(0) = f_4(0) = 0$，$f_2(1) = f_4(1) = 1$ である．よって，f_2 と f_4 は定義 2.2 の条件 (1)〜(3) をみたすので，$f_2 = f_4$ である．したがって，f_1, f_2, f_3, f_4 の中で，f_2 と等しいものは f_2 と f_4 である．

問 2.2　直積の定義 (2.11) より，$Y \times X = \{(3, 1), (3, 2)\}$，$Y \times Y = \{(3, 3)\}$ である．

問 2.3　f およびグラフの定義 (2.14) より，求めるグラフは $G(f) = \{(1, f(1)), (2, f(2)), (3, f(3))\} = \{(1, 4), (2, 4), (3, 5)\}$ である．

問 2.4　(1)　積の定義 (2.19) を用いて計算すると，$\begin{pmatrix} 1 & 2 & 0 \\ -1 & 0 & 2 \end{pmatrix}\begin{pmatrix} 3 \\ 4 \\ 5 \end{pmatrix} = \begin{pmatrix} 1 \cdot 3 + 2 \cdot 4 + 0 \cdot 5 \\ (-1) \cdot 3 + 0 \cdot 4 + 2 \cdot 5 \end{pmatrix} = \begin{pmatrix} 11 \\ 7 \end{pmatrix}$ である．

(2)　積の定義 (2.19) を用いて計算すると，$\begin{pmatrix} 4 \\ 3 \end{pmatrix}\begin{pmatrix} 2 & 1 \end{pmatrix} = \begin{pmatrix} 4 \cdot 2 & 4 \cdot 1 \\ 3 \cdot 2 & 3 \cdot 1 \end{pmatrix} = \begin{pmatrix} 8 & 4 \\ 6 & 3 \end{pmatrix}$ である．

問 2.5　(1)　V と V の直積を定義域とし，V を値域とする写像 $\Phi : V \times V \to V$ を $\Phi(\boldsymbol{x}, \boldsymbol{y}) = \boldsymbol{x} + \boldsymbol{y}$（$(\boldsymbol{x}, \boldsymbol{y}) \in V \times V$）により定めると，$\Phi$ は V の和を表す写像である．

(2)　$\mathbf{R}$ と V の直積を定義域とし，V を値域とする写像 $\Psi : \mathbf{R} \times V \to V$ を $\Psi(k, \boldsymbol{x}) = k\boldsymbol{x}$（$(k, \boldsymbol{x}) \in \mathbf{R} \times V$）により定めると，$\Psi$ は V のスカラー倍を表す写像である．

問 2.6　(1)　$\boldsymbol{x}, \boldsymbol{y} \in \mathbf{R}^n$ とすると，f_A の定義 (2.22) および定理 2.1 (3) より，$f_A(\boldsymbol{x} + \boldsymbol{y}) = A(\boldsymbol{x} + \boldsymbol{y}) = A\boldsymbol{x} + A\boldsymbol{y} = f_A(\boldsymbol{x}) + f_A(\boldsymbol{y})$ となる．よって，f_A は定義 2.5 の条件 (1) をみたす．

(2)　$\boldsymbol{x} \in \mathbf{R}^n$，$k \in \mathbf{R}$ とすると，f_A の定義 (2.22) および定理 2.1 (4) より，$f_A(k\boldsymbol{x}) = A(k\boldsymbol{x}) = k(A\boldsymbol{x}) = kf_A(\boldsymbol{x})$ となる．よって，f_A は定義 2.5 の条件 (2) をみたす．

問 2.7　まず，$\boldsymbol{x}, \boldsymbol{y} \in V$ とすると，恒等写像の定義より，$1_V(\boldsymbol{x}+\boldsymbol{y}) = \boldsymbol{x}+\boldsymbol{y} = 1_V(\boldsymbol{x})+1_V(\boldsymbol{y})$ となる．よって，f は定義 2.5 の条件 (1) をみたす．さらに，$k \in \mathbf{R}$ とすると，恒等写像の定義より，$1_V(k\boldsymbol{x}) = k\boldsymbol{x} = k1_V(\boldsymbol{x})$ となる．よって，f は定義 2.5 の条件 (2) をみたす．したがって，1_V は線形変換である．

問 2.8　$m = l$ $(l \in \mathbf{N})$ のとき，(2.26) がなりたつと仮定すると，$f(k_1\boldsymbol{x}_1 + k_2\boldsymbol{x}_2 + \cdots + k_l\boldsymbol{x}_l) = k_1 f(\boldsymbol{x}_1) + k_2 f(\boldsymbol{x}_2) + \cdots + k_l f(\boldsymbol{x}_l)$ である．このとき，定義 2.5 の条件より，$f(k_1\boldsymbol{x}_1 + k_2\boldsymbol{x}_2 + \cdots + k_l\boldsymbol{x}_l + k_{l+1}\boldsymbol{x}_{l+1}) = $
$f((k_1\boldsymbol{x}_1 + k_2\boldsymbol{x}_2 + \cdots + k_l\boldsymbol{x}_l) + k_{l+1}\boldsymbol{x}_{l+1}) = f(k_1\boldsymbol{x}_1 + k_2\boldsymbol{x}_2 + \cdots + k_l\boldsymbol{x}_l) + f(k_{l+1}\boldsymbol{x}_{l+1}) = $
$(k_1 f(\boldsymbol{x}_1) + k_2 f(\boldsymbol{x}_2) + \cdots + k_l f(\boldsymbol{x}_l)) + k_{l+1} f(\boldsymbol{x}_{l+1}) = k_1 f(\boldsymbol{x}_1) + k_2 f(\boldsymbol{x}_2) + \cdots + k_{l+1} f(\boldsymbol{x}_{l+1})$ となる．よって，$n = l+1$ のとき，(2.26) がなりたつ．

問 2.9　像の定義 (2.28) および f の定義より，$f(\{1\}) = \{f(1)\} = \{4\}$，$f(\{2\}) = \{f(2)\} = \{4\}$，$f(\{3\}) = \{f(3)\} = \{5\}$，$f(\{1, 3\}) = \{f(1), f(3)\} = \{4, 5\}$，$f(\{2, 3\}) = \{f(2), f(3)\} = \{4, 5\}$，$f(X) = f(\{1, 2, 3\}) = \{f(1), f(2), f(3)\} = \{4, 4, 5\} = \{4, 5\}$ である．

問 2.10　$f^{-1}(\{4\})$: f の定義より，$f(x) \in \{4\}$ となる $x \in X$ を求めると，$x = 1, 2$ である．よって，逆像の定義 (2.31) より，$f^{-1}(\{4\}) = \{1, 2\}$ である．

$f^{-1}(\{5\})$: f の定義より，$f(x) \in \{5\}$ となる $x \in X$ を求めると，$x = 3$ である．よって，逆像の定義 (2.31) より，$f^{-1}(\{5\}) = \{3\}$ である．

$f^{-1}(\{6\})$: f の定義より，$f(x) \in \{6\}$ となる $x \in X$ は存在しない．よって，逆像の定義 (2.31) より，$f^{-1}(\{6\}) = \{ \, \}$ である．

$f^{-1}(\{4, 5\})$: f の定義より，$f(x) \in \{4, 5\}$ となる $x \in X$ を求めると，$x = 1, 2, 3$ である．よって，逆像の定義 (2.31) より，$f^{-1}(\{4, 5\}) = \{1, 2, 3\}$ である．

$f^{-1}(\{5, 6\})$: f の定義より，$f(x) \in \{5, 6\}$ となる $x \in X$ を求めると，$x = 3$ である．よって，逆像の定義 (2.31) より，$f^{-1}(\{5, 6\}) = \{3\}$ である．

$f^{-1}(Y)$: f は X から Y への写像なので，任意の $x \in X$ に対して，$f(x) \in Y$ である．よって，逆像の定義 (2.31) より，$f^{-1}(Y) = X = \{1, 2, 3\}$ である．

問 2.11　(1)　$\boldsymbol{x}, \boldsymbol{y} \in \mathrm{Ker}\, f$ とする．このとき，$f(\boldsymbol{x}) = \mathbf{0}_W$，$f(\boldsymbol{y}) = \mathbf{0}_W$ である．ここで，f は線形写像なので，$f(\boldsymbol{x} + \boldsymbol{y}) = f(\boldsymbol{x}) + f(\boldsymbol{y}) = \mathbf{0}_W + \mathbf{0}_W = \mathbf{0}_W$ となる．よって，$\boldsymbol{x} + \boldsymbol{y} \in \mathrm{Ker}\, f$ である．したがって，$\boldsymbol{x}, \boldsymbol{y} \in \mathrm{Ker}\, f$ ならば $\boldsymbol{x} + \boldsymbol{y} \in \mathrm{Ker}\, f$ となり，$\mathrm{Ker}\, f$ は定理 1.6 の条件 (b) をみたす．

(2)　$\boldsymbol{x} \in \mathrm{Ker}\, f$，$k \in \mathbf{R}$ とする．このとき，$f(\boldsymbol{x}) = \mathbf{0}_W$ である．ここで，f は線形写像なので，$f(k\boldsymbol{x}) = kf(\boldsymbol{x}) = k\mathbf{0}_W = \mathbf{0}_W$ となる．よって，$k\boldsymbol{x} \in \mathrm{Ker}\, f$ である．したがって，$\boldsymbol{x} \in \mathrm{Ker}\, f$，$k \in \mathbf{R}$ ならば $k\boldsymbol{x} \in \mathrm{Ker}\, f$ となり，$\mathrm{Ker}\, f$ は定理 1.6 の条件 (c) をみたす．

問 2.12　(1)　f, g の定義および合成写像の定義 (2.44) より，$(g \circ f)(2) = g(f(2)) = g(6) = 9$ である．

(2)　f, g の定義および合成写像の定義 (2.44) より，$(g \circ f)(3) = g(f(3)) = g(6) = 9$ である．

問 2.13　$\boldsymbol{x} \in U$，$k \in \mathbf{R}$ とする．このとき，合成写像の定義 (2.44) および f, g に対する定義 2.5 の条件 (2) より，$(g \circ f)(k\boldsymbol{x}) = g(f(k\boldsymbol{x})) = g(kf(\boldsymbol{x})) = kg(f(\boldsymbol{x})) = k(g \circ f)(\boldsymbol{x})$ となる．よって，$g \circ f$ は定義 2.5 の条件 (2) をみたす．

問 2.14　(1)　$\boldsymbol{y} \in \mathrm{Im}\, f$ とする．このとき，ある $\boldsymbol{x} \in V$ が存在し，$\boldsymbol{y} = f(\boldsymbol{x})$ となる．ここ

で，$f \circ f$ は零写像なので，$f(\boldsymbol{y}) = f(f(\boldsymbol{x})) = (f \circ f)(\boldsymbol{x}) = \boldsymbol{0}$ となる．よって，$\boldsymbol{y} \in \mathrm{Ker}\, f$ である．したがって，$\boldsymbol{y} \in \mathrm{Im}\, f$ ならば $\boldsymbol{y} \in \mathrm{Ker}\, f$ となり，包含関係の定義 §1.1.8 より，$\mathrm{Im}\, f \subset \mathrm{Ker}\, f$ である．

(2) $\boldsymbol{x} \in V$ とする．このとき，$f(\boldsymbol{x}) \in \mathrm{Im}\, f$ である．ここで，$\mathrm{Im}\, f \subset \mathrm{Ker}\, f$ なので，$f(f(\boldsymbol{x})) = \boldsymbol{0}$ となる．すなわち，$(f \circ f)(\boldsymbol{x}) = \boldsymbol{0}$ である．$\boldsymbol{x}$ は V の任意の元なので，$f \circ f$ は零写像である．

問 2.15　$x \in X$ とすると，$\mathrm{id}_X(x) = x$ である．よって，id_X は全射である．

問 2.16　(1) まず，$y \in [0, +\infty)$ とすると，$x \in \mathbf{R}$ を $x = \sqrt{y}$ により定めることができる．このとき，$g(x) = \left(\sqrt{y}\right)^2 = y$ である．よって，g は定義 2.9 の全射の条件をみたし，全射である．また，$-1, 1 \in \mathbf{R}$，$-1 \neq 1$ であるが，$g(-1) = g(1) = 1$ となる．よって，g は定義 2.9 の単射の条件をみたさず，単射ではない．

(2) まず，$-1 \in \mathbf{R}$ であるが，$h(x) = -1$，すなわち，$x^2 = -1$ となる $x \in [0, +\infty)$ は存在しない．よって，h は定義 2.9 の全射の条件をみたさず，全射ではない．また，$x_1, x_2 \in [0, +\infty)$，$h(x_1) = h(x_2)$ とする．このとき，$x_1^2 = x_2^2$，すなわち，$(x_1 + x_2)(x_1 - x_2) = 0$ である．ここで，$x_1, x_2 \in [0, +\infty)$ より，$x_1 = x_2$ となる．よって，注意 2.6 より，f は単射である．

問 2.17　$x_1, x_2 \in X$，$x_1 \neq x_2$ とする．このとき，f は単射なので，$f(x_1) \neq f(x_2)$ である．さらに，g は単射なので，$g(f(x_1)) \neq g(f(x_2))$，すなわち，合成写像の定義 (2.44) より，$(g \circ f)(x_1) \neq (g \circ f)(x_2)$ である．よって，$g \circ f$ は定義 2.9 の単射の条件をみたし，単射である．

問 2.18　階数標準形を求めるが，途中の階段行列までを求めてもよい．

(1) 基本変形を行うと，
$$\begin{pmatrix} 1 & -2 & 1 \\ 2 & -4 & 2 \\ 3 & -6 & 5 \\ 0 & 0 & 2 \end{pmatrix} \xrightarrow[\text{第 3 行 - 第 3 行 ×3}]{\text{第 2 行 - 第 1 行 ×2}} \begin{pmatrix} 1 & -2 & 1 \\ 0 & 0 & 0 \\ 0 & 0 & 2 \\ 0 & 0 & 2 \end{pmatrix}$$

$$\xrightarrow{\text{第 4 行 - 第 3 行}} \begin{pmatrix} 1 & -2 & 1 \\ 0 & 0 & 0 \\ 0 & 0 & 2 \\ 0 & 0 & 0 \end{pmatrix} \xrightarrow{\text{第 3 行 ×}\frac{1}{2}} \begin{pmatrix} 1 & -2 & 1 \\ 0 & 0 & 0 \\ 0 & 0 & 1 \\ 0 & 0 & 0 \end{pmatrix} \xrightarrow[\text{（階段行列化）}]{\text{第 2 行と第 3 行の入れ替え}}$$

$$\begin{pmatrix} 1 & -2 & 1 \\ 0 & 0 & 1 \\ 0 & 0 & 0 \\ 0 & 0 & 0 \end{pmatrix} \xrightarrow[\text{第 3 列 - 第 1 列}]{\text{第 2 列 + 第 1 列 ×2}} \begin{pmatrix} 1 & 0 & 0 \\ 0 & 0 & 1 \\ 0 & 0 & 0 \\ 0 & 0 & 0 \end{pmatrix} \xrightarrow{\text{第 2 列と第 3 列の入れ替え}}$$

$$\begin{pmatrix} 1 & 0 & 0 \\ 0 & 1 & 0 \\ 0 & 0 & 0 \\ 0 & 0 & 0 \end{pmatrix} \text{ となる．よって，} \mathrm{rank} \begin{pmatrix} 1 & -2 & 1 \\ 2 & -4 & 2 \\ 3 & -6 & 5 \\ 0 & 0 & 2 \end{pmatrix} = 2 \text{ である．}$$

(2) 基本変形を行うと，
$$\begin{pmatrix} 1 & 2 & 3 \\ 2 & 3 & 1 \end{pmatrix} \xrightarrow{\text{第 2 行 - 第 1 行 ×2}} \begin{pmatrix} 1 & 2 & 3 \\ 0 & -1 & -5 \end{pmatrix}$$

$$\xrightarrow[\text{（階段行列化）}]{\text{第 2 行 ×(-1)}} \begin{pmatrix} 1 & 2 & 3 \\ 0 & 1 & 5 \end{pmatrix} \xrightarrow[\text{第 3 列 - 第 1 列 ×3}]{\text{第 2 列 - 第 1 列 ×2}} \begin{pmatrix} 1 & 0 & 0 \\ 0 & 1 & 5 \end{pmatrix}$$

第 3 列 − 第 2 列 ×5 $\longrightarrow$ $\begin{pmatrix} 1 & 0 & 0 \\ 0 & 1 & 0 \end{pmatrix}$ となる. よって, rank $\begin{pmatrix} 1 & 2 & 3 \\ 2 & 3 & 1 \end{pmatrix} = 2$ である.

(3) 基本変形を行うと, $\begin{pmatrix} 1 & 3 \\ 2 & 2 \\ 3 & 1 \end{pmatrix}$ $\xrightarrow[\text{第 3 行 − 第 1 行 ×3}]{\text{第 2 行 − 第 1 行 ×2}}$ $\begin{pmatrix} 1 & 3 \\ 0 & -4 \\ 0 & -8 \end{pmatrix}$ $\xrightarrow{\text{第 3 行 − 第 2 行 ×2}}$

$\begin{pmatrix} 1 & 3 \\ 0 & -4 \\ 0 & 0 \end{pmatrix}$ $\xrightarrow[\text{(階段行列化)}]{\text{第 2 行 × }\left(-\frac{1}{4}\right)}$ $\begin{pmatrix} 1 & 3 \\ 0 & 1 \\ 0 & 0 \end{pmatrix}$ $\xrightarrow{\text{第 2 列 − 第 1 列 ×3}}$ $\begin{pmatrix} 1 & 0 \\ 0 & 1 \\ 0 & 0 \end{pmatrix}$ となる.

よって, rank $\begin{pmatrix} 1 & 3 \\ 2 & 2 \\ 3 & 1 \end{pmatrix} = 2$ である.

問 2.19 拡大係数行列の行に関する基本変形を行うと, $\left(\begin{array}{ccc|c} 1 & 2 & & 1 \\ 2 & 3 & & a \\ 3 & 1 & & b \end{array}\right)$ $\xrightarrow[\text{第 3 行 − 第 1 行 ×3}]{\text{第 2 行 − 第 1 行 ×2}}$

$\left(\begin{array}{cc|c} 1 & 2 & 1 \\ 0 & -1 & a-2 \\ 0 & -5 & b-3 \end{array}\right)$ $\xrightarrow{\text{第 3 行 − 第 2 行 ×5}}$ $\left(\begin{array}{cc|c} 1 & 2 & 1 \\ 0 & -1 & a-2 \\ 0 & 0 & -5a+b+7 \end{array}\right)$ $\xrightarrow{\text{第 2 行 ×(−1)}}$

$\left(\begin{array}{cc|c} 1 & 2 & 1 \\ 0 & 1 & -a+2 \\ 0 & 0 & -5a+b+7 \end{array}\right)$ となる. よって, 求める条件は $-5a+b+7 = 0$ である.

問 2.20 係数行列の行に関する基本変形を行うと, $\begin{pmatrix} 1 & 2 & 3 \\ 2 & 3 & 1 \end{pmatrix}$ $\xrightarrow{\text{第 2 行 − 第 1 行 ×2}}$

$\begin{pmatrix} 1 & 2 & 3 \\ 0 & -1 & -5 \end{pmatrix}$ $\xrightarrow{\text{第 2 行 ×(−1)}}$ $\begin{pmatrix} 1 & 2 & 3 \\ 0 & 1 & 5 \end{pmatrix}$ $\xrightarrow{\text{第 1 行 − 第 2 行 ×2}}$ $\begin{pmatrix} 1 & 0 & -7 \\ 0 & 1 & 5 \end{pmatrix}$
となる. よって, あたえられた方程式は $x - 7z = 0$, $y + 5z = 0$ となる. したがって, 解は $c \in \mathbf{R}$ を任意の定数として, $x = 7c$, $y = -5c$, $z = c$ である.

問 2.21 (1) まず, f, g は全単射なので, 定理 2.6 より, $g \circ f$ は全単射である. よって, $g \circ f$ の逆写像 $(g \circ f)^{-1} : Z \to X$ が定義できる. また, g は全単射なので, g の逆写像 $g^{-1} : Z \to Y$ が定義できる. さらに, f は全単射なので, f の逆写像 $f^{-1} : Y \to X$ が定義できる. よって, g^{-1} と f^{-1} の合成写像 $f^{-1} \circ g^{-1} : Z \to X$ が定義できる.

(2) まず, 逆写像の定義より, $g(y) = z$, $f(x) = y$ である. よって, 合成写像の定義 (2.44) より, $(g \circ f)(x) = g(f(x)) = g(y) = z$, すなわち, $(g \circ f)(x) = z$ である. したがって, 逆写像の定義より, $(g \circ f)^{-1}(z) = x$ である.

(3) 合成写像の定義より, $(f^{-1} \circ g^{-1})(z) = f^{-1}(g^{-1}(z)) = f^{-1}(y) = x$, すなわち, $(f^{-1} \circ g^{-1})(z) = x$ である.

問 2.22 (1) $\boldsymbol{x}', \boldsymbol{y}' \in W$ とする. このとき, 逆写像の定義より, $f(f^{-1}(\boldsymbol{x}' + \boldsymbol{y}')) = \boldsymbol{x}' + \boldsymbol{y}'$ である. また, f に対する定義 2.5 の条件 (1) および逆写像の定義より,

$f(f^{-1}(\boldsymbol{x}') + f^{-1}(\boldsymbol{y}')) = f(f^{-1}(\boldsymbol{x}')) + f(f^{-1}(\boldsymbol{y}')) = \boldsymbol{x}' + \boldsymbol{y}'$ となる. さらに, f が単射であることから, $f^{-1}(\boldsymbol{x}' + \boldsymbol{y}') = f^{-1}(\boldsymbol{x}') + f^{-1}(\boldsymbol{y}')$ となり, f^{-1} は定義 2.5 の条件 (1) をみたす.

(2) $\boldsymbol{x}' \in W$, $k \in \mathbf{R}$ とする．このとき，逆写像の定義より，$f(f^{-1}(k\boldsymbol{x}')) = k\boldsymbol{x}'$ である．また，f に対する定義 2.5 の条件 (2) および逆写像の定義より，$f(kf^{-1}(\boldsymbol{x}')) = kf(f^{-1}(\boldsymbol{x}')) = k\boldsymbol{x}'$ となる．さらに，f が単射であることから，$f^{-1}(k\boldsymbol{x}') = kf^{-1}(\boldsymbol{x}')$ となり，f^{-1} は定義 2.5 の条件 (2) をみたす．

問 2.23　行に関する基本変形を行うと，$\begin{pmatrix} 1 & 2 & 6 & | & 1 & 0 & 0 \\ 0 & 1 & 2 & | & 0 & 1 & 0 \\ 1 & 0 & 1 & | & 0 & 0 & 1 \end{pmatrix}$ $\xrightarrow{\text{第 3 行 } - \text{ 第 1 行}}$

$\begin{pmatrix} 1 & 2 & 6 & | & 1 & 0 & 0 \\ 0 & 1 & 2 & | & 0 & 1 & 0 \\ 0 & -2 & -5 & | & -1 & 0 & 1 \end{pmatrix}$ $\xrightarrow[\text{第 3 行 } + \text{ 第 2 行 } \times 2]{\text{第 1 行 } - \text{ 第 2 行 } \times 2}$ $\begin{pmatrix} 1 & 0 & 2 & | & 1 & -2 & 0 \\ 0 & 1 & 2 & | & 0 & 1 & 0 \\ 0 & 0 & -1 & | & -1 & 2 & 1 \end{pmatrix}$

$\xrightarrow{\text{第 3 行 } \times (-1)}$ $\begin{pmatrix} 1 & 0 & 2 & | & 1 & -2 & 0 \\ 0 & 1 & 2 & | & 0 & 1 & 0 \\ 0 & 0 & 1 & | & 1 & -2 & -1 \end{pmatrix}$ $\xrightarrow[\text{第 2 行 } - \text{ 第 3 行 } \times 2]{\text{第 1 行 } - \text{ 第 3 行 } \times 2}$

$\begin{pmatrix} 1 & 0 & 0 & | & -1 & 2 & 2 \\ 0 & 1 & 0 & | & -2 & 5 & 2 \\ 0 & 0 & 1 & | & 1 & -2 & -1 \end{pmatrix}$ となる．よって，求める逆行列は $\begin{pmatrix} -1 & 2 & 2 \\ -2 & 5 & 2 \\ 1 & -2 & -1 \end{pmatrix}$ である．

・・・・・・・・・・・・・・・・・・・・・・・・ **章末問題** ・・・・・・・・・・・・・・・・・・・・・・・・

問題 2.1　(1)　$f, g \in F(\mathbf{R})$, $x \in \mathbf{R}$ とする．$\mathbf{R}$ に対する和については交換律がなりたつことに注意すると，(2.83) 第 1 式より，$(f+g)(x) = f(x)+g(x) = g(x)+f(x) = (g+f)(x)$ となる．よって，x は $\mathbf{R}$ の任意の元であることから，$f+g = g+f$ である．したがって，$F(\mathbf{R})$ はベクトル空間の定義 定義 1.1 の条件 (1) をみたす．

(2)　$f, g, h \in F(\mathbf{R})$, $x \in \mathbf{R}$ とする．$\mathbf{R}$ に対する和については結合律がなりたつことに注意すると，(2.83) 第 1 式より，$((f+g)+h)(x) = (f+g)(x)+h(x) = (f(x)+g(x))+h(x) = f(x) + (g(x) + h(x)) = f(x) + (g+h)(x) = (f + (g+h))(x)$ となる．よって，x は $\mathbf{R}$ の任意の元であることから，$(f+g) + h = f + (g+h)$ である．したがって，$F(\mathbf{R})$ はベクトル空間の定義 定義 1.1 の条件 (2) をみたす．

(3)　$f \in F(\mathbf{R})$ とする．このとき，(1) より，$f+\mathbf{0} = \mathbf{0}+f$ である．また，(2.83) 第 1 式より，$(f+\mathbf{0})(x) = f(x) + \mathbf{0}(x) = f(x) + 0 = f(x)$ となる．よって，x は $\mathbf{R}$ の任意の元であることから，$f+\mathbf{0} = f$ である．したがって，$F(\mathbf{R})$ はベクトル空間の定義 定義 1.1 の条件 (3) をみたす．とくに，$\mathbf{0}$ は $F(\mathbf{R})$ の零ベクトルである．

(4)　$f \in F(\mathbf{R})$, $k, l \in \mathbf{R}$, $x \in \mathbf{R}$ とする．$\mathbf{R}$ の積については結合律がなりたつことに注意すると，(2.83) 第 2 式より，$(k(lf))(x) = k(lf)(x) = k(lf(x)) = (kl)(f(x)) = ((kl)f)(x)$ となる．よって，x は $\mathbf{R}$ の任意の元であることから，$k(lf) = (kl)f$ である．したがって，$F(\mathbf{R})$ はベクトル空間の定義 定義 1.1 の条件 (4) をみたす．

(5)　$f \in F(\mathbf{R})$, $k, l \in \mathbf{R}$, $x \in \mathbf{R}$ とする．$\mathbf{R}$ の演算に対しては分配律がなりたつことに注意すると，(2.83) より，$((k+l)f)(x) = (k+l)f(x) = kf(x)+lf(x) = (kf)(x)+(lf)(x) = (kf+lf)(x)$ となる．よって，x は $\mathbf{R}$ の任意の元であることから，$(k+l)f = kf+lf$ である．したがって，$F(\mathbf{R})$ はベクトル空間の定義 定義 1.1 の条件 (5) をみたす．

(6)　$f, g \in F(\mathbf{R})$, $k \in \mathbf{R}$, $x \in \mathbf{R}$ とする．$\mathbf{R}$ の演算に対しては分配律がなりたつことに注

意すると, (2.83) より, $(k(f+g))(x) = k(f+g)(x) = k(f(x)+g(x)) = kf(x)+kg(x) = (kf)(x) + (kg)(x) = (kf+kg)(x)$ となる. よって, x は $\mathbf{R}$ の任意の元であることから, $k(f+g) = kf + kg$ である. したがって, $F(\mathbf{R})$ はベクトル空間の定義 定義 1.1 の条件 (6) をみたす.

(7) $f \in F(\mathbf{R})$, $x \in \mathbf{R}$ とすると, (2.83) 第 2 式より, $(1f)(x) = 1f(x) = f(x)$ となる. よって, x は $\mathbf{R}$ の任意の元であることから, $1f = f$ である. したがって, $F(\mathbf{R})$ はベクトル空間の定義 定義 1.1 の条件 (7) をみたす. また, (2.83) 第 2 式より, $(0f)(x) = 0f(x) = 0$ となる. よって, x は $\mathbf{R}$ の任意の元であることから, $0f = \mathbf{0}$ である. したがって, $F(\mathbf{R})$ はベクトル空間の定義 定義 1.1 の条件 (8) をみたす.

問題 2.2 (1) $x \in \mathbf{R}$ とすると, (2.83) 第 1 式および $f, g \in V$ より, $(f+g)(-x) = f(-x) + g(-x) = f(x) + g(x) = (f+g)(x)$ である. よって, $f + g \in V$ である.

(2) $x \in \mathbf{R}$ とすると, (2.83) 第 2 式および $f \in V$ より, $(kf)(-x) = kf(-x) = kf(x) = (kf)(x)$ である. よって, $kf \in V$ である.

(3) $x \in \mathbf{R}$ とすると, (2.83) 第 1 式および $f, g \in W$ より, $(f+g)(-x) = f(-x)+g(-x) = -f(x) - g(x) = -(f(x)+g(x)) = -(f+g)(x)$ である. よって, $f + g \in W$ である.

(4) $x \in \mathbf{R}$ とすると, (2.83) 第 2 式および $f \in W$ より, $(kf)(-x) = kf(-x) = k(-f(x)) = -(kf(x)) = -(kf)(x)$ である. よって, $kf \in W$ である.

問題 2.3 $a, b, c, d \in \mathbf{R}$ とし, $A = \begin{pmatrix} a & b \\ c & d \end{pmatrix}$ とおく. このとき, $A^2 = AA = \begin{pmatrix} a & b \\ c & d \end{pmatrix}\begin{pmatrix} a & b \\ c & d \end{pmatrix} = \begin{pmatrix} a^2+bc & ab+bd \\ ca+dc & cb+d^2 \end{pmatrix} = \begin{pmatrix} a^2+bc & b(a+d) \\ c(a+d) & bc+d^2 \end{pmatrix}$ である. よって, $A^2 = O$ とすると,

$$a^2 + bc = 0, \quad b(a+d) = 0, \quad c(a+d) = 0, \quad bc + d^2 = 0 \tag{A.2}$$

である. ここで, $a + d \neq 0$ とすると, (A.2) の第 2 式と第 3 式より, $b = c = 0$ である. さらに, (A.2) の第 1 式と第 4 式より, $a = d = 0$ である. これは $a + d \neq 0$ に矛盾する. よって, $a + d = 0$ である. さらに, $a + d = 0$ のとき, $d = -a$ である. このとき, (A.2) の第 2 式と第 3 式がなりたち, (A.2) の第 1 式と第 4 式はともに $a^2 + bc = 0$ となる. この式をみたす $a, b, c \in \mathbf{R}$ は無限に存在する. したがって, あたえられた集合は無限集合である.

問題 2.4 (1) 像の定義 (2.28) および f の定義より, $f(\{1\} \cap \{2\}) = f(\{\ \}) = \{\ \}$, $f(\{1\}) \cap f(\{2\}) = \{f(1)\} \cap \{f(2)\} = \{4\} \cap \{4\} = \{4\}$ である.

(2) 像の定義 (2.28) および f の定義より, $f(\{1\} \setminus \{2\}) = f(\{1\}) = \{f(1)\} = \{4\}$, $f(\{1\}) \setminus f(\{2\}) = \{f(1)\} \setminus \{f(2)\} = \{4\} \setminus \{4\} = \{\ \}$ である.

(3) まず, 像の定義 (2.28) および f の定義より, $f(\{1\}) = \{f(1)\} = \{4\}$ である. ここで, f の定義より, $f(x) \in \{4\}$ となる $x \in X$ を求めると, $x = 1, 2$ である. よって, 逆像の定義 (2.31) より, $f^{-1}(f(\{1\})) = f^{-1}(\{4\}) = \{1, 2\}$ である.

(4) まず, f の定義より, $f(x) \in \{3, 4\}$ となる $x \in X$ を求めると, $x = 1, 2$ である. よって, 逆像の定義 (2.31) より, $f^{-1}(\{3, 4\}) = \{1, 2\}$ である. したがって, 像の定義 (2.28) および f の定義より, $f(f^{-1}(\{3, 4\})) = f(\{1, 2\}) = \{f(1), f(2)\} = \{4, 4\} = \{4\}$ である.

問題 2.5　(1)　$y \in f(A_1)$ とする．このとき，像の定義 (2.28) より，ある $x \in A_1$ が存在し，$y = f(x)$ となる．ここで，$x \in A_1$，$A_1 \subset A_2$ および包含関係の定義 §1.1.8 より，$x \in A_2$ である．よって，像の定義より，$f(x) \in f(A_2)$，すなわち，$y \in f(A_2)$ である．したがって，$y \in f(A_1)$ ならば $y \in f(A_2)$ となり，包含関係の定義より，(1) がなりたつ．

(2)　像の定義 (2.28) より，$f(A_1 \cup A_2) = \{y \in Y \,|\, \text{ある } x \in A_1 \cup A_2 \text{ が存在し，} y = f(x)\} = \left\{ y \in Y \,\middle|\, \begin{array}{l} \ulcorner\text{ある } x_1 \in A_1 \text{ が存在し，} y = f(x_1)\lrcorner \text{ または } \ulcorner\text{ある } x_2 \in A_2 \\ \text{が存在し，} y = f(x_2)\lrcorner \end{array} \right\} = \{y \in Y \,|\, y \in f(A_1) \text{ または } y \in f(A_2)\} = f(A_1) \cup f(A_2)$ である．よって，(2) がなりたつ．

(3)　像の定義 (2.28) より，$f(A_1 \cap A_2) = \{y \in Y \,|\, \text{ある } x \in A_1 \cap A_2 \text{ が存在し，} y = f(x)\} \subset \left\{ y \in Y \,\middle|\, \begin{array}{l} \ulcorner\text{ある } x_1 \in A_1 \text{ が存在し，} y = f(x_1)\lrcorner \text{ かつ } \ulcorner\text{ある} \\ x_2 \in A_2 \text{ が存在し，} y = f(x_2)\lrcorner \end{array} \right\} = \{y \in Y \,|\, y \in f(A_1) \text{ かつ } y \in f(A_2)\} = f(A_1) \cap f(A_2)$ である．よって，(3) がなりたつ．

(4)　像の定義 (2.28) より，$f(A_1) \setminus f(A_2) = \{y \in Y \,|\, y \in f(A_1) \text{ かつ } y \notin f(A_2)\} = \{y \in Y \,|\, \ulcorner\text{ある } x \in A_1 \text{ が存在し，} y = f(x)\lrcorner \text{ かつ } y \notin f(A_2)\} \subset \{y \in Y \,|\, \text{ある } x \in A_1 \setminus A_2 \text{ が存在し，} y = f(x)\} = f(A_1 \setminus A_2)$ である．よって，(4) がなりたつ．

(5)　$x \in A$ とする．このとき，像の定義 (2.28) より，$f(x) \in f(A)$ である．よって，逆像の定義 (2.31) より，$x \in f^{-1}(f(A))$ である．したがって，$x \in A$ ならば $x \in f^{-1}(f(A))$ となり，包含関係の定義 §1.1.8 より，(5) がなりたつ．

問題 2.6　(1)　$x \in f^{-1}(B_1)$ とする．このとき，逆像の定義 (2.31) より，$f(x) \in B_1$ である．ここで，$B_1 \subset B_2$ および包含関係の定義 §1.1.8 より，$f(x) \in B_2$ である．よって，逆像の定義より，$x \in f^{-1}(B_2)$ である．したがって，$x \in f^{-1}(B_1)$ ならば $x \in f^{-1}(B_2)$ となり，包含関係の定義より，(1) がなりたつ．

(2)　逆像の定義 (2.31) より，$f^{-1}(B_1 \cup B_2) = \{x \in X \,|\, f(x) \in B_1 \cup B_2\} = \{x \in X \,|\, f(x) \in B_1 \text{ または } f(x) \in B_2\} = \{x \in X \,|\, x \in f^{-1}(B_1) \text{ または } x \in f^{-1}(B_2)\} = f^{-1}(B_1) \cup f^{-1}(B_2)$ である．よって，(2) がなりたつ．

(3)　逆像の定義 (2.31) より，$f^{-1}(B_1 \cap B_2) = \{x \in X \,|\, f(x) \in B_1 \cap B_2\} = \{x \in X \,|\, f(x) \in B_1 \text{ かつ } f(x) \in B_2\} = \{x \in X \,|\, x \in f^{-1}(B_1) \text{ かつ } x \in f^{-1}(B_2)\} = f^{-1}(B_1) \cap f^{-1}(B_2)$ である．よって，(3) がなりたつ．

(4)　逆像の定義 (2.31) より，$f^{-1}(B_1 \setminus B_2) = \{x \in X \,|\, f(x) \in B_1 \setminus B_2\} = \{x \in X \,|\, f(x) \in B_1 \text{ かつ } f(x) \notin B_2\} = \{x \in X \,|\, x \in f^{-1}(B_1) \text{ かつ } x \notin f^{-1}(B_2)\} = f^{-1}(B_1) \setminus f^{-1}(B_2)$ である．よって，(4) がなりたつ．

(5)　$y \in f(f^{-1}(B))$ とする．像の定義 (2.28) より，ある $x \in f^{-1}(B)$ が存在し，$y = f(x)$ となる．このとき，逆像の定義 (2.31) より，$f(x) \in B$ である．よって，$y \in B$ である．したがって，$y \in f(f^{-1}(B))$ ならば $y \in B$ となり，包含関係の定義 §1.1.8 より，(5) がなりたつ．

問題 2.7　(1)　$m \in \mathbf{Z}$ とする．$m > 0$ のとき，$n \in \mathbf{N}$ を $n = 2m$ により定めることができる．このとき，$f(n) = f(2m) = (-1)^{2m} \left[\frac{2m}{2}\right] = [m] = m$ である．$m \leq 0$ のとき，$n \in \mathbf{N}$ を $n = -2m + 1$ により定めることができる．このとき，$f(n) = f(-2m + 1) = (-1)^{-2m+1} \left[\frac{-2m+1}{2}\right] = -\left[-m + \frac{1}{2}\right] = -(-m) = m$ である．よって，f は定義 2.9 の全射の条件をみたし，全射である．

(2)　$m, n \in \mathbf{N}$, $f(m) = f(n)$ とする. このとき,

$$(-1)^m \left[\frac{m}{2}\right] = (-1)^n \left[\frac{n}{2}\right] \tag{A.3}$$

である. よって, ある $k, l \in \mathbf{N}$ が存在し, 「$m = 2k$, $n = 2l$」または「$m = 2k - 1$, $n = 2l - 1$」となる. $m = 2k$, $n = 2l$ のとき, (A.3) より, $[k] = [l]$, すなわち, $k = l$ である. したがって, $m = n$ である. $m = 2k - 1$, $n = 2l - 1$ のとき, (A.3) より, $\left[k - \frac{1}{2}\right] = \left[l - \frac{1}{2}\right]$, すなわち, $k - 1 = l - 1$ より, $k = l$ である. したがって, $m = n$ である. 以上より, f は単射である 注意 2.6 .

問題 2.8　(1)　A が正則ならば, $AA^{-1} = A^{-1}A = E_n$, すなわち, $A^{-1} = AA^{-1} = E_n$ である. よって, (1) がなりたつ.

(2)　まず, $(AB)(B^{-1}A^{-1}) = A(BB^{-1})A^{-1} = AE_nA^{-1} = AA^{-1} = E_n$ である. よって, 定理 2.10 より, (2) がなりたつ.

問題 2.9　(1) 転置行列の定義より, $^t(AB)$ の (k, i) 成分 $= AB$ の (i, k) 成分 $=$
「A の (i, j) 成分 $\times$ B の (j, k) 成分」の j に関する和 $=$
「B の (j, k) 成分 $\times$ A の (i, j) 成分」の j に関する和 $=$
「^tB の (k, j) 成分 $\times$ ^tA の (j, i) 成分」の j に関する和 $= {}^tB{}^tA$ の (k, i) 成分, である. よって, (1) がなりたつ.

(2)　A が正則ならば, $AA^{-1} = E_n$ である. よって, (1) より, $^t(A^{-1})^tA = E_n$ である. したがって, 定理 2.10 より, (2) がなりたつ.

問題 2.10　$A \in M_n(\mathbf{C})$ が正則なべき零行列であると仮定する. このとき, べき零行列の定義より, ある $k \in \mathbf{N}$ が存在し, $A^k = O$ となる. ここで, A は正則なので, A の逆行列 A^{-1} が存在する. 上の式の両辺に A^{-1} を右または左から $(k - 1)$ 回掛けると, $A = O$ となる. 零行列は正則ではないので, これは A が正則であることに矛盾する. よって, あたえられた集合は空集合であり, これを外延的記法により表すと, $\{\ \}$ である.

問題 2.11　(1)　線形変換の性質および $f \circ f = f$ より, $f(\boldsymbol{x} - f(\boldsymbol{x})) = f(\boldsymbol{x}) - f(f(\boldsymbol{x})) = f(\boldsymbol{x}) - (f \circ f)(\boldsymbol{x}) = f(\boldsymbol{x}) - f(\boldsymbol{x}) = \boldsymbol{0}$ である. よって, $\boldsymbol{x} - f(\boldsymbol{x}) \in \operatorname{Ker} f$ である.

(2)　$\boldsymbol{x} \in \operatorname{Im} f$ より, ある $\boldsymbol{y} \in V$ が存在し, $\boldsymbol{x} = f(\boldsymbol{y})$ となる. よって, $f(\boldsymbol{x}) = f(f(\boldsymbol{y}))$ である. さらに, $\boldsymbol{x} \in \operatorname{Ker} f$ および $f \circ f = f$ より, $\boldsymbol{0} = f(\boldsymbol{y})$ となる. したがって, $\boldsymbol{x} = \boldsymbol{0}$ である.

(3)　$\boldsymbol{x} \in V$ とすると, $\boldsymbol{x} = (\boldsymbol{x} - f(\boldsymbol{x})) + f(\boldsymbol{x})$ である. ここで, (1) より, $\boldsymbol{x} - f(\boldsymbol{x}) \in \operatorname{Ker} f$ である. また, $f(\boldsymbol{x}) \in \operatorname{Im} f$ である. よって, $V = \operatorname{Ker} f + \operatorname{Im} f$ である. さらに, (2) および定理 1.15 の (3)⇒(1) より, (3) がなりたつ.

問題 2.12　(1)　g の定義より, $g(-x) = \frac{f(-x) + f(-(-x))}{2} = \frac{f(-x) + f(x)}{2} = \frac{f(x) + f(-x)}{2} = g(x)$ である. よって, $g \in V$ である.

(2)　h の定義より, $h(-x) = \frac{f(-x) - f(-(-x))}{2} = \frac{f(-x) - f(x)}{2} = -\frac{f(x) - f(-x)}{2} = -h(x)$ である. よって, $h \in W$ である.

(3)　$f \in F(\mathbf{R})$ とし, $g \in V$ および $h \in W$ を (2.87), (2.88) により定めると, $f = g + h$ である. よって, $F(\mathbf{R}) = V + W$ である. ここで, $f \in V \cap W$ とする. このとき, $x \in \mathbf{R}$ とすると, $f \in V$ より, $f(-x) = f(x)$ である. また, $f \in W$ より, $f(-x) = -f(x)$ である. よって, $f(x) = f(-x) = -f(x)$ となり, $f(x) = -f(x)$ である. したがって, $f(x) = 0$, すなわち, $f = \boldsymbol{0}$ となる. さらに, 定理 1.15 の (3)⇒(1) より, (3) がなりたつ.

問題 2.13　(1)　問題 2.5 (3) および定理 1.5 (2) より,

$$f(A_1 \cap A_2) \supset f(A_1) \cap f(A_2) \tag{A.4}$$

がなりたつことを示せばよい. $y \in f(A_1) \cap f(A_2)$ とする. このとき, $y \in f(A_1)$ かつ $y \in f(A_2)$ である. $y \in f(A_1)$ および像の定義 (2.28) より, ある $x_1 \in A_1$ が存在し, $y = f(x_1)$ となる. また, $y \in f(A_2)$ および像の定義より, ある $x_2 \in A_2$ が存在し, $y = f(x_2)$ となる. ここで, f は単射なので, 注意 2.6 より, $x_1 = x_2 \in A_1 \cap A_2$ となる. よって, $y \in f(A_1 \cap A_2)$ である. したがって, $y \in f(A_1) \cap f(A_2)$ ならば $y \in f(A_1 \cap A_2)$ となり, 包含関係の定義 §1.1.8 より, (A.4) がなりたつ.

(2)　問題 2.5 (4) および定理 1.5 (2) より,

$$f(A_1 \setminus A_2) \subset f(A_1) \setminus f(A_2) \tag{A.5}$$

がなりたつことを示せばよい. $y \in f(A_1 \setminus A_2)$ とする. このとき, 像の定義 (2.28) より, ある $x \in A_1 \setminus A_2$ が存在し, $y = f(x)$ となる. とくに, $x \in A_1$ なので, 像の定義より, $y \in f(A_1)$ である. ここで, $y \notin f(A_2)$ であることを背理法により示す. $y \in f(A_2)$ であると仮定する. このとき, 像の定義より, ある $x' \in A_2$ が存在し, $y = f(x')$ となる. よって, $f(x) = f(x')$ となる. さらに, f は単射なので, $x = x'$ である. したがって, $x \in A_2$ となり, これは $x \in A_1 \setminus A_2$ であることに矛盾する. すなわち, $y \notin f(A_2)$ である. 以上より, $y \in f(A_1 \setminus A_2)$ ならば $y \in f(A_1) \setminus f(A_2)$ となり, 包含関係の定義より, (A.5) がなりたつ.

(3)　問題 2.5 (5) および定理 1.5 (2) より,

$$f^{-1}(f(A)) \subset A \tag{A.6}$$

がなりたつことを示せばよい. $x \in f^{-1}(f(A))$ とする. このとき, 逆像の定義 (2.31) より, $f(x) \in f(A)$ である. さらに, 像の定義 (2.28) より, ある $x' \in A$ が存在し, $f(x) = f(x')$ となる. ここで, f は単射なので, $x = x'$ である. よって, $x \in A$ である. したがって, $x \in f^{-1}(f(A))$ ならば $x \in A$ となり, 包含関係の定義より, (A.6) がなりたつ.

問題 2.14　問題 2.6 (5) および定理 1.5 (2) より,

$$f(f^{-1}(B)) \supset B \tag{A.7}$$

がなりたつことを示せばよい. $y \in B$ とする. このとき, f は全射なので, ある $x \in X$ が存在し, $y = f(x)$ となる. よって, 逆像の定義 (2.31) より, $x \in f^{-1}(B)$ である. さらに, 像の定義 (2.28) より, $y \in f(f^{-1}(B))$ である. したがって, $y \in B$ ならば $y \in f(f^{-1}(B))$ となり, 包含関係の定義 §1.1.8 より, (A.7) がなりたつ.

==================== **第 3 章** ====================

問 3.1　(1)　直交行列の定義 定義 3.1 より, $\begin{pmatrix} a & a & a \\ b & -b & 0 \\ c & c & -2c \end{pmatrix}{}^{t}\begin{pmatrix} a & a & a \\ b & -b & 0 \\ c & c & -2c \end{pmatrix} =$

E_3, すなわち,
$$\begin{pmatrix} a & a & a \\ b & -b & 0 \\ c & c & -2c \end{pmatrix} \begin{pmatrix} a & b & c \\ a & -b & c \\ a & 0 & -2c \end{pmatrix} = E_3 \text{ である. よって,}$$

$$\begin{pmatrix} 3a^2 & 0 & 0 \\ 0 & 2b^2 & 0 \\ 0 & 0 & 6c^2 \end{pmatrix} = \begin{pmatrix} 1 & 0 & 0 \\ 0 & 1 & 0 \\ 0 & 0 & 1 \end{pmatrix} \text{ となり, } 3a^2 = 1, \ 2b^2 = 1, \ 6c^2 = 1 \text{ で}$$

ある. したがって, $a = \pm\frac{1}{\sqrt{3}}$, $b = \pm\frac{1}{\sqrt{2}}$, $c = \pm\frac{1}{\sqrt{6}}$ (複号任意) である.

(2) 直交行列の定義 定義 3.1 より, $^t\!\begin{pmatrix} a & b & c \\ a & -b & c \\ 2a & 0 & -c \end{pmatrix} \begin{pmatrix} a & b & c \\ a & -b & c \\ 2a & 0 & -c \end{pmatrix} = E_3$,

すなわち, $\begin{pmatrix} a & a & 2a \\ b & -b & 0 \\ c & c & -c \end{pmatrix} \begin{pmatrix} a & b & c \\ a & -b & c \\ 2a & 0 & -c \end{pmatrix} = E_3$ である. よって,

$$\begin{pmatrix} 6a^2 & 0 & 0 \\ 0 & 2b^2 & 0 \\ 0 & 0 & 3c^2 \end{pmatrix} = \begin{pmatrix} 1 & 0 & 0 \\ 0 & 1 & 0 \\ 0 & 0 & 1 \end{pmatrix} \text{ となり, } 6a^2 = 1, \ 2b^2 = 1, \ 3c^2 = 1 \text{ である.}$$

したがって, $a = \pm\frac{1}{\sqrt{6}}$, $b = \pm\frac{1}{\sqrt{2}}$, $c = \pm\frac{1}{\sqrt{3}}$ (複号任意) である.

問 3.2 まず, (3.25) より, $(1\ 2\ 3) = (1\ 3)(1\ 2)$ である. 同様に, $(1\ 3\ 2) = (1\ 2)(1\ 3)$ である. さらに, (3.24) と合わせると, S_3 の部分集合で, 偶置換全体からなるものは $\{\varepsilon, (1\ 2\ 3), (1\ 3\ 2)\}$ である. また, S_3 の部分集合で, 奇置換全体からなるものは $\{(1\ 2), (1\ 3), (2\ 3)\}$ である.

問 3.3 (1) $\tau \in B_n$ とする. このとき, $(1\ 2)\tau$ は偶置換となるので, $(1\ 2)\tau \in A_n$ である. さらに, $f((1\ 2)\tau) = (1\ 2)(1\ 2)\tau = \varepsilon\tau = \tau$ となる. よって, f は全射である.

(2) $\sigma_1, \sigma_2 \in A_n$, $f(\sigma_1) = f(\sigma_2)$ とする. このとき, $(1\ 2)\sigma_1 = (1\ 2)\sigma_2$ である. よっ て, $\sigma_1 = \varepsilon\sigma_1 = (1\ 2)(1\ 2)\sigma_1 = (1\ 2)(1\ 2)\sigma_2 = \varepsilon\sigma_2 = \sigma_2$ となり, $\sigma_1 = \sigma_2$ である. し たがって, f は単射である 注意 2.6.

問 3.4 (3.30), (3.28) および問 3.2 より, $|A| = (\mathrm{sgn}\,\varepsilon)a_{1\varepsilon(1)}a_{2\varepsilon(2)}a_{3\varepsilon(3)} +$ $(\mathrm{sgn}(1\ 2))a_{1(1\ 2)(1)}a_{2(1\ 2)(2)}a_{3(1\ 2)(3)} + (\mathrm{sgn}(1\ 3))a_{1(1\ 3)(1)}a_{2(1\ 3)(2)}a_{3(1\ 3)(3)} +$ $(\mathrm{sgn}(2\ 3))a_{1(2\ 3)(1)}a_{2(2\ 3)(2)}a_{3(2\ 3)(3)} + (\mathrm{sgn}(1\ 2\ 3))a_{1(1\ 2\ 3)(1)}a_{2(1\ 2\ 3)(2)}a_{3(1\ 2\ 3)(3)} +$ $(\mathrm{sgn}(1\ 3\ 2))a_{1(1\ 3\ 2)(1)}a_{2(1\ 3\ 2)(2)}a_{3(1\ 3\ 2)(3)} = a_{11}a_{22}a_{33} - a_{12}a_{21}a_{33} - a_{13}a_{22}a_{31} -$ $a_{11}a_{23}a_{32} + a_{12}a_{23}a_{31} + a_{13}a_{21}a_{32} = a_{11}a_{22}a_{33} + a_{12}a_{23}a_{31} + a_{13}a_{21}a_{32} - a_{13}a_{22}a_{31} -$ $a_{12}a_{21}a_{33} - a_{11}a_{23}a_{32}$ である. よって, 定理 3.5 (3) がなりたつ.

問 3.5 A が下三角行列であることより, $^t\!A$ は上三角行列である. また, $^t\!A$ の (i, i) 成分は A の (i, i) 成分に等しい. よって, 定理 3.7 および例 3.6 より, $|A| = |^t\!A| = a_{11}a_{22}\cdots a_{nn}$ となる.

問 3.6 定理 3.8 (4), (5) および定理 3.9 より, $\det\begin{pmatrix} A & -B \\ B & A \end{pmatrix} = \det\begin{pmatrix} A+iB & -B \\ B-iA & A \end{pmatrix}$

$= \det\begin{pmatrix} A+iB & -B \\ O_{n,n} & A-iB \end{pmatrix} = \det(A+iB)\det(A-iB)$ となる. ただし, 最初の等式で は, 各 $k = 1, 2, \ldots, n$ に対して, 第 k 列に第 $(n+k)$ 列の i 倍を引いて, 定理 3.8 (4) を用い

た. また, 2 つめの等式では, 各 $j = 1, 2, \ldots, n$ に対して, 第 $(n+j)$ 行から第 j 行の i 倍を加えて, 定理 3.8 (5) を用いた. さらに, 最後の等式では, 定理 3.9 を用いた. ここで, A, B は実行列なので, $A - iB$ の各成分は $A + iB$ の各成分の共役複素数である. よって, 行列式の定義 (3.30) より, $\det(A+iB)\det(A-iB) = \det(A+iB)\overline{\det(A+iB)} = |\det(A+iB)|^2$ となる. したがって, (3.46) がなりたつ.

問 3.7 (3.44) および (3.35) より,

$$
\begin{vmatrix} 1 & 1 & 1 & a \\ 1 & 1 & a & 1 \\ 1 & a & 1 & 1 \\ a & 1 & 1 & 1 \end{vmatrix} = \left| \begin{pmatrix} 1 & 1 \\ 1 & 1 \end{pmatrix} + \begin{pmatrix} 1 & a \\ a & 1 \end{pmatrix} \right| \left| \begin{pmatrix} 1 & 1 \\ 1 & 1 \end{pmatrix} - \begin{pmatrix} 1 & a \\ a & 1 \end{pmatrix} \right| =
$$

$$
\begin{vmatrix} 2 & 1+a \\ 1+a & 2 \end{vmatrix} \begin{vmatrix} 0 & 1-a \\ 1-a & 0 \end{vmatrix} = \{2^2 - (1+a)^2\}\{0^2 - (1-a)^2\} = -\{2 + (1+
$$

$a)\}\{2 - (1+a)\}(1-a)^2 = -(3+a)(1-a)^3$ である. よって, $-(3+a)(1-a)^3 = 0$ より, 求める値は $a = -3, 1$ である.

問 3.8 $n \in \mathbf{N}$ とし, A を $(2n-1)$ 次の交代行列とする. このとき, 定理 3.7, 交代行列の定義および定理 3.8 (2) より, $|A| = |{}^t A| = |-A| = (-1)^{2n-1}|A| = -|A|$ となる. よって, $|A| = -|A|$ となり, $|A| = 0$ である. したがって, 奇数次の交代行列の行列式は 0 である.

問 3.9 $A \in M_n(\mathbf{C})$ をべき零行列とする. このとき, ある $k \in \mathbf{N}$ が存在し, $A^k = O$ となる. よって, 定理 3.10 および (3.31) より, $|A|^k = 0$ となる. したがって, $|A| = 0$ である. すなわち, べき零行列の行列式は 0 である.

問 3.10 まず, 内積の対称性 定義 3.3(1) より, $\langle \mathbf{0}, \mathbf{x} \rangle = \langle \mathbf{x}, \mathbf{0} \rangle$ である. また, ベクトル空間の定義 定義 1.1 の条件 (8) および内積の線形性 定義 3.3(2) 第 2 式 より, $\langle \mathbf{0}, \mathbf{x} \rangle = \langle 0 \, \mathbf{0}, \mathbf{x} \rangle = 0 \langle \mathbf{0}, \mathbf{x} \rangle = 0$ となる. よって, 定理 3.14 (3) がなりたつ.

問 3.11 (3.61), (1.66), 問題 2.9 (1) より, $\langle \mathbf{x}, A\mathbf{y} \rangle = {}^t \mathbf{x}(A\mathbf{y}) = {}^t \mathbf{x}\,{}^t({}^t A)\mathbf{y} = {}^t({}^t A\mathbf{x})\mathbf{y} = \langle {}^t A\mathbf{x}, \mathbf{y} \rangle$ となる. よって, (3.62) がなりたつ.

問 3.12 (3), 問 3.11, 定理 3.14 (1) より, $0 = \langle A\mathbf{x}, A\mathbf{y} \rangle - \langle \mathbf{x}, \mathbf{y} \rangle = \langle {}^t A A\mathbf{x}, \mathbf{y} \rangle - \langle \mathbf{x}, \mathbf{y} \rangle = \langle {}^t A A\mathbf{x} - \mathbf{x}, \mathbf{y} \rangle = \langle ({}^t A A - E_n)\mathbf{x}, \mathbf{y} \rangle$, すなわち, $\langle ({}^t A A - E_n)\mathbf{x}, \mathbf{y} \rangle = 0$ である. ここで, $\mathbf{y} = ({}^t A A - E_n)\mathbf{x}$ とすると, ノルムの定義 (3.63) より, $\|({}^t A A - E_n)\mathbf{x}\|^2 = 0$ である. よって, ノルムの正値性 定理 3.15(1) より, $({}^t A A - E_n)\mathbf{x} = \mathbf{0}$ である. さらに, $\mathbf{x}$ は任意なので, ${}^t A A - E_n = O$, すなわち, ${}^t A A = E_n$ である. したがって, 注意 3.1 より, A は直交行列となり, (1) が得られる.

問 3.13 距離の定義 (3.82) およびノルムに対する三角不等式 定理 3.15(4) より, $d(\mathbf{x}, \mathbf{z}) = \|\mathbf{x} - \mathbf{z}\| = \|(\mathbf{x} - \mathbf{y}) + (\mathbf{y} - \mathbf{z})\| \leq \|\mathbf{x} - \mathbf{y}\| + \|\mathbf{y} - \mathbf{z}\| = d(\mathbf{x}, \mathbf{y}) + d(\mathbf{y}, \mathbf{z})$ となる. よって, 定理 3.19 (3) がなりたつ.

問 3.14 まず, f は全単射なので, f の逆写像 f^{-1} が存在し, f^{-1} は全単射である. さらに, $\mathbf{x}, \mathbf{y} \in \mathbf{R}^n$ とすると, f が距離を保つことから, $d(f^{-1}(\mathbf{x}), f^{-1}(\mathbf{y})) = d(f(f^{-1}(\mathbf{x})), f(f^{-1}(\mathbf{y}))) = d(1_{\mathbf{R}^n}(\mathbf{x}), 1_{\mathbf{R}^n}(\mathbf{y})) = d(\mathbf{x}, \mathbf{y})$ となる. よって, f^{-1} は距離を保つ. したがって, $f^{-1} \in \mathrm{Iso}(\mathbf{R}^n)$ である.

問 3.15 (1) A の固有多項式を $\phi_A(\lambda)$ とおくと, (3.117), (3.35) より, $\phi_A(\lambda) =$

$$|\lambda E_2 - A| = \left| \lambda \begin{pmatrix} 1 & 0 \\ 0 & 1 \end{pmatrix} - \begin{pmatrix} \cos\theta & \sin\theta \\ \sin\theta & -\cos\theta \end{pmatrix} \right| = \left| \begin{matrix} \lambda - \cos\theta & -\sin\theta \\ -\sin\theta & \lambda + \cos\theta \end{matrix} \right| =$$

$(\lambda - \cos\theta)(\lambda + \cos\theta) - \sin^2\theta = \lambda^2 - \cos^2\theta - \sin^2\theta = \lambda^2 - 1$ である. よって, A の固有値は固有方程式 $\phi_A(\lambda) = 0$ を解いて, $\lambda = \pm 1$ である.

(2) $\lambda = 1$ のとき, 同次連立 1 次方程式 (3.119) は $\begin{pmatrix} 1 - \cos\theta & -\sin\theta \\ -\sin\theta & 1 + \cos\theta \end{pmatrix} \boldsymbol{x} = \boldsymbol{0}$ となる. これを解くと, $c \in \mathbf{C}$ を任意の定数として, $\boldsymbol{x} = c \begin{pmatrix} \sin\theta \\ 1 - \cos\theta \end{pmatrix}$ である. よって, 例えば, $c = 1$ として得られる $\boldsymbol{x} = \begin{pmatrix} \sin\theta \\ 1 - \cos\theta \end{pmatrix}$ は固有値 1 に対する A の固有ベクトルの 1 つである.

(3) $\lambda = -1$ のとき, 同次連立 1 次方程式 (3.119) は $\begin{pmatrix} -1 - \cos\theta & -\sin\theta \\ -\sin\theta & -1 + \cos\theta \end{pmatrix} \boldsymbol{x} = \boldsymbol{0}$ となる. これを解くと, $c \in \mathbf{C}$ を任意の定数として, $\boldsymbol{x} = c \begin{pmatrix} -\sin\theta \\ 1 + \cos\theta \end{pmatrix}$ である. よって, 例えば, $c = 1$ として得られる $\boldsymbol{x} = \begin{pmatrix} -\sin\theta \\ 1 + \cos\theta \end{pmatrix}$ は固有値 -1 に対する A の固有ベクトルの 1 つである.

問 3.16 (1) $P \in \mathrm{O}(3)$, (3.132) および定理 3.1 より, $P^{-1}AP \in \mathrm{O}(3)$ である. また, 例題 3.2 より, $|P^{-1}AP| = |A| = \varepsilon$ である.

(2) $P^{-1}AP \in \mathrm{O}(3)$, (3.137) より, $E_3 = \begin{pmatrix} \varepsilon & 0 & 0 \\ 0 & & \\ 0 & & B \end{pmatrix} {}^t\!\begin{pmatrix} \varepsilon & 0 & 0 \\ 0 & & \\ 0 & & B \end{pmatrix} =$

$\begin{pmatrix} \varepsilon & 0 & 0 \\ 0 & & \\ 0 & & B \end{pmatrix} \begin{pmatrix} \varepsilon & 0 & 0 \\ 0 & & \\ 0 & & {}^t\!B \end{pmatrix} = \begin{pmatrix} 1 & 0 & 0 \\ 0 & & \\ 0 & & B\,{}^t\!B \end{pmatrix}$ である. よって, $B\,{}^t\!B = E_2$ である. したがって, 注意 3.1 より, $B \in \mathrm{O}(2)$ である. また, $|P^{-1}AP| = \varepsilon$, (3.137) および定理 3.6 より, $\varepsilon = \left| \begin{matrix} \varepsilon & 0 & 0 \\ 0 & & \\ 0 & & B \end{matrix} \right| = \varepsilon|B|$, すなわち, $\varepsilon = \varepsilon|B|$ である. よって, $|B| = 1$ である. したがって, $B \in \mathrm{SO}(2)$ である.

問 3.17 加法定理より, $\begin{pmatrix} \cos\theta & \sin\theta \\ \sin\theta & -\cos\theta \end{pmatrix} \begin{pmatrix} \cos\varphi & \sin\varphi \\ \sin\varphi & -\cos\varphi \end{pmatrix} =$

$\begin{pmatrix} \cos\theta\cos\varphi + \sin\theta\sin\varphi & \cos\theta\sin\varphi - \sin\theta\cos\varphi \\ \sin\theta\cos\varphi - \cos\theta\sin\varphi & \sin\theta\sin\varphi + \cos\theta\cos\varphi \end{pmatrix} = \begin{pmatrix} \cos(\theta - \varphi) & -\sin(\theta - \varphi) \\ \sin(\theta - \varphi) & \cos(\theta - \varphi) \end{pmatrix}$ である. よって, (3.149) がなりたつ.

問 3.18 まず, (3.142) の R_θ について, $|R_\theta| = 1$ である. よって, 例題 3.2, (3.141), 定理 3.9, (3.32) および例 3.6 より, $|A| = |P^{-1}AP| = |E_k| |-E_l| |R_{\theta_1}| \cdots |R_{\theta_m}| = 1 \cdot (-1)^l \cdot 1 \cdots 1 = (-1)^l$ である.

・・・・・・・・・・・・・・・・・・・・・・・・・ **章末問題** ・・・・・・・・・・・・・・・・・・・・・・・・・

問題 3.1 (1)　$A \in \mathrm{O}(n)$ より，${}^t A(E_n + A) = {}^t A E_n + {}^t A A = {}^t A + E_n = {}^t(A + E_n) = {}^t(E_n + A)$ となる．すなわち，${}^t A(E_n + A) = {}^t(E_n + A)$ である．ここで，定理 3.10, 定理 3.7 および $|A| = -1$ より，$|{}^t A(E_n + A)| = |{}^t A||E_n + A| = |A||E_n + A| = -|E_n + A|$ である．また，$|{}^t(E_n + A)| = |E_n + A|$ である．よって，$-|E_n + A| = |E_n + A|$ となり，$|E_n + A| = 0$ である．

(2)　$A \in \mathrm{O}(n)$ より，${}^t A(E_n - A) = {}^t A E_n - {}^t A A = {}^t A - E_n = {}^t(A - E_n) = -{}^t(E_n - A)$ となる．すなわち，${}^t A(E_n - A) = -{}^t(E_n - A)$ である．ここで，定理 3.10, 定理 3.7 および $|A| = (-1)^{n+1}$ より，$|{}^t A(E_n - A)| = |{}^t A||E_n - A| = |A||E_n - A| = (-1)^{n+1}|E_n - A|$ である．さらに，定理 3.8 (2), 定理 3.7 より，$|-{}^t(E_n - A)| = (-1)^n|E_n - A|$ である．よって，$(-1)^{n+1}|E_n + A| = (-1)^n|E_n + A|$ となり，$|E_n - A| = 0$ である．

問題 3.2　(3.159) および問 3.11, 定義 3.3 (2) より，$0 = \langle \boldsymbol{x}, A\boldsymbol{y} \rangle - \langle A\boldsymbol{x}, \boldsymbol{y} \rangle = \langle {}^t A\boldsymbol{x}, \boldsymbol{y} \rangle - \langle A\boldsymbol{x}, \boldsymbol{y} \rangle = \langle {}^t A\boldsymbol{x} - A\boldsymbol{x}, \boldsymbol{y} \rangle = \langle ({}^t A - A)\boldsymbol{x}, \boldsymbol{y} \rangle$ となる．すなわち，$\langle ({}^t A - A)\boldsymbol{x}, \boldsymbol{y} \rangle = 0$ である．ここで，$\boldsymbol{y} = ({}^t A - A)\boldsymbol{x}$ とすると，ノルムの定義 (3.63) より，$\|({}^t A - A)\boldsymbol{x}\| = 0$ である．よって，ノルムの正値性 定理 3.15 (1) より，$({}^t A - A)\boldsymbol{x} = \boldsymbol{0}$ である．さらに，$\boldsymbol{x}$ は任意なので，${}^t A - A = O$，すなわち，${}^t A = A$ となり，A は対称行列である．

問題 3.3　(1)　$\boldsymbol{x}, \boldsymbol{y} \in W(\lambda)$ とすると，$A\boldsymbol{x} = \lambda\boldsymbol{x}$，$A\boldsymbol{y} = \lambda\boldsymbol{y}$ である．よって，$A(\boldsymbol{x} + \boldsymbol{y}) = A\boldsymbol{x} + A\boldsymbol{y} = \lambda\boldsymbol{x} + \lambda\boldsymbol{y} = \lambda(\boldsymbol{x} + \boldsymbol{y})$ となる．すなわち，$A(\boldsymbol{x} + \boldsymbol{y}) = \lambda(\boldsymbol{x} + \boldsymbol{y})$ となり，$\boldsymbol{x} + \boldsymbol{y} \in W(\lambda)$ である．したがって，$W(\lambda)$ は定理 1.6 の条件 (b) をみたす．

(2)　$\boldsymbol{x} \in W(\lambda)$ とすると，$A\boldsymbol{x} = \lambda\boldsymbol{x}$ である．さらに，$k \in \mathbf{C}$ とすると，$A(k\boldsymbol{x}) = k(A\boldsymbol{x}) = k(\lambda\boldsymbol{x}) = \lambda(k\boldsymbol{x})$ となる．すなわち，$A(k\boldsymbol{x}) = \lambda(k\boldsymbol{x})$ となり，$k\boldsymbol{x} \in W(\lambda)$ である．したがって，$W(\lambda)$ は定理 1.6 の条件 (c) をみたす．

問題 3.4　$k_1, \ldots, k_p, l_1, \ldots, l_q \in \mathbf{C}$, $k_1\boldsymbol{x}_1 + \cdots + k_p\boldsymbol{x}_p + l_1\boldsymbol{y}_1 + \cdots + l_q\boldsymbol{y}_q = \boldsymbol{0}$ とする．このとき，$\boldsymbol{x} = k_1\boldsymbol{x}_1 + \cdots + k_p\boldsymbol{x}_p$, $\boldsymbol{y} = l_1\boldsymbol{y}_1 + \cdots + l_q\boldsymbol{y}_q$ とおくと，

$$\boldsymbol{x} + \boldsymbol{y} = \boldsymbol{0} \tag{A.8}$$

である．また，$\boldsymbol{x}_1, \ldots, \boldsymbol{x}_p \in W(\lambda)$ および問題 3.3 の補足より，$A\boldsymbol{x} = \lambda\boldsymbol{x}$ である．同様に，$A\boldsymbol{y} = \mu\boldsymbol{y}$ である．よって，(A.8) より，$\boldsymbol{0} = A\boldsymbol{0} = A(\boldsymbol{x} + \boldsymbol{y}) = A\boldsymbol{x} + A\boldsymbol{y} = \lambda\boldsymbol{x} + \mu\boldsymbol{y}$ となる．すなわち，

$$\lambda\boldsymbol{x} + \mu\boldsymbol{y} = \boldsymbol{0} \tag{A.9}$$

である．(A.8), (A.9) および $\lambda \neq \mu$ より，$\boldsymbol{x} = \boldsymbol{y} = \boldsymbol{0}$ となる．さらに，$\boldsymbol{x}_1, \ldots, \boldsymbol{x}_p$ は 1 次独立なので，$k_1 = \cdots = k_p = 0$ である．同様に，$l_1 = \cdots = l_q = 0$ である．したがって，$\boldsymbol{x}_1, \ldots, \boldsymbol{x}_p, \boldsymbol{y}_1, \ldots, \boldsymbol{y}_q$ は 1 次独立である．

問題 3.5　(1)　$\boldsymbol{x}, \boldsymbol{y} \in \Pi$ とすると，$\langle \boldsymbol{p}, \boldsymbol{x} \rangle = 0$, $\langle \boldsymbol{p}, \boldsymbol{y} \rangle = 0$ である．よって，定理 3.14 (2) より，$\langle \boldsymbol{p}, \boldsymbol{x} + \boldsymbol{y} \rangle = \langle \boldsymbol{p}, \boldsymbol{x} \rangle + \langle \boldsymbol{p}, \boldsymbol{y} \rangle = 0 + 0 = 0$ となる．すなわち，$\langle \boldsymbol{p}, \boldsymbol{x} + \boldsymbol{y} \rangle = 0$ となり，$\boldsymbol{x} + \boldsymbol{y} \in \Pi$ である．したがって，Π は定理 1.6 の条件 (b) をみたす．

(2)　$\boldsymbol{x} \in \Pi$ とすると，$\langle \boldsymbol{p}, \boldsymbol{x} \rangle = 0$ である．さらに，$k \in \mathbf{R}$ とすると，定理 3.14 (2) より，$\langle \boldsymbol{p}, k\boldsymbol{x} \rangle = k\langle \boldsymbol{p}, \boldsymbol{x} \rangle = k0 = 0$ となる．すなわち，$\langle \boldsymbol{p}, k\boldsymbol{x} \rangle = 0$ となり，$k\boldsymbol{x} \in \Pi$ である．したがって，Π は定理 1.6 の条件 (c) をみたす．

(3)　$k_1, k_2, \ldots, k_{n-1} \in \mathbf{R}$, $k_1\boldsymbol{v}_1 + k_2\boldsymbol{v}_2 + \cdots + k_{n-1}\boldsymbol{v}_{n-1} = \boldsymbol{0}$ とすると，(3.163)

より，

$$\begin{pmatrix} k_1 p_n \\ k_2 p_n \\ \vdots \\ k_{n-1} p_n \\ -k_1 p_1 - k_2 p_2 - \cdots - k_{n-1} p_{n-1} \end{pmatrix} = \mathbf{0}$$ である．よって，$p_n \neq 0$ より，

$k_1 = k_2 = \cdots = k_{n-1} = 0$ となる．したがって，$\boldsymbol{v}_1, \boldsymbol{v}_2, \ldots, \boldsymbol{v}_{n-1}$ は 1 次独立である．

(4)　$\boldsymbol{x} = \begin{pmatrix} x_1 \\ x_2 \\ \vdots \\ x_n \end{pmatrix} \in \Pi$ とすると，(3.161), (3.162) より，$p_1 x_1 + p_2 x_2 + \cdots + p_n x_n = 0$

である．さらに，$p_n \neq 0$ より，$x_n = -\frac{p_1}{p_n} x_1 - \frac{p_2}{p_n} x_2 - \cdots - \frac{p_{n-1}}{p_n} x_{n-1}$ である．よって，$\boldsymbol{x} = \frac{x_1}{p_n} \boldsymbol{v}_1 + \frac{x_2}{p_n} \boldsymbol{v}_2 + \cdots + \frac{x_{n-1}}{p_n} \boldsymbol{v}_{n-1}$ となる．したがって，$\Pi = \langle \boldsymbol{v}_1, \boldsymbol{v}_2, \ldots, \boldsymbol{v}_{n-1} \rangle_{\mathbf{R}}$ である．

問題 3.6　$O = \mathbf{0}$，$A = f(\mathbf{0})$ とおき，M を線分 OA の中点とすると，$M = \frac{1}{2} f(\mathbf{0})$ である．さらに，M を通り，線分 OA と直交する超平面に関する鏡映を g とする．このとき，鏡映の定義 §3.3.5 より，g は A を O へ写す．すなわち，$g(f(\mathbf{0})) = \mathbf{0}$ である．よって，$(g \circ f)(\mathbf{0}) = \mathbf{0}$ である．

問題 3.7　(1)　(3.158) より，$f(\boldsymbol{x}) = \boldsymbol{x} - \frac{2\langle \boldsymbol{p}, \boldsymbol{x} - \boldsymbol{a} \rangle}{\langle \boldsymbol{p}, \boldsymbol{p} \rangle} \boldsymbol{p}$ $(\boldsymbol{x} \in \mathbf{R}^n)$ である．よって，$\boldsymbol{b} = f(\mathbf{0}) = \frac{2\langle \boldsymbol{p}, \boldsymbol{a} \rangle}{\langle \boldsymbol{p}, \boldsymbol{p} \rangle} \boldsymbol{p}$ となる．

(2)　スカラーを 1 次行列とみなすと，(3.61) より，$\langle \boldsymbol{p}, \boldsymbol{x} \rangle \boldsymbol{p} = \boldsymbol{p} \langle \boldsymbol{p}, \boldsymbol{x} \rangle = \boldsymbol{p}\,{}^t\boldsymbol{p}\,\boldsymbol{x}$ となる．よって，(1) より，$A\boldsymbol{x} = f(\boldsymbol{x}) - \boldsymbol{b} = \boldsymbol{x} - \frac{2\langle \boldsymbol{p}, \boldsymbol{x} \rangle}{\langle \boldsymbol{p}, \boldsymbol{p} \rangle} \boldsymbol{p} = \boldsymbol{x} - \frac{2\boldsymbol{p}\,{}^t\boldsymbol{p}}{\langle \boldsymbol{p}, \boldsymbol{p} \rangle} \boldsymbol{x} = \left(E_n - \frac{2\boldsymbol{p}\,{}^t\boldsymbol{p}}{\langle \boldsymbol{p}, \boldsymbol{p} \rangle} \right) \boldsymbol{x}$ となる．したがって，$A = E_n - \frac{2\boldsymbol{p}\,{}^t\boldsymbol{p}}{\langle \boldsymbol{p}, \boldsymbol{p} \rangle}$ である．

(3)　(2) より，$\boldsymbol{a} = \mathbf{0}$ としてよい．このとき，題意の超平面を Π とおくと，Π は原点を通る．また，(3.164) より，Π は $(n-1)$ 次元ベクトル空間である．よって，Π の基底 $\{\boldsymbol{v}_1, \boldsymbol{v}_2, \ldots, \boldsymbol{v}_{n-1}\}$ が存在する．このとき，鏡映の定義 §3.3.5 より，各 $i = 1, 2, \ldots, n-1$ に対して，$A\boldsymbol{v}_i = \boldsymbol{v}_i$ である．すなわち，$\boldsymbol{v}_i$ は固有値 1 に対する A の固有ベクトルである．また，鏡映の定義より，$A\boldsymbol{p} = -\boldsymbol{p}$ である．すなわち，$\boldsymbol{p}$ は固有値 -1 に対する A の固有ベクトルである．さらに，問題 3.4 より，n 個のベクトル $\boldsymbol{v}_1, \boldsymbol{v}_2, \ldots, \boldsymbol{v}_{n-1}, \boldsymbol{p}$ は 1 次独立となり，$\mathbf{R}^n$ の基底である．したがって，A の固有値は 1 と -1 のみである．

問題 3.8　(1)　(3.167) より，$E_n + c(X) = E_n + (E_n - X)(E_n + X)^{-1} = (E_n + X)(E_n + X)^{-1} + (E_n - X)(E_n + X)^{-1} = (E_n + X + E_n - X)(E_n + X)^{-1} = 2E_n(E_n + X)^{-1} = 2(E_n + X)^{-1}$ である．よって，$E_n + c(X)$ は正則であり，$(E_n + c(X))^{-1} = \frac{1}{2}(E_n + X)$ である．したがって，$c(X) \in S$ である．

(2)　(3.167) より，$E_n - c(X) = E_n - (E_n - X)(E_n + X)^{-1} = (E_n + X)(E_n + X)^{-1} - (E_n - X)(E_n + X)^{-1} = \{E_n + X - (E_n - X)\}(E_n + X)^{-1} = 2X(E_n + X)^{-1}$ である．よって，(1) の計算と合わせると，$c(c(X)) = (E_n - c(X))(E_n + c(X))^{-1} = 2X(E_n + X)^{-1} \cdot \frac{1}{2}(E_n + X) = X$ となる．

(3)　$E_n + {}^t X = {}^t(E_n + X)$ より，$E_n + {}^t X$ は正則であり，$(E_n + {}^t X)^{-1} = {}^t(E_n + X)^{-1}$

である. よって, ${}^tX \in S$ である.

(4) (3.167) より, $c({}^tX) = (E_n - {}^tX)(E_n + {}^tX)^{-1} = {}^t(E_n - X){}^t(E_n + X)^{-1} = {}^t\left\{(E_n + X)^{-1}(E_n - X)\right\}$ である. ここで, $(E_n - X)(E_n + X) = (E_n + X)(E_n - X)$ より, $(E_n + X)^{-1}(E_n - X) = (E_n - X)(E_n + X)^{-1} = c(X)$ である. よって, $c({}^tX) = {}^tc(X)$ である.

(5) 注意 3.3 および定理 3.22 より, 同次連立 1 次方程式 $(E_n + X)\boldsymbol{x} = \boldsymbol{0}$ が自明な解のみをもつことを示せばよい. このことを背理法により示す. $\boldsymbol{x}$ を上の方程式の自明でない解とする. このとき, $\boldsymbol{x} \neq \boldsymbol{0}$ かつ $\boldsymbol{x} = -X\boldsymbol{x}$ となる. さらに, (3.62) および X が交代行列であることから, $\langle \boldsymbol{x}, \boldsymbol{x} \rangle = \langle \boldsymbol{x}, -X\boldsymbol{x} \rangle = \langle {}^tX\boldsymbol{x}, -\boldsymbol{x} \rangle = \langle -X\boldsymbol{x}, -\boldsymbol{x} \rangle = \langle \boldsymbol{x}, -\boldsymbol{x} \rangle = -\langle \boldsymbol{x}, \boldsymbol{x} \rangle$ となる. すなわち, $\langle \boldsymbol{x}, \boldsymbol{x} \rangle = -\langle \boldsymbol{x}, \boldsymbol{x} \rangle$ となり, $\langle \boldsymbol{x}, \boldsymbol{x} \rangle = 0$ である. よって, 内積の正値性 定義 3.3 (3) より, $\boldsymbol{x} = \boldsymbol{0}$ である. これは矛盾である. したがって, $X \in S$ である.

(6) (4), ${}^tX = -X$ および (3.167) より, $c(X){}^tc(X) = c(X)c({}^tX) = c(X)c(-X) = (E_n - X)(E_n + X)^{-1}(E_n + X)(E_n - X)^{-1} = E_n$ となる. よって, $c(X) \in \mathrm{O}(n)$ である 注意 3.1 .

(7) $X \in \mathrm{O}(n)$ より, ${}^tX = X^{-1}$ である 注意 3.1 . さらに, (4), (3.167) より, ${}^tc(X) = c({}^tX) = c(X^{-1}) = (E_n - X^{-1})(E_n + X^{-1})^{-1} = (X - E_n)X^{-1}\{(X + E_n)X^{-1}\}^{-1} = (X - E_n)X^{-1}X(X + E_n)^{-1} = -(E_n - X)(E_n + X)^{-1} = -c(X)$ である. よって, $c(X)$ は交代行列である.

(8) (3.167), (3.168), (3.147) より, $c(X) = $
$$\left(\begin{pmatrix} 1 & 0 \\ 0 & 1 \end{pmatrix} - \begin{pmatrix} 0 & a \\ -a & 0 \end{pmatrix}\right)\left(\begin{pmatrix} 1 & 0 \\ 0 & 1 \end{pmatrix} + \begin{pmatrix} 0 & a \\ -a & 0 \end{pmatrix}\right)^{-1} =$$
$$\begin{pmatrix} 1 & -a \\ a & 1 \end{pmatrix}\begin{pmatrix} 1 & a \\ -a & 1 \end{pmatrix}^{-1} = \begin{pmatrix} 1 & -a \\ a & 1 \end{pmatrix} \cdot \frac{1}{1 + a^2}\begin{pmatrix} 1 & -a \\ a & 1 \end{pmatrix} =$$
$$\frac{1}{1 + a^2}\begin{pmatrix} 1 - a^2 & -2a \\ 2a & 1 - a^2 \end{pmatrix}$$ である.

(9) (3.169) より, $E_2 + X = \begin{pmatrix} 1 & 0 \\ 0 & 1 \end{pmatrix} + \begin{pmatrix} \cos\theta & \sin\theta \\ -\sin\theta & \cos\theta \end{pmatrix} = \begin{pmatrix} 1 + \cos\theta & \sin\theta \\ -\sin\theta & 1 + \cos\theta \end{pmatrix}$
である. よって, (3.35) および $-\pi < \theta < \pi$ より, $|E_2 + X| = (1 + \cos\theta)^2 + \sin^2\theta = 1 + 2\cos\theta + \cos^2\theta + \sin^2\theta = 2(1 + \cos\theta) \neq 0$ である. したがって, 注意 3.3 より, $E_2 + X$ は正則となり, $X \in S$ である.

(10) (3.169) より, $E_2 - X = \begin{pmatrix} 1 & 0 \\ 0 & 1 \end{pmatrix} - \begin{pmatrix} \cos\theta & \sin\theta \\ -\sin\theta & \cos\theta \end{pmatrix} = \begin{pmatrix} 1 - \cos\theta & -\sin\theta \\ \sin\theta & 1 - \cos\theta \end{pmatrix}$
である. よって, (9) の計算, (3.167) および (3.147) より, $c(X) = $
$$(E_2 - X)(E_2 + X)^{-1} = \begin{pmatrix} 1 - \cos\theta & -\sin\theta \\ \sin\theta & 1 - \cos\theta \end{pmatrix}\begin{pmatrix} 1 + \cos\theta & \sin\theta \\ -\sin\theta & 1 + \cos\theta \end{pmatrix}^{-1} =$$
$$\begin{pmatrix} 1 - \cos\theta & -\sin\theta \\ \sin\theta & 1 - \cos\theta \end{pmatrix}\frac{1}{2(1 + \cos\theta)}\begin{pmatrix} 1 + \cos\theta & -\sin\theta \\ \sin\theta & 1 + \cos\theta \end{pmatrix} =$$
$$\frac{1}{2(1 + \cos\theta)}\begin{pmatrix} 1 - \cos^2\theta - \sin^2\theta & -\sin\theta + \sin\theta\cos\theta - \sin\theta - \sin\theta\cos\theta \\ \sin\theta + \sin\theta\cos\theta + \sin\theta - \sin\theta\cos\theta & -\sin^2\theta + 1 - \cos^2\theta \end{pmatrix}$$

$$= \frac{1}{2(1+\cos\theta)} \begin{pmatrix} 0 & -2\sin\theta \\ 2\sin\theta & 0 \end{pmatrix}$$ である．さらに，半角の公式より，$\dfrac{\sin\theta}{1+\cos\theta} =$

$\dfrac{2\sin\frac{\theta}{2}\cos\frac{\theta}{2}}{2\cos^2\frac{\theta}{2}} = \tan\frac{\theta}{2}$ なので，$c(X) = \tan\dfrac{\theta}{2} \begin{pmatrix} 0 & -1 \\ 1 & 0 \end{pmatrix}$ である．

問題 3.9　$x, y, z \in X$ とする．$x = z$ のとき，d の定義より，$d(x,z) = 0 \leq d(x,y) + d(y,z)$ である．$x \neq z$ のとき，$x \neq y$ または $y \neq z$ なので，d の定義より，$d(x,y) = 1$ または $d(y,z) = 1$ である．よって，d の定義より，$d(x,z) = 1 \leq d(x,y) + d(y,z)$ である．したがって，d は三角不等式をみたす．

問題 3.10　(1)　(X, d_X), (Y, d_Y) を距離空間，$f : X \to Y$ を等長写像とする．$x, y \in X$, $f(x) = f(y)$ とすると，d_Y の正値性 定理 3.19 (1) および等長写像の定義より，$0 = d_Y(f(x), f(y)) = d_X(x,y)$, すなわち，$d_X(x,y) = 0$ である．よって，d_X の正値性より，$x = y$ である．したがって，f は単射である 注意 2.6 ．すなわち，等長写像は単射である．

(2)　$x, y \in X$ とすると，恒等写像の定義より，$1_X(x) = x$, $1_X(y) = y$ である．よって，$d(1_X(x), 1_X(y)) = d(x,y)$ となり，1_X は等長写像である．

=========== **第 4 章** ===========

問 4.1　a', a'' をともに a の逆元とすると，群の定義 定義 4.1 の条件 (1)〜(3) より，$a' = ea' = (a''a)a' = a''(aa') = a''e = a''$ となる．よって，$a' = a''$ となり，a の逆ベクトルは一意的である．

問 4.2　群の定義 定義 4.1 の条件 (1)〜(3) より，$(ab)(b^{-1}a^{-1}) = a(bb^{-1})a^{-1} = (ae)a^{-1} = aa^{-1} = e$ となる．同様に，$(b^{-1}a^{-1})(ab) = e$ となる．よって，定理 4.2 (2) がなりたつ．

問 4.3　$\theta \in [0, 2\pi)$ に対して，$A_\theta = \begin{pmatrix} \cos\theta & -\sin\theta \\ \sin\theta & \cos\theta \end{pmatrix}$ とおくと，$A_\theta \in \mathrm{SO}(2)$ である

例 3.7 ．とくに，$A_\theta \in \mathrm{O}(2)$ である．このとき，$B_\theta \in M_n(\mathbf{R})$ を $B_\theta = \begin{pmatrix} A_\theta & O \\ O & E_{n-2} \end{pmatrix}$

により定めると，$A_\theta \in \mathrm{SO}(2)$ より，$B_\theta{}^t B_\theta = \begin{pmatrix} A_\theta & O \\ O & E_{n-2} \end{pmatrix} \begin{pmatrix} {}^t A_\theta & O \\ O & E_{n-2} \end{pmatrix} =$

$\begin{pmatrix} A_\theta{}^t A_\theta & O \\ O & E_{n-2} \end{pmatrix} = E_n$ となる．また，定理 3.9 および (3.32) より，$|B_\theta| = |A_\theta||E_{n-2}| = 1 \cdot 1 = 1$ となる．よって，$B_\theta \in \mathrm{O}(n)$ である 注意 3.1 ．とくに，$B_\theta \in \mathrm{SO}(n)$ である．このような B_θ は無限に存在するので，$n \geq 2$ のとき，$\mathrm{O}(n)$ および $\mathrm{SO}(n)$ は無限群である．

問 4.4　(1)　例 3.7 より，$\mathrm{SO}(2)$ の 2 つの元は $\theta, \varphi \in [0, 2\pi)$ を用いて，$\begin{pmatrix} \cos\theta & -\sin\theta \\ \sin\theta & \cos\theta \end{pmatrix}$, $\begin{pmatrix} \cos\varphi & -\sin\varphi \\ \sin\varphi & \cos\varphi \end{pmatrix}$ と表される．ここで，加法定理より，

$$\begin{pmatrix} \cos\theta & -\sin\theta \\ \sin\theta & \cos\theta \end{pmatrix} \begin{pmatrix} \cos\varphi & -\sin\varphi \\ \sin\varphi & \cos\varphi \end{pmatrix} = \begin{pmatrix} \cos\varphi & -\sin\varphi \\ \sin\varphi & \cos\varphi \end{pmatrix} \begin{pmatrix} \cos\theta & -\sin\theta \\ \sin\theta & \cos\theta \end{pmatrix}$$

$$= \begin{pmatrix} \cos(\theta + \varphi) & -\sin(\theta + \varphi) \\ \sin(\theta + \varphi) & \cos(\theta + \varphi) \end{pmatrix}$$ となる. よって, SO(2) はアーベル群である.

(2) まず, $\begin{pmatrix} 1 & 0 \\ 0 & -1 \end{pmatrix} \begin{pmatrix} \cos\theta & -\sin\theta \\ \sin\theta & \cos\theta \end{pmatrix} = \begin{pmatrix} \cos\theta & -\sin\theta \\ -\sin\theta & -\cos\theta \end{pmatrix}$ である. また,

$\begin{pmatrix} \cos\theta & -\sin\theta \\ \sin\theta & \cos\theta \end{pmatrix} \begin{pmatrix} 1 & 0 \\ 0 & -1 \end{pmatrix} = \begin{pmatrix} \cos\theta & \sin\theta \\ \sin\theta & -\cos\theta \end{pmatrix}$ である. ここで, $0 < \theta < \pi$ または $\pi < \theta < 2\pi$ より, $\sin\theta \neq 0$, すなわち, $\sin\theta \neq -\sin\theta$ である. よって, (4.10) がなりたつ.

問 4.5 (1) $A, B \in \mathrm{SL}(n, \mathbf{R})$ とすると, 定理 3.10 より, $|AB| = |A||B| = 1 \cdot 1 = 1$ である. よって, $AB \in \mathrm{SL}(n, \mathbf{R})$ である. すなわち, $\mathrm{SL}(n, \mathbf{R})$ に対して, 行列の積を考えることができる. このとき, 定理 2.1 (1) より, 結合律がなりたつ. また, (3.32) より, $\mathrm{SL}(n, \mathbf{R})$ の単位元は E_n である. さらに, $A \in \mathrm{SL}(n)$ とすると, 定理 3.11 より, $|A^{-1}| = |A|^{-1} = 1^{-1} = 1$ となるので, $A^{-1} \in \mathrm{SL}(n, \mathbf{R})$ である. よって, A の逆元は A^{-1} である. したがって, $\mathrm{SL}(n, \mathbf{R})$ は行列の積に関して群となる.

(2) まず, $\begin{pmatrix} 1 & 1 \\ 0 & 1 \end{pmatrix} \begin{pmatrix} 1 & 0 \\ 1 & 1 \end{pmatrix} = \begin{pmatrix} 2 & 1 \\ 1 & 1 \end{pmatrix}$ である. また, $\begin{pmatrix} 1 & 0 \\ 1 & 1 \end{pmatrix} \begin{pmatrix} 1 & 1 \\ 0 & 1 \end{pmatrix}$

$= \begin{pmatrix} 1 & 1 \\ 1 & 2 \end{pmatrix}$ である. よって, (2) がなりたつ.

問 4.6 (1) 群の定義 定義 4.1 の条件 (2) より, 群は単位元をもつ. よって, H は単位元をもち, 空ではない.

(2) $a \in H$ とし, H の単位元を e' とする. このとき, $ae' = a$ である. さらに, G の単位元を e とすると, 群の定義 定義 4.1 の条件 (1)〜(3) より, $e' = ee' = (a^{-1}a)e' = a^{-1}(ae') = a^{-1}a = e$ となる. すなわち, $e = e'$ である. よって, H の単位元は G の単位元である.

(3) 群 H の元としての a の逆元を a' とすると, 群の定義 定義 4.1 の条件 (1)〜(3) より, $a' = ea' = (a^{-1}a)a' = a^{-1}(aa') = a^{-1}e = a^{-1}$ となる. すなわち, $a' = a^{-1}$ となり, (3) がなりたつ.

問 4.7 $A, B \in \mathrm{SL}(n)$ とすると, $|A| = |B| = 1$ である. よって, 定理 3.10, 定理 3.11 より, $|AB^{-1}| = |A||B^{-1}| = |A||B|^{-1} = 1 \cdot 1^{-1} = 1$ である. したがって, $AB^{-1} \in \mathrm{SL}(n, \mathbf{R})$ となり, 定理 4.3 より, $\mathrm{SL}(n)$ は $\mathrm{GL}(n, \mathbf{R})$ の部分群である.

問 4.8 $aa^{-1} = e_G$ なので, 定理 4.4 (1) と f が準同型写像であることから, $e_H = f(e_G) = f(aa^{-1}) = f(a)f(a^{-1})$, すなわち, $f(a)f(a^{-1}) = e_H$ である. 同様に, $f(a^{-1})f(a) = e_H$ である. よって, 定理 4.4 (2) がなりたつ.

問 4.9 $p, q \in H$ とする. このとき, 逆写像の定義より, $f(f^{-1}(pq)) = pq$ である. また, f が準同型写像であることと逆写像の定義より, $f(f^{-1}(p)f^{-1}(q)) = f(f^{-1}(p))(f^{-1}(q)) = pq$ となる. さらに, f が単射であることから, $f^{-1}(pq) = f^{-1}(p)f^{-1}(q)$ となり, f^{-1} は準同型写像である.

問 4.10 (1) まず, 定理 4.4 (1) より, $f(e_G) = e_H$ なので, $e_G \in \mathrm{Ker} f$ である. よって, $\mathrm{Ker} f$ は空ではない. 次に, $a, b \in \mathrm{Ker} f$ とすると, f が準同型写像であることと定理 4.4 (2) より, $f(ab^{-1}) = f(a)f(b^{-1}) = f(a)f(b)^{-1} = e_H e_H^{-1} = e_H$ となる. すなわち,

$f(ab^{-1}) = e_H$ となり，$ab^{-1} \in \operatorname{Ker} f$ である．したがって，定理 4.3 より，$\operatorname{Ker} f$ は G の部分群である．

(2) まず，G は空ではないので，$\operatorname{Im} f$ は空ではない．次に，$f(a), f(b) \in \operatorname{Im} f$ $(a, b \in G)$ とする．このとき，$ab^{-1} \in G$ である．さらに，定理 4.4 (2) と f が準同型写像であることから，$f(a)f(b)^{-1} = f(a)f(b^{-1}) = f(ab^{-1}) \in \operatorname{Im} f$ となる．よって，定理 4.3 より，$\operatorname{Im} f$ は H の部分群である．

問 4.11 (1) f が単射であるとする．$a \in \operatorname{Ker} f$ とすると，定理 4.4 (1) より，$f(a) = e_H = f(e_G)$ となる．すなわち，$f(a) = f(e_G)$ である．ここで，f は単射なので，$a = e_G$ である．よって，$\operatorname{Ker} f = \{e_G\}$ となり，$\operatorname{Ker} f$ は単位群である．

(2) $\operatorname{Ker} f$ が単位群であるとする．$a, b \in G$，$f(a) = f(b)$ とすると，定理 4.4 (2) および f が準同型写像であることから，$e_H = f(a)f(a)^{-1} = f(a)f(b)^{-1} = f(a)f(b^{-1}) = f(ab^{-1})$ となる．すなわち，$ab^{-1} \in \operatorname{Ker} f$ である．ここで，$\operatorname{Ker} f = \{e_G\}$ なので，$ab^{-1} = e_G$，すなわち，$a = b$ である．よって，f は単射である 注意 2.6 ．

問 4.12 (1) $S \in X$ とする．このとき，例 3.14 より，$\operatorname{id}_{\mathbf{R}^2} \in \operatorname{Iso}(\mathbf{R}^2)$ である．さらに，$\operatorname{id}_{\mathbf{R}^2}(S) = S$ である．よって，$\sim$ の定義より，$S \sim S$ である．したがって，$\sim$ は反射律をみたす．

(2) $S, T \in X$，$S \sim T$ とする．このとき，$\sim$ の定義より，ある $f \in \operatorname{Iso}(\mathbf{R}^2)$ が存在し，$f(S) = T$ となる．ここで，定理 3.20 (2) より，$f^{-1} \in \operatorname{Iso}(\mathbf{R}^2)$ である．さらに，$f^{-1}(T) = S$ である．よって，$\sim$ の定義より，$T \sim S$ である．したがって，$\sim$ は対称律をみたす．

(3) $R, S, T \in X$，$R \sim S$，$S \sim T$ とする．このとき，$\sim$ の定義より，ある $f, g \in \operatorname{Iso}(\mathbf{R}^2)$ が存在し，$f(R) = S$，$f(S) = T$ となる．ここで，定理 3.20 (1) より，$g \circ f \in \operatorname{Iso}(\mathbf{R}^2)$ である．さらに，$(g \circ f)(R) = g(f(R)) = g(S) = T$ となる．すなわち，$(g \circ f)(R) = T$ である．よって，$\sim$ の定義より，$R \sim T$ である．したがって，$\sim$ は推移律をみたす．

問 4.13 (1) $k \in \mathbf{Z}$ とする．このとき，$k - k = 0$ であり，0 は n で割り切れるので，$\sim$ の定義より，$k \sim k$ である．よって，$\sim$ は反射律をみたす．

(2) $k, l \in \mathbf{Z}$，$k \sim l$ とする．このとき，$\sim$ の定義より，$k - l$ は n で割り切れる．よって，$l - k = -(k - l)$ は n で割り切れ，$\sim$ の定義より，$l \sim k$ である．したがって，$\sim$ は対称律をみたす．

(3) $k, l, m \in \mathbf{Z}$，$k \sim l$，$l \sim m$ とする．このとき，$\sim$ の定義より，$k - l$ および $l - m$ は n で割り切れる．さらに，$k - m = (k - l) + (l - m)$ なので，$k - m$ は n で割り切れる．よって，$\sim$ の定義より，$k \sim m$ である．したがって，$\sim$ は推移律をみたす．

問 4.14 (c) より，ある $c \in C(a) \cap C(b)$ が存在する．このとき，$c \in C(a)$ なので，同値類の定義 (4.38) より，$a \sim c$ である．また，$c \in C(b)$ なので，同値類の定義より，$b \sim c$ である．さらに，対称律より，$c \sim b$ である．よって，推移律より，$a \sim b$ である．したがって，(c) $\Rightarrow$ (a) がなりたつ．

問 4.15 (4.45) より，$k \equiv r \mod n$ なので，$\pi : \mathbf{Z} \to \mathbf{Z}/\sim$ を自然な射影とすると，$\pi(k) = C(r)$ である．よって，$\mathbf{Z}/\sim = \{C(0), C(1), C(2), \ldots, C(n-1)\}$ となり，$\mathbf{Z}/\sim$ は n 個の元からなる集合である．とくに，$n = 2$ のとき，$C(0)$ は偶数全体の集合であり，$C(1)$ は奇数全体の集合である．

問 4.16 (1) $(a_1, a_2, a_3) \in Y$ とする．このとき，恒等置換 $\varepsilon \in S_3$ に対して，

$(a_1, a_2, a_3) = (a_{\varepsilon(1)}, a_{\varepsilon(2)}, a_{\varepsilon(3)})$ である. よって, $\sim'$ の定義より, $(a_1, a_2, a_3) \sim'$ (a_1, a_2, a_3) である. したがって, $\sim'$ は反射律をみたす.

(2)　$(a_1, a_2, a_3), (b_1, b_2, b_3) \in Y$, $(a_1, a_2, a_3) \sim' (b_1, b_2, b_3)$ とする. このとき, あ る $\sigma \in S_3$ が存在し, $(b_1, b_2, b_3) = (a_{\sigma(1)}, a_{\sigma(2)}, a_{\sigma(3)})$ となる. このとき, σ の逆置換 $\sigma^{-1} \in S_3$ に対して, $(a_1, a_2, a_3) = (b_{\sigma^{-1}(1)}, b_{\sigma^{-1}(2)}, b_{\sigma^{-1}(3)})$ となる. よって, $\sim'$ の 定義より, $(b_1, b_2, b_3) \sim' (a_1, a_2, a_3)$ である. したがって, $\sim'$ は対称律をみたす.

(3)　$(a_1, a_2, a_3), (b_1, b_2, b_3), (c_1, c_2, c_3) \in Y$, $(a_1, a_2, a_3) \sim' (b_1, b_2, b_3)$, $(b_1, b_2, b_3) \sim'$ (c_1, c_2, c_3) とする. このとき, ある $\sigma, \tau \in S_3$ が存在し, $(b_1, b_2, b_3) = (a_{\sigma(1)}, a_{\sigma(2)}, a_{\sigma(3)})$, $(c_1, c_2, c_3) = (b_{\tau(1)}, b_{\tau(2)}, b_{\tau(3)})$ となる. このとき, σ と τ の積 $\sigma\tau \in S_3$ に対 して, $(c_1, c_2, c_3) = (a_{(\sigma\tau)(1)}, a_{(\sigma\tau)(2)}, b_{(\sigma\tau)(3)})$ となる. よって, $\sim'$ の定義より, $(a_1, a_2, a_3) \sim' (c_1, c_2, c_3)$ である. したがって, $\sim'$ は推移律をみたす.

問 4.17　(1)　問 3.5 より, $|\boldsymbol{b}_1\ \boldsymbol{b}_2| = \begin{vmatrix} 1 & 0 \\ 1 & 1 \end{vmatrix} = 1 \cdot 1 = 1 \neq 0$ である. よって, 定理 4.10 より, $\{\boldsymbol{b}_1, \boldsymbol{b}_2\}$ は $\mathbf{R}^2$ の基底である.

(2)　求める基底変換行列を P とすると, 定理 4.9 および (4.57) より, $\begin{pmatrix} 1 & 0 \\ 0 & 1 \end{pmatrix} =$ $\begin{pmatrix} 1 & 0 \\ 1 & 1 \end{pmatrix} P$ である. よって, (1) の計算および (3.147) より, $P = \begin{pmatrix} 1 & 0 \\ 1 & 1 \end{pmatrix}^{-1} \begin{pmatrix} 1 & 0 \\ 0 & 1 \end{pmatrix}$ $= \frac{1}{1}\begin{pmatrix} 1 & 0 \\ -1 & 1 \end{pmatrix}\begin{pmatrix} 1 & 0 \\ 0 & 1 \end{pmatrix} = \begin{pmatrix} 1 & 0 \\ -1 & 1 \end{pmatrix}$ である.

(3)　求める基底変換行列を P とすると, 定理 4.9, (4.53) および (4.57) より, $\begin{pmatrix} 1 & 0 \\ 1 & 1 \end{pmatrix} =$ $\begin{pmatrix} 1 & 1 \\ 0 & 1 \end{pmatrix} P$ である. よって, (4.54), (3.147) より, $P = \begin{pmatrix} 1 & 1 \\ 0 & 1 \end{pmatrix}^{-1}\begin{pmatrix} 1 & 0 \\ 1 & 1 \end{pmatrix} =$ $\frac{1}{1}\begin{pmatrix} 1 & -1 \\ 0 & 1 \end{pmatrix}\begin{pmatrix} 1 & 0 \\ 1 & 1 \end{pmatrix} = \begin{pmatrix} 0 & -1 \\ 1 & 1 \end{pmatrix}$ である.

(4)　求める基底変換行列を P とすると, 定理 4.9, (4.53) および (4.57) より, $\begin{pmatrix} 1 & 1 \\ 0 & 1 \end{pmatrix} = \begin{pmatrix} 1 & 0 \\ 1 & 1 \end{pmatrix} P$ である. よって, (1) の計算および (3.147) より, $P =$ $\begin{pmatrix} 1 & 0 \\ 1 & 1 \end{pmatrix}^{-1}\begin{pmatrix} 1 & 1 \\ 0 & 1 \end{pmatrix} = \frac{1}{1}\begin{pmatrix} 1 & 0 \\ -1 & 1 \end{pmatrix}\begin{pmatrix} 1 & 1 \\ 0 & 1 \end{pmatrix} = \begin{pmatrix} 1 & 1 \\ -1 & 0 \end{pmatrix}$ である.

問 4.18　まず, (4.57), (4.63) より, $f(\boldsymbol{b}_1) = \begin{pmatrix} 1 & 0 \\ 0 & 2 \end{pmatrix}\begin{pmatrix} 1 \\ 1 \end{pmatrix} = \begin{pmatrix} 1 \\ 2 \end{pmatrix}$, $f(\boldsymbol{b}_2) =$ $\begin{pmatrix} 1 & 0 \\ 0 & 2 \end{pmatrix}\begin{pmatrix} 0 \\ 1 \end{pmatrix} = \begin{pmatrix} 0 \\ 2 \end{pmatrix}$ である. よって, 求める表現行列を A とすると, (4.59) より, $\begin{pmatrix} 1 & 0 \\ 2 & 2 \end{pmatrix} = \begin{pmatrix} 1 & 0 \\ 1 & 1 \end{pmatrix} A$ である. したがって, (3.147) より, $A =$

$$\begin{pmatrix} 1 & 0 \\ 1 & 1 \end{pmatrix}^{-1} \begin{pmatrix} 1 & 0 \\ 2 & 2 \end{pmatrix} = \frac{1}{1} \begin{pmatrix} 1 & 0 \\ -1 & 1 \end{pmatrix} \begin{pmatrix} 1 & 0 \\ 2 & 2 \end{pmatrix} = \begin{pmatrix} 1 & 0 \\ 1 & 2 \end{pmatrix} \text{ である.}$$

問 4.19 (1) B および P の定義より, $(\,f(\boldsymbol{v}'_1)\ f(\boldsymbol{v}'_2)\ \cdots\ f(\boldsymbol{v}'_n)\,) = (\,\boldsymbol{v}'_1\ \boldsymbol{v}'_2\ \cdots\ \boldsymbol{v}'_n\,)B = (\,\boldsymbol{v}_1\ \boldsymbol{v}_2\ \cdots\ \boldsymbol{v}_n\,)PB$ となる. よって, (4.69) がなりたつ.

(2) まず, P の定義より, $(\,\boldsymbol{v}'_1\ \boldsymbol{v}'_2\ \cdots\ \boldsymbol{v}'_n\,) = (\,\boldsymbol{v}_1\ \boldsymbol{v}_2\ \cdots\ \boldsymbol{v}_n\,)P$ である. さらに, f が線形写像であることと A の定義より, $(\,f(\boldsymbol{v}'_1)\ f(\boldsymbol{v}'_2)\ \cdots\ f(\boldsymbol{v}'_n)\,) = (\,f(\boldsymbol{v}_1)\ f(\boldsymbol{v}_2)\ \cdots\ f(\boldsymbol{v}_n)\,)P = (\,\boldsymbol{v}_1\ \boldsymbol{v}_2\ \cdots\ \boldsymbol{v}_n\,)AP$ となる. よって, (4.70) がなりたつ.

(3) (1), (2) より, $(\,\boldsymbol{v}_1\ \boldsymbol{v}_2\ \cdots\ \boldsymbol{v}_n\,)PB = (\,\boldsymbol{v}_1\ \boldsymbol{v}_2\ \cdots\ \boldsymbol{v}_n\,)AP$ である. ここで, $(\,\boldsymbol{v}_1\ \boldsymbol{v}_2\ \cdots\ \boldsymbol{v}_n\,)$ は V の基底なので, $PB = AP$ である. さらに, 定理 4.8 より, P は正則であり, P の逆行列 P^{-1} が存在する. よって, $B = P^{-1}AP$ となり, (4.68) がなりたつ.

問 4.20 (1) $A, B \in M_n(\mathbf{R})$, $A \sim B$ とする. まず, $\sim$ の定義より, ある $P \in \mathrm{GL}(n, \mathbf{R})$ が存在し, (4.68) がなりたつ. このとき, $P^{-1} \in \mathrm{GL}(n, \mathbf{R})$ であり, $PBP^{-1} = A$ となる. すなわち, 問題 2.8 (1) より, $A = (P^{-1})^{-1}BP^{-1}$ である. よって, $\sim$ の定義より, $B \sim A$ となり, $\sim$ は対称律をみたす.

(2) $A, B, C \in M_n(\mathbf{R})$, $A \sim B$, $B \sim C$ とする. まず, $\sim$ の定義より, ある $P, Q \in \mathrm{GL}(n, \mathbf{R})$ が存在し, $B = P^{-1}AP$, $C = Q^{-1}BQ$ となる. このとき, 問題 2.8 (2) より, $C = Q^{-1}(P^{-1}AP)Q = (PQ)^{-1}AB(PQ)$ となる. また, $PQ \in \mathrm{GL}(n, \mathbf{R})$ である. よって, $\sim$ の定義より, $A \sim C$ となり, $\sim$ は推移律をみたす.

問 4.21 まず, 積の結合律 定理 2.1(1) および問題 2.8 (2) より, 任意の $P, Q \in \mathrm{GL}(n, \mathbf{R})$ および任意の $X \in M_n(\mathbf{R})$ に対して, $Q^{-1}(P^{-1}XP)Q = (PQ)^{-1}X(PQ)$ である. また, E_n は $\mathrm{GL}(n, \mathbf{R})$ の単位元であり, 任意の $X \in M_n(\mathbf{R})$ に対して, $E_n^{-1}XE_n = X$ である. よって, $\mathrm{GL}(n, \mathbf{R})$ は $M_n(\mathbf{R})$ に右から作用する.

問 4.22 まず, 積の結合律 定理 2.1(1) および問題 2.8 (2) より, 任意の $P, Q \in \mathrm{GL}(n, \mathbf{R})$ および任意の $X \in M_n(\mathbf{R})$ に対して, $P(QXQ^{-1})P^{-1} = (PQ)X(PQ)^{-1}$ である. また, E_n は $\mathrm{GL}(n, \mathbf{R})$ の単位元であり, 任意の $X \in M_n(\mathbf{R})$ に対して, $E_nXE_n^{-1} = X$ である. よって, $\mathrm{GL}(n, \mathbf{R})$ は $M_n(\mathbf{R})$ に左から作用する.

問 4.23 まず, $a \in G_Y$ とすると, G_Y の定義, 群の作用の定義 定義 4.7 の条件 (1) および $e \in G_Y$ より, $a^{-1}Y = a^{-1}(aY) = (a^{-1}a)Y = eY = Y$ となる. すなわち, $a^{-1}Y = Y$ である. よって, G_Y の定義より, $a^{-1} \in G_Y$ である.

問 4.24 Φ は全単射なので, Φ が準同型写像 定義 4.4 であることを示せばよい. $f, g \in \mathrm{Iso}(\mathbf{R}^2)_X$ を $A, B \in \mathrm{O}(2)$ を用いて, $f(\boldsymbol{x}) = A\boldsymbol{x}$, $g(\boldsymbol{x}) = B\boldsymbol{x}$ $(\boldsymbol{x} \in \mathbf{R}^2)$ と表しておく. このとき, (4.95) より, $\Phi(f) = A$, $\Phi(g) = B$ である. また, $(g \circ f)(\boldsymbol{x}) = g(f(\boldsymbol{x})) = g(A\boldsymbol{x}) = B(A\boldsymbol{x}) = (BA)\boldsymbol{x}$ となる. よって, (4.95) より, $\Phi(g \circ f) = BA$ である. したがって, $\Phi(g \circ f) = \Phi(g)\Phi(f)$ となり, Φ は準同型写像である.

問 4.25 まず,

$$\text{「}\boldsymbol{x}, \boldsymbol{y} \in X \text{ に対して, } d(\boldsymbol{x}, \boldsymbol{y}) \text{ が最大となる}$$
$$\text{のは, } (\boldsymbol{x}, \boldsymbol{y}) = (\boldsymbol{x}_1, \boldsymbol{x}_2), (\boldsymbol{x}_2, \boldsymbol{x}_1) \text{ のとき」} \tag{A.10}$$

であることに注意する. 次に, $f \in \mathrm{Iso}(\mathbf{R}^2)_X$ とする. このとき, (4.91) と同様に,

$i, j = 1, 2, 3.$ $i \neq j$ のとき，(4.98) がなりたつ．よって，(A.10) および (4.104) より，$f(\boldsymbol{x}_i) = \boldsymbol{x}_i$ となる．ここで，(4.92), (4.93) と同様に，(4.99) がなりたつので，$f(\boldsymbol{0}) = \boldsymbol{0}$ である．したがって，定理 3.21 より，f は $A \in \mathrm{O}(2)$ を用いて，(4.94) のように表される．すなわち，例 3.16 より，f は原点を中心とする回転または原点を通る直線に関する対称移動を意味する．さらに，$f(\boldsymbol{x}_i) = \boldsymbol{x}_i$ より，f は恒等変換であり，$A = E_2$ である．以上より，$\mathrm{Iso}(\mathbf{R}^2)_X$ は単位群である．

問 4.26 $\mathbf{R}^n$ の基底 $\{\boldsymbol{a}_1, \boldsymbol{a}_2, \ldots, \boldsymbol{a}_n\}$ を $\boldsymbol{a}_1 = \boldsymbol{x}$ となるように選んでおく．さらに，$P = (\, \boldsymbol{a}_1 \ \boldsymbol{a}_2 \ \cdots \ \boldsymbol{a}_n \,)$ とおくと，$P \in \mathrm{GL}(n, \mathbf{R})$ である 定理 4.10．ここで，P の定義および $P^{-1}P = E_n$ より，$P^{-1}\boldsymbol{a}_1 = \boldsymbol{e}_1$ である．すなわち，$P^{-1}\boldsymbol{x} = \boldsymbol{e}_1$ である．ここで，$P^{-1} \in \mathrm{GL}(n, \mathbf{R})$ なので，$\boldsymbol{x}$ と $\boldsymbol{e}_1$ は同じ軌道の元である．

問 4.27 定理 3.21 より，$f \in \mathrm{Iso}(\mathbf{R}^n)$ を $f(\boldsymbol{x}) = \boldsymbol{x} + \boldsymbol{x}_2 - \boldsymbol{x}_1$ $(\boldsymbol{x} \in \mathbf{R}^n)$ により定めることができる．このとき，$f(\boldsymbol{x}_1) = \boldsymbol{x}_2$ である．よって，$\boldsymbol{x}_1$ と $\boldsymbol{x}_2$ は同じ軌道の元である．

4

•• **章末問題** ••

問題 4.1 (1) $(a, b), (a', b'), (a'', b'') \in G \times H$ とする．このとき，$G \times H$ の積の定義および G, H の積が結合律をみたすことから，$((a, b)(a', b'))(a'', b'') = (aa', bb')(a'', b'') = ((aa')a'', (bb')b'') = (a(a'a''), b(b'b'')) = (a, b)(a'a'', b'b'') = (a, b)((a', b')(a'', b''))$ となる．すなわち，$((a, b)(a', b'))(a'', b'') = (a, b)((a', b')(a'', b''))$ である．よって，$G \times H$ の積は結合律をみたす．

(2) $(a, b) \in G \times H$ とすると，$G \times H$ の積の定義および e, e' がそれぞれ G, H の単位元であることから，$(a, b)(e, e') = (ae, be') = (a, b)$ となる．すなわち，$(a, b)(e, e') = (a, b)$ である．同様に，$(e, e')(a, b) = (a, b)$ である．よって，(e, e') は $G \times H$ の単位元である．

(3) $G \times H$ の積の定義および a^{-1}, b^{-1} がそれぞれ a, b の逆元であることから，$(a, b)(a^{-1}, b^{-1}) = (aa^{-1}, bb^{-1}) = (e, e')$ となる．すなわち，$(a, b)(a^{-1}, b^{-1}) = (e, e')$ である．同様に，$(a^{-1}, b^{-1})(a, b) = (e, e')$ である．よって，(a, b) の逆元は (a^{-1}, b^{-1}) である．

問題 4.2 まず，H, K は G の部分群なので，$e \in H$, $e \in K$, すなわち，$e \in H \cap K$ である．よって，$H \cap K$ は空ではない．次に，$a, b \in H \cap K$ とする．このとき，$a, b \in H$ であり，H は G の部分群なので，定理 4.3 より，$ab^{-1} \in H$ である．同様に，$ab^{-1} \in K$ である．よって，$ab^{-1} \in H \cap K$ である．したがって，定理 4.3 より，$H \cap K$ は G の部分群である．

問題 4.3 (1) 定理 3.9 および定理 3.12 より，$\begin{vmatrix} A & \boldsymbol{b} \\ \boldsymbol{0} & 1 \end{vmatrix} = |A||1| = \pm 1 \cdot 1 = \pm 1 \neq 0$ である．よって，注意 3.3 より，(4.114) がなりたつ．

(2) まず，(1) より，G は空ではない．次に，$\begin{pmatrix} A & \boldsymbol{b} \\ \boldsymbol{0} & 1 \end{pmatrix}, \begin{pmatrix} C & \boldsymbol{d} \\ \boldsymbol{0} & 1 \end{pmatrix} \in G$ とする．このとき，$\begin{pmatrix} C & \boldsymbol{d} \\ \boldsymbol{0} & 1 \end{pmatrix}\begin{pmatrix} C^{-1} & -C^{-1}\boldsymbol{d} \\ \boldsymbol{0} & 1 \end{pmatrix} = E_{n+1}$ より，$\begin{pmatrix} C & \boldsymbol{d} \\ \boldsymbol{0} & 1 \end{pmatrix}^{-1} = \begin{pmatrix} C^{-1} & -C^{-1}\boldsymbol{d} \\ \boldsymbol{0} & 1 \end{pmatrix}$ である．また，$A, C \in \mathrm{O}(n)$ より，$AC^{-1} \in \mathrm{O}(n)$ であ

る．よって，$\begin{pmatrix} A & \boldsymbol{b} \\ \boldsymbol{0} & 1 \end{pmatrix} \begin{pmatrix} C & \boldsymbol{d} \\ \boldsymbol{0} & 1 \end{pmatrix}^{-1} = \begin{pmatrix} A & \boldsymbol{b} \\ \boldsymbol{0} & 1 \end{pmatrix} \begin{pmatrix} C^{-1} & -C^{-1}\boldsymbol{d} \\ \boldsymbol{0} & 1 \end{pmatrix} =$ $\begin{pmatrix} AC^{-1} & -AC^{-1}\boldsymbol{d} + \boldsymbol{b} \\ \boldsymbol{0} & 1 \end{pmatrix} \in G$ となる．したがって，定理 4.3 より，G は $\mathrm{GL}(n+1, \mathbf{R})$ の部分群である．

(3) Φ は全単射なので，Φ が準同型写像であることを示せばよい．$f, g \in \mathrm{Iso}(\mathbf{R}^n)$ を $A, C \in \mathrm{O}(n)$ および $\boldsymbol{b}, \boldsymbol{d} \in \mathbf{R}^n$ を用いて，$f(\boldsymbol{x}) = A\boldsymbol{x} + \boldsymbol{b}$, $g(\boldsymbol{x}) = C\boldsymbol{x} + \boldsymbol{d}$ $(\boldsymbol{x} \in \mathbf{R}^n)$ と表しておく．このとき，$(g \circ f)(\boldsymbol{x}) = g(f(\boldsymbol{x})) = g(A\boldsymbol{x} + \boldsymbol{b}) =$

$C(A\boldsymbol{x} + \boldsymbol{b}) + \boldsymbol{d} = CA\boldsymbol{x} + C\boldsymbol{b} + \boldsymbol{d}$ である．よって，$\Phi(g \circ f) = \begin{pmatrix} CA & C\boldsymbol{b} + \boldsymbol{d} \\ \boldsymbol{0} & 1 \end{pmatrix}$ で

ある．一方，$\Phi(g)\Phi(f) = \begin{pmatrix} C & \boldsymbol{d} \\ \boldsymbol{0} & 1 \end{pmatrix} \begin{pmatrix} A & \boldsymbol{b} \\ \boldsymbol{0} & 1 \end{pmatrix} = \begin{pmatrix} CA & C\boldsymbol{b} + \boldsymbol{d} \\ \boldsymbol{0} & 1 \end{pmatrix}$ である．し

たがって，$\Phi(g \circ f) = \Phi(g)\Phi(f)$ となり，Φ は準同型写像である．

問題 4.4 (1) $(\boldsymbol{a}, \boldsymbol{b}) \in \mathbf{R}^n \times \mathbf{R}^n$ とする．このとき，$\boldsymbol{b} - \boldsymbol{a} = \boldsymbol{b} - \boldsymbol{a}$ である．よって，$\sim$ の定義より，$(\boldsymbol{a}, \boldsymbol{b}) \sim (\boldsymbol{a}, \boldsymbol{b})$ である．したがって，$\sim$ は反射律をみたす．

(2) $(\boldsymbol{a}, \boldsymbol{b}), (\boldsymbol{a}', \boldsymbol{b}') \in \mathbf{R}^n \times \mathbf{R}^n$, $(\boldsymbol{a}, \boldsymbol{b}) \sim (\boldsymbol{a}', \boldsymbol{b}')$ とする．このとき，$\sim$ の定義より，$\boldsymbol{b} - \boldsymbol{a} = \boldsymbol{b}' - \boldsymbol{a}'$ である．よって，$\boldsymbol{a} - \boldsymbol{b} = \boldsymbol{a}' - \boldsymbol{b}'$ となり，$\sim$ の定義より，$(\boldsymbol{b}, \boldsymbol{a}) \sim (\boldsymbol{b}', \boldsymbol{a}')$ である．したがって，$\sim$ は対称律をみたす．

(3) $(\boldsymbol{a}, \boldsymbol{b}), (\boldsymbol{a}', \boldsymbol{b}'), (\boldsymbol{a}'', \boldsymbol{b}'') \in \mathbf{R}^n \times \mathbf{R}^n$, $(\boldsymbol{a}, \boldsymbol{b}) \sim (\boldsymbol{a}', \boldsymbol{b}')$, $(\boldsymbol{a}', \boldsymbol{b}') \sim (\boldsymbol{a}'', \boldsymbol{b}'')$ とする．このとき，$\sim$ の定義より，$\boldsymbol{b} - \boldsymbol{a} = \boldsymbol{b}' - \boldsymbol{a}'$, $\boldsymbol{b}' - \boldsymbol{a}' = \boldsymbol{b}'' - \boldsymbol{a}''$ である．よって，$\boldsymbol{b} - \boldsymbol{a} = \boldsymbol{b}'' - \boldsymbol{a}''$ となり，$\sim$ の定義より，$(\boldsymbol{a}, \boldsymbol{b}) \sim (\boldsymbol{a}'', \boldsymbol{b}'')$ である．したがって，$\sim$ は推移律をみたす．

問題 4.5 (1) $g \in G$ とすると，i_a の定義 (4.119) より，$i_a(a^{-1}ga) = a(a^{-1}ga)a^{-1} = g$ となる．すなわち，$i_a(a^{-1}ga) = g$ である．よって，i_a は全射である．

(2) $g, h \in G$, $i_a(g) = i_a(h)$ とする．このとき，i_a の定義 (4.119) より，$aga^{-1} = aha^{-1}$ である．よって，$g = a^{-1}(aga^{-1})a = a^{-1}(aha^{-1})a = h$ となる．すなわち，$g = h$ である．よって，i_a は単射である 注意 2.6 ．

(3) (1), (2) より，i_a が準同型写像であることを示せばよい．$g, h \in G$ とすると，i_a の定義 (4.119) より，$i_a(gh) = a(gh)a^{-1} = (aga^{-1})(aha^{-1}) = i_a(g)i_a(h)$ となる．すなわち，$i_a(gh) = i_a(g)i_a(h)$ である．よって，i_a は準同型写像である．

(4) $g \in G$ とする．まず，$a, b \in G$ とすると，φ の定義 (4.120) および定理 4.2 (2) より，$\varphi(ab, g) = i_{ab}(g) = (ab)g(ab)^{-1} = a(bgb^{-1})a^{-1} = a(i_b(g))a^{-1} = i_a(\varphi(b, g)) = \varphi(a, \varphi(b, g))$ となる．すなわち，$\varphi(ab, g) = \varphi(a, \varphi(b, g))$ である．また，$\varphi(e, g) = i_e(g) = ege^{-1} = g$ となる．すなわち，$\varphi(e, g) = g$ である．よって，G は G に左から作用する．

問題 4.6 (1) まず，bHb^{-1} は空ではない．次に，$ba_1b^{-1}, ba_2b^{-1} \in bHb^{-1}$ $(a_1, a_2 \in H)$ とする．このとき，H は G の部分群なので，$a_1a_2^{-1} \in H$ である．さらに，定理 4.2 より，$(ba_1b^{-1})(ba_2b^{-1})^{-1} = ba_1b^{-1}ba_2^{-1}b^{-1} = b(a_1a_2^{-1})b^{-1} \in bHb^{-1}$ となる．よって，定理 4.3 より，bHb^{-1} は G の部分群である．

(2) まず，$a \in G_{bY}$ とする．このとき，固定部分群の定義 §4.3.2 より，$a(bY) = bY$, すなわち，$(ab)Y = bY$ である．よって，$Y = b^{-1}(abY) = (b^{-1}ab)Y$, すなわち，$(b^{-1}ab)Y = Y$

となり，固定部分群の定義より，$b^{-1}ab \in G_Y$ である．したがって，$a \in bG_Yb^{-1}$ となり，包含関係の定義 §1.1.8 より，$G_{bY} \subset bG_Yb^{-1}$ である．次に，$a \in bG_Yb^{-1}$ とする．このとき，$b^{-1}ab \in G_Y$ となる．すなわち，固定部分群の定義より，$Y = (b^{-1}ab)Y$ である．よって，$bY = a(bY)$ となり，固定部分群の定義より，$a \in G_{bY}$ である．したがって，包含関係の定義より，$bG_Yb^{-1} \subset G_{bY}$ である．以上より，$G_{bY} = bG_Yb^{-1}$ である 定理 1.5 (2)．

問題 4.7　(1)　$f \in F(X)$ とする．このとき，任意の $x \in X$ に対して，$f(x) \leq f(x)$ である．よって，R の定義より，fRf である．したがって，R は反射律をみたす．

(2)　$f, g \in F(X)$，fRg，gRf とする．このとき，fRg より，任意の $x \in X$ に対して，$f(x) \leq g(x)$ である．また，gRf より，任意の $x \in X$ に対して，$g(x) \leq f(x)$ である．よって，任意の $x \in X$ に対して，$f(x) = g(x)$ である．すなわち，$f = g$ である．したがって，R は反対称律をみたす．

(3)　$f, g, h \in F(X)$，fRg，gRh とする．このとき，fRg より，任意の $x \in X$ に対して，$f(x) \leq g(x)$ である．また，gRh より，任意の $x \in X$ に対して，$g(x) \leq h(x)$ である．よって，任意の $x \in X$ に対して，$f(x) \leq h(x)$ である．すなわち，R の定義より，fRh である．したがって，R は推移律をみたす．

問題 4.8　(1)　$x \in X$ とする．このとき，φ の定義 (4.123) および群の作用の定義 定義 4.7 より，$\varphi(a)(a^{-1}x) = a(a^{-1}x) = (aa^{-1})x = ex = x$ となる．すなわち，$\varphi(a)(a^{-1}x) = x$ である．よって，$\varphi(a)$ は全射である．

(2)　$x, y \in X$，$\varphi(a)(x) = \varphi(a)(y)$ とする．このとき，φ の定義より，$ax = ay$ である．よって，群の作用の定義より，$x = ex = (a^{-1}a)x = a^{-1}(ax) = a^{-1}(ay) = y$ となる．すなわち，$x = y$ である．したがって，$\varphi(a)$ は単射である 注意 2.6．

(3)　$x \in X$ とする．このとき，φ の定義，群の作用の定義 定義 4.7 および $S(X)$ の積の定義より，$\varphi(ab)(x) = (ab)x = a(bx) = a(\varphi(b)(x)) = \varphi(a)(\varphi(b)(x)) = (\varphi(a)\varphi(b))(x)$ となる．すなわち，$\varphi(ab)(x) = (\varphi(a)\varphi(b))(x)$ である．よって，$\varphi(ab) = \varphi(a)\varphi(b)$ となり，$\varphi(a)$ は準同型写像 $\varphi : G \to S(X)$ を定める．

(4)　まず，$a, b \in G$，$x \in X$ とする．このとき，φ が準同型写像であることより，$a(bx) = a((\varphi(b))(x)) = \varphi(a)((\varphi(b))(x)) = (\varphi(a)\varphi(b))(x) = \varphi(ab)(x) = (ab)x$ となる．すなわち，$a(bx) = (ab)x$ である．よって，群の作用の定義 定義 4.7 の条件 (1) がなりたつ．次に，φ が準同型写像であることと定理 4.4 (1) より，$\varphi(e) = 1_X$ である．よって，$x \in X$ とすると，$ex = \varphi(e)(x) = 1_X(x) = x$ となる．すなわち，$ex = x$ である．したがって，群の作用の定義 定義 4.7 の条件 (2) がなりたつ．以上より，G は X に左から作用する．

═══════ 第 5 章 ═══════

問 5.1　まず，問題 2.9 (1) および $^tA = A$ より，$^t(^tPAP) = {}^tP^tA^t(^tP) = {}^tPAP$ となる．よって，$^tPAP \in \mathrm{Sym}(n)$ である．さらに，$P \in \mathrm{O}(n)$ より，$P, {}^tP$ は正則なので，$A \neq O$ と合わせると，$^tPAP \neq O$ となる．したがって，$^tPAP \in \mathrm{Sym}(n) \setminus \{O\}$ である．

問 5.2　まず，$\mathrm{Iso}(\mathbf{R}^n)$ の単位元は恒等変換 $1_{\mathbf{R}^n}$ である 例 4.3．また，$\alpha \in X$，$\boldsymbol{x} \in \mathbf{R}^n$ とすると，(5.25) より，$(1_{\mathbf{R}^n}\alpha)(\boldsymbol{x}) = \alpha(1_{\mathbf{R}^n}^{-1}(\boldsymbol{x})) = \alpha(\boldsymbol{x})$ となる．すなわち，$(1_{\mathbf{R}^n}\alpha)(\boldsymbol{x}) = \alpha(\boldsymbol{x})$ である．よって，$1_{\mathbf{R}^n}\alpha = \alpha$ となり，条件 (2) がなりたつ．

問 5.3　群の作用の定義 定義 4.7 の条件 (1), (2) がなりたつことを示せばよい．まず，$P, Q \in \mathrm{O}(n)$，$A \in \mathrm{Sym}(n) \setminus \{O\}$ とすると，問題 2.9 (1) より，$^tQ(^tPAP)Q = {}^t(PQ)A(PQ)$ で

ある．よって，条件 (1) がなりたつ．次に，$\mathrm{O}(n)$ の単位元は単位行列 E_n である 例 4.1 ．また，$A \in \mathrm{Sym}(n) \setminus \{O\}$ とすると，${}^t E_n A E_n = A$ である．よって，条件 (2) がなりたつ．したがって，$\mathrm{O}(n)$ は $\mathrm{Sym}(n) \setminus \{O\}$ に右から作用する．

問 5.4 仮定より，ある $\lambda_1, \lambda_2, \ldots, \lambda_n \in \mathbf{R}$ が存在し，$P^{-1}AP = \begin{pmatrix} \lambda_1 & & & \text{\Large 0} \\ & \lambda_2 & & \\ & & \ddots & \\ \text{\Large 0} & & & \lambda_n \end{pmatrix}$

となる．このとき，$A = P \begin{pmatrix} \lambda_1 & & & \text{\Large 0} \\ & \lambda_2 & & \\ & & \ddots & \\ \text{\Large 0} & & & \lambda_n \end{pmatrix} P^{-1}$ である．ここで，$P \in \mathrm{O}(n)$

より，$P^{-1} = {}^t P$ 注意 3.1 なので，問題 2.9 (1) を用いると，${}^t A = A$ となる．すなわち，A は対称行列である．

問 5.5 問題 2.8 (2)，(5.44)，(5.45) より，$P^{-1}AP =$
$\left(Q \begin{pmatrix} 1 & 0 \\ 0 & R \end{pmatrix} \right)^{-1} A \left(Q \begin{pmatrix} 1 & 0 \\ 0 & R \end{pmatrix} \right) = \begin{pmatrix} 1 & 0 \\ 0 & R \end{pmatrix}^{-1} Q^{-1}AQ \begin{pmatrix} 1 & 0 \\ 0 & R \end{pmatrix} =$
$\begin{pmatrix} 1 & 0 \\ 0 & R^{-1} \end{pmatrix} \begin{pmatrix} \lambda_1 & \boldsymbol{b} \\ 0 & C \end{pmatrix} \begin{pmatrix} 1 & 0 \\ 0 & R \end{pmatrix} = \begin{pmatrix} \lambda_1 & \boldsymbol{b} \\ 0 & R^{-1}C \end{pmatrix} \begin{pmatrix} 1 & 0 \\ 0 & R \end{pmatrix} =$
$\begin{pmatrix} \lambda_1 & \boldsymbol{b}R \\ 0 & R^{-1}CR \end{pmatrix}$ となる．ここで，$R^{-1}CR$ は上三角行列なので，$P^{-1}AP$ は上三角行列である．

問 5.6 $A \in \mathrm{Sym}(n)$ とすると，定理 5.5 および定理 5.6 より，ある $P \in \mathrm{O}(n)$ が存在し，

$$P^{-1}AP = \begin{pmatrix} \lambda_1 & & & \\ & \lambda_2 & & * \\ & & \ddots & \\ \text{\Large 0} & & & \lambda_n \end{pmatrix} \tag{A.11}$$

と表される．ここで，${}^t A = A$ であり，$P \in \mathrm{O}(n)$ より，$P^{-1} = {}^t P$ 注意 3.1 なので，問題 2.9 (1) を用いると，${}^t(P^{-1}AP) = {}^t({}^t PAP) = P^{-1}AP$ となる．すなわち，$P^{-1}AP$ は対称行列である．よって，(A.11) 右辺の $*$ の部分の成分はすべて 0 となり，$P^{-1}AP$ は対角行列である．

問 5.7 (1) まず，(5.49) より，$\begin{pmatrix} A & \boldsymbol{b} \\ {}^t\boldsymbol{b} & c \end{pmatrix} \begin{pmatrix} E_n & \boldsymbol{q} \\ 0 & 1 \end{pmatrix} = \begin{pmatrix} A & A\boldsymbol{q}+\boldsymbol{b} \\ {}^t\boldsymbol{b} & {}^t\boldsymbol{b}\boldsymbol{q}+c \end{pmatrix} =$
$\begin{pmatrix} A & 0 \\ {}^t\boldsymbol{b} & {}^t\boldsymbol{b}\boldsymbol{q}+c \end{pmatrix}$ となる．よって，定理 3.9，定理 3.10，(3.32)，(3.34) および (5.52) より，$|\tilde{A}| = |A|({}^t\boldsymbol{b}\boldsymbol{q}+c)$ となる．さらに，A が正則であることより，$|A| \neq 0$ なので 注意 3.3 ，${}^t\boldsymbol{b}\boldsymbol{q}+c = \frac{|\tilde{A}|}{|A|}$ である．

(2) ${}^t A = A$，問題 2.9 (1)，(5.49)，(5.54) より，${}^t\boldsymbol{q}A\boldsymbol{q}+2{}^t\boldsymbol{b}\boldsymbol{q}+c = {}^t\boldsymbol{q}{}^t A\boldsymbol{q}+2{}^t\boldsymbol{b}\boldsymbol{q}+c =$

$^t(Aq)q + 2{}^t bq + c = {}^t(-b)q + 2{}^t bq + c = {}^t bq + c = \dfrac{|\tilde{A}|}{|A|}$ となる．これを (5.51) に代入すると，(5.55) が得られる．

(3)　(5.55) において，$n = 2$ とすると，

$$\lambda_1 y_1^2 + \lambda_2 y_2^2 + \frac{|\tilde{A}|}{|A|} = 0 \tag{A.12}$$

である．(A.12) を楕円を表す方程式 $\dfrac{x^2}{a^2} + \dfrac{y^2}{b^2} = 1\ (a, b > 0)$ と比べると，求める条件は「$\lambda_1, \lambda_2 > 0,\ \dfrac{|\tilde{A}|}{|A|} < 0$」または「$\lambda_1, \lambda_2 < 0,\ \dfrac{|\tilde{A}|}{|A|} > 0$」である．

(4)　(A.12) を双曲線を表す方程式 $\dfrac{x^2}{a^2} - \dfrac{y^2}{b^2} = 1\ (a, b > 0)$ と比べると，求める条件は $\lambda_1 \lambda_2 < 0,\ \dfrac{|\tilde{A}|}{|A|} \neq 0$ である．

(4)　(5.55) において，$n = 3$ とすると，$\lambda_1 y_1^2 + \lambda_2 y_2^2 + \lambda_3 y_3^2 + \dfrac{|\tilde{A}|}{|A|} = 0$ である．これを球面を表す方程式 $x^2 + y^2 + z^2 = r^2\ (r > 0)$ と比べると，(5.55) が球面を表すための条件は「$\lambda_1 = \lambda_2 = \lambda_3 > 0,\ \dfrac{|\tilde{A}|}{|A|} < 0$」または「$\lambda_1 = \lambda_2 = \lambda_3 < 0,\ \dfrac{|\tilde{A}|}{|A|} > 0$」である．ここで，$\lambda_1 = \lambda_2 = \lambda_3$ および (5.48) より，$A = \lambda_1 E_3$ となる．よって，$|A| = \lambda_1^3$ である 例 3.6 ．したがって，求める条件は「$\lambda_1 = \lambda_2 = \lambda_3 > 0,\ |\tilde{A}| < 0$」または「$\lambda_1 = \lambda_2 = \lambda_3 < 0,\ |\tilde{A}| < 0$」である．

問 5.8　$A \in \mathrm{Sym}(2) \setminus \{O\}$, $\boldsymbol{b}, \boldsymbol{x} \in \mathbf{R}^2$, $c \in \mathbf{R}$ を $A = \begin{pmatrix} 1 & -2 \\ -2 & 4 \end{pmatrix}$, $\boldsymbol{b} = \begin{pmatrix} -3 \\ 6 \end{pmatrix}$, $\boldsymbol{x} = \begin{pmatrix} x \\ y \end{pmatrix}$, $c = 5$ により定めると，(5.67) は (5.56) となる．ここで，$A \begin{pmatrix} q_1 \\ q_2 \end{pmatrix} + \boldsymbol{b} = \boldsymbol{0}$ とすると，$q_1 - 2q_2 - 3 = 0$ である．よって，$\alpha \in \mathbf{R}$ を任意の定数として，$q_1 = 2\alpha + 3$, $q_2 = \alpha$ である．したがって，中心 $\boldsymbol{q} \in \mathbf{R}^2$ は $\boldsymbol{q} = \begin{pmatrix} q_1 \\ q_2 \end{pmatrix} = \begin{pmatrix} 2\alpha + 3 \\ \alpha \end{pmatrix}$ である．

補足　(5.67) は $(x - 2y - 3)^2 = 4$ と同値である．よって，(5.67) は平行な 2 直線 $x - 2y - 5 = 0$, $x - 2y - 1 = 0$ を表す．

問 5.9　問題 2.9 (1) および $^t A = A$ より，$\begin{pmatrix} P & \boldsymbol{q} \\ \boldsymbol{0} & 1 \end{pmatrix} \begin{pmatrix} A & \boldsymbol{b} \\ {}^t\boldsymbol{b} & c \end{pmatrix} \begin{pmatrix} P & \boldsymbol{q} \\ \boldsymbol{0} & 1 \end{pmatrix} =$ $\begin{pmatrix} {}^t P & \boldsymbol{0} \\ {}^t\boldsymbol{q} & 1 \end{pmatrix} \begin{pmatrix} AP & A\boldsymbol{q} + \boldsymbol{b} \\ {}^t\boldsymbol{b}P & {}^t\boldsymbol{b}\boldsymbol{q} + c \end{pmatrix} = \begin{pmatrix} {}^t PAP & {}^t P(A\boldsymbol{q} + \boldsymbol{b}) \\ {}^t\boldsymbol{q}AP + {}^t\boldsymbol{b}P & {}^t\boldsymbol{q}A\boldsymbol{q} + 2{}^t\boldsymbol{b}\boldsymbol{q} + c \end{pmatrix} =$ $\begin{pmatrix} {}^t PAP & {}^t P(A\boldsymbol{q} + \boldsymbol{b}) \\ {}^t(A\boldsymbol{q} + \boldsymbol{b})P & {}^t\boldsymbol{q}A\boldsymbol{q} + 2{}^t\boldsymbol{b}\boldsymbol{q} + c \end{pmatrix}$ となる．よって，(5.96) がなりたつ．

問 5.10　無心 2 次超曲面の標準形を考える．すなわち，(5.93) より，$\lambda_1, \cdots, \lambda_r \in \mathbf{R} \setminus \{0\}$ $(1 \leq r \leq n - 1)$, $p > 0$ に対して，

$$\lambda_1 x_1^2 + \cdots + \lambda_r x_r^2 + 2p x_{r+1} = 0 \tag{A.13}$$

である．このとき，(5.94) の $\tilde{A}$ の階数は $\mathrm{rank}\,\tilde{A} =$

$$\text{rank} \begin{pmatrix} \lambda_1 & & 0 & \vdots & & & \vdots & 0 \\ & \ddots & & \vdots & & O & \vdots & \vdots \\ 0 & & \lambda_r & \vdots & & & \vdots & 0 \\ \cdots & \cdots & \cdots & + & \cdots & \cdots & + & \cdots \\ & & & \vdots & & & \vdots & p \\ & O & & \vdots & & O & \vdots & 0 \\ & & & \vdots & & & \vdots & \vdots \\ & & & \vdots & & & \vdots & 0 \\ \cdots & \cdots & \cdots & + & \cdots & \cdots & + & \cdots \\ 0 & \cdots & 0 & \vdots & p & 0 & \cdots & 0 & \vdots & 0 \end{pmatrix} = r + 2 \quad \text{となる. よって,}$$

$\text{rank}\,\tilde{A} = n + 1$ となるのは $r = n - 1$ のときである. したがって, (A.13) は固有なとき (5.98) となる.

問 5.11 まず, 有心 2 次超曲面の標準形 (5.77), 無心 2 次超曲面の標準形 (5.93) および定理 5.7 より, 非固有な 2 次曲線の標準形は

$$\lambda x^2 + \mu y^2 = 0 \qquad (\lambda, \mu \in \mathbf{R} \setminus \{0\}) \tag{A.14}$$

または

$$\lambda x^2 + d = 0 \qquad (\lambda \in \mathbf{R} \setminus \{0\}, \, d \in \mathbf{R}) \tag{A.15}$$

と表される. とくに, これらは有心である. (A.14) において, λ, μ の符号が同じとき, (A.14) は原点を表す. (A.14) において, λ, μ の符号が異なるとき, (A.14) は原点で交わる 2 直線を表す. (A.15) において, $d \neq 0$ であり, λ, d の符号が同じとき, (A.15) は空集合を表す. (A.15) において, $d \neq 0$ であり, λ, d の符号が異なるとき, (A.15) は平行な 2 直線を表す. (A.15) において, $d = 0$ のとき, (A.15) は重なった 2 直線を表す. よって, 固有でない 2 次曲線は有心であり, 空集合, 1 点, 交わる 2 直線, 平行な 2 直線, 重なった 2 直線のいずれかである.

問 5.12 定理 5.7 (2) より, 固有な無心 2 次曲面の標準形は

$$\lambda x^2 + \mu y^2 + 2pz = 0 \tag{A.16}$$

と表される. ただし, $\lambda, \mu \in \mathbf{R} \setminus \{0\}$, $p > 0$ である. λ, μ の符号が同じとき, (A.16) は楕円放物面を表す. λ, μ の符号が異なるとき, (A.16) は双曲放物面を表す. よって, 固有な無心 2 次曲面は楕円放物面または双曲放物面である.

························· ■**章末問題**· ·························

問題 5.1 まず, 問題 2.9 (1) および (1.66) より, $^t(B^t B) = {}^t({}^t B){}^t B = B^t B$ である. よって, $B^t B \in \mathrm{Sym}(m)$ である. 次に, $\boldsymbol{x} \in \mathbf{R}^m$ とすると, 問題 2.9 (1), (3.61) および内積の正値性 定義 3.3 (3) より, $^t\boldsymbol{x}B^t B\boldsymbol{x} = {}^t({}^t B\boldsymbol{x}){}^t B\boldsymbol{x} = \langle {}^t B\boldsymbol{x}, {}^t B\boldsymbol{x} \rangle \geq 0$ である. よって, $B^t B$ は半正値である.

(2) A の固有値を重複度も込めて $\lambda_1, \lambda_2, \ldots, \lambda_n$ とすると, 定理 5.5 より, $\lambda_1, \lambda_2, \ldots,$ $\lambda_n \in \mathbf{R}$ であり, さらに, 定理 5.4 より, ある $P \in \mathrm{O}(n)$ が存在し, $^t PAP =$

$$\begin{pmatrix} \lambda_1 & & & \text{\Large 0} \\ & \lambda_2 & & \\ & & \ddots & \\ \text{\Large 0} & & & \lambda_n \end{pmatrix} \text{ となる. ここで, } \boldsymbol{x} \in \mathbf{R}^n \text{ に対して, } \boldsymbol{y} = \begin{pmatrix} y_1 \\ y_2 \\ \vdots \\ y_n \end{pmatrix} =$$

$P^{-1}\boldsymbol{x}$ とおくと, 問題 2.9 (1) より, ${}^t\boldsymbol{x}A\boldsymbol{x} = {}^t(P\boldsymbol{y})A(P\boldsymbol{y}) = {}^t\boldsymbol{y}\,{}^tPAP\boldsymbol{y} =$

$$(\,y_1\ y_2\ \cdots\ y_n\,) \begin{pmatrix} \lambda_1 & & & \text{\Large 0} \\ & \lambda_2 & & \\ & & \ddots & \\ \text{\Large 0} & & & \lambda_n \end{pmatrix} \begin{pmatrix} y_1 \\ y_2 \\ \vdots \\ y_n \end{pmatrix} = \lambda_1 y_1^2 + \lambda_2 y_2^2 + \cdots + \lambda_n y_n^2 \text{ とな}$$

る. すなわち, ${}^t\boldsymbol{x}A\boldsymbol{x} = \lambda_1 y_1^2 + \lambda_2 y_2^2 + \cdots + \lambda_n y_n^2$ である. よって, 任意の $\boldsymbol{x} \in \mathbf{R}^n$ に対して, ${}^t\boldsymbol{x}A\boldsymbol{x} \geq 0$ であることと $\lambda_1, \lambda_2, \ldots, \lambda_n \geq 0$ であることは同値である. すなわち, A が半正定値であることと A の固有値がすべて 0 以上であることは同値である.

問題 5.2　(1)　$A \in M_n(\mathbf{R})$ を交代行列とする. A を複素行列とみなすと, A のすべての成分は実数なので,

$$\bar{A} = A \tag{A.17}$$

である 問題 1.3 補足 . また, $\boldsymbol{x} \in \mathbf{C}^n \setminus \{\boldsymbol{0}\}$ を固有値 $\lambda \in \mathbf{C}$ に対する A の固有ベクトルとする. すなわち,

$$A\boldsymbol{x} = \lambda\boldsymbol{x} \tag{A.18}$$

である. (A.18) の両辺のすべての成分を共役複素数に代えると, (A.17) より, $A\bar{\boldsymbol{x}} = \bar{\lambda}\bar{\boldsymbol{x}}$ となる. よって, 問題 1.3 (2), 問題 2.9 (1) および ${}^tA = -A$ より, $\bar{\lambda}\,{}^t\bar{\boldsymbol{x}}\boldsymbol{x} = (\bar{\lambda}\,{}^t\bar{\boldsymbol{x}})\boldsymbol{x} = {}^t(\bar{\lambda}\bar{\boldsymbol{x}})\boldsymbol{x} = {}^t(A\bar{\boldsymbol{x}})\boldsymbol{x} = ({}^t\bar{\boldsymbol{x}}\,{}^tA)\boldsymbol{x} = -({}^t\bar{\boldsymbol{x}}A)\boldsymbol{x} = -{}^t\bar{\boldsymbol{x}}(A\boldsymbol{x}) = -{}^t\bar{\boldsymbol{x}}(\lambda\boldsymbol{x}) = -\lambda\,{}^t\bar{\boldsymbol{x}}\boldsymbol{x}$ となる. すなわち,

$$(\lambda + \bar{\lambda})\,{}^t\bar{\boldsymbol{x}}\boldsymbol{x} = 0 \tag{A.19}$$

である. ここで, $\boldsymbol{x} \neq \boldsymbol{0}$ なので, $\boldsymbol{x} = \begin{pmatrix} x_1 \\ x_2 \\ \vdots \\ x_n \end{pmatrix}$ とおくと, ${}^t\bar{\boldsymbol{x}}\boldsymbol{x} = |x_1|^2 + |x_2|^2 + \cdots + |x_n|^2 >$

0 となる. したがって, (A.19) より, $\lambda + \bar{\lambda} = 0$ となり, λ は純虚数である. 以上より, 交代行列の固有値はすべて純虚数である.

(2)　$A \in \mathrm{O}(n)$ とする. A を複素行列とみなすと, A のすべての成分は実数なので,

$$\bar{A} = A \tag{A.20}$$

である. また, $\boldsymbol{x} \in \mathbf{C}^n \setminus \{\boldsymbol{0}\}$ を固有値 $\lambda \in \mathbf{C}$ に対する A の固有ベクトルとする. すなわち,

$$A\boldsymbol{x} = \lambda\boldsymbol{x} \tag{A.21}$$

である. (A.21) の両辺のすべての成分を共役複素数に代えると, (A.20) より, $A\bar{\boldsymbol{x}} = \bar{\lambda}\bar{\boldsymbol{x}}$ となる. よって, 問題 1.3 (2), 問題 2.9 (1) および ${}^tAA = E_n$ より, $|\lambda|^2\,{}^t\bar{\boldsymbol{x}}\boldsymbol{x} = (\lambda\bar{\lambda})\,{}^t\bar{\boldsymbol{x}}\boldsymbol{x} =$

$(\bar{\lambda}{}^t\bar{\boldsymbol{x}})(\lambda\boldsymbol{x}) = {}^t(\bar{\lambda}\bar{\boldsymbol{x}})A\boldsymbol{x} = {}^t(A\bar{\boldsymbol{x}})A\boldsymbol{x} = {}^t\bar{\boldsymbol{x}}{}^tAA\boldsymbol{x} = {}^t\bar{\boldsymbol{x}}\boldsymbol{x}$ となる．すなわち，

$$(|\lambda|^2 - 1){}^t\bar{\boldsymbol{x}}\boldsymbol{x} = 0 \tag{A.22}$$

である．ここで，$\boldsymbol{x} \neq \boldsymbol{0}$ なので，$\boldsymbol{x} = \begin{pmatrix} x_1 \\ x_2 \\ \vdots \\ x_n \end{pmatrix}$ とおくと，${}^t\bar{\boldsymbol{x}}\boldsymbol{x} = |x_1|^2 + |x_2|^2 + \cdots + |x_n|^2 >$

0 となる．したがって，(A.22) より，$|\lambda|^2 - 1 = 0$，すなわち，$|\lambda| = 1$ である．以上より，直交行列の固有値はすべて絶対値が 1 の複素数である．

問題 5.3　(1)　$A = \begin{pmatrix} 1 & \alpha \\ \alpha & 1 \end{pmatrix}$，$\boldsymbol{b} = \begin{pmatrix} \alpha \\ \alpha \end{pmatrix}$ である．

(2)　(5.109) は $A\boldsymbol{q} = -\boldsymbol{b}$ と同値である．拡大係数行列の行に関する基本変形を行う

と，$(A \mid -\boldsymbol{b}) = \begin{pmatrix} 1 & \alpha \mid -\alpha \\ \alpha & 1 \mid -\alpha \end{pmatrix} \xrightarrow{\text{第 2 行 − 第 1 行 }\times\alpha} \begin{pmatrix} 1 & \alpha & \mid -\alpha \\ 0 & 1-\alpha^2 & \mid -\alpha + \alpha^2 \end{pmatrix}$

となる．ここで，$1 - \alpha^2 = 0$ とすると，$\alpha = \pm 1$ である．$\alpha = 1$ のとき，

$\begin{pmatrix} 1 & \alpha & \mid -\alpha \\ 0 & 1-\alpha^2 & \mid -\alpha+\alpha^2 \end{pmatrix} = \begin{pmatrix} 1 & 1 & \mid -1 \\ 0 & 0 & \mid 0 \end{pmatrix}$ なので，解を $\boldsymbol{q} = \begin{pmatrix} q_1 \\ q_2 \end{pmatrix}$ とする

と，$q_1 + q_2 = -1$ となり，$q_2 = -q_1 - 1$ である．よって，解は $c \in \mathbf{R}$ を任意の定数と

して，$\boldsymbol{q} = \begin{pmatrix} c \\ -c-1 \end{pmatrix}$ である．$\alpha = -1$ のとき，$\begin{pmatrix} 1 & \alpha & \mid -\alpha \\ 0 & 1-\alpha^2 & \mid -\alpha+\alpha^2 \end{pmatrix} =$

$\begin{pmatrix} 1 & -1 & \mid 1 \\ 0 & 0 & \mid 2 \end{pmatrix}$ なので，解は存在しない．$\alpha \neq \pm 1$ のとき，基本変形を続けると，

$\begin{pmatrix} 1 & \alpha & \mid -\alpha \\ 0 & 1-\alpha^2 & \mid -\alpha+\alpha^2 \end{pmatrix} \xrightarrow{\text{第 2 行 }\times\frac{1}{1-\alpha^2}} \begin{pmatrix} 1 & \alpha & \mid -\alpha \\ 0 & 1 & \mid -\frac{\alpha}{1+\alpha} \end{pmatrix} \xrightarrow{\text{第 1 行 − 第 2 行 }\times\alpha}$

$\begin{pmatrix} 1 & 0 & \mid -\frac{\alpha}{1+\alpha} \\ 0 & 1 & \mid -\frac{\alpha}{1+\alpha} \end{pmatrix}$ となる．よって，解は $\boldsymbol{q} = \begin{pmatrix} -\frac{\alpha}{1+\alpha} \\ -\frac{\alpha}{1+\alpha} \end{pmatrix}$ である．したがって，(5.107)

が有心であるための α の条件は $\alpha \neq -1$ である．

(3)　基本変形を行うと，$\tilde{A} = \begin{pmatrix} 1 & \alpha & \alpha \\ \alpha & 1 & \alpha \\ \alpha & \alpha & 1 \end{pmatrix} \begin{array}{l} \text{第 2 行 − 第 1 行 }\times\alpha \\ \xrightarrow{\text{第 3 行 − 第 1 行 }\times\alpha} \end{array} \begin{pmatrix} 1 & \alpha & \alpha \\ 0 & 1-\alpha^2 & \alpha-\alpha^2 \\ 0 & \alpha-\alpha^2 & 1-\alpha^2 \end{pmatrix}$

$\xrightarrow{\text{第 2 列 − 第 3 列}} \begin{pmatrix} 1 & 0 & \alpha \\ 0 & 1-\alpha & \alpha-\alpha^2 \\ 0 & \alpha-1 & 1-\alpha^2 \end{pmatrix} \xrightarrow{\text{第 3 行 + 第 2 行}} \begin{pmatrix} 1 & 0 & \alpha \\ 0 & 1-\alpha & \alpha-\alpha^2 \\ 0 & 0 & (1-\alpha)(1+2\alpha) \end{pmatrix}$

となる．よって，$\alpha = 1$ のとき，$\text{rank}\,\tilde{A} = 1$，$\alpha = -\frac{1}{2}$ のとき，$\text{rank}\,\tilde{A} = 2$，$\alpha \neq 1,\, -\frac{1}{2}$ の

とき，$\text{rank}\,\tilde{A} = 3$ である．したがって，(5.107) が固有であるための α の条件は $\alpha \neq 1,\, -\frac{1}{2}$

である．

(4)　A の固有多項式を $\phi_A(\lambda)$ とおくと，(3.35) より，$\phi_A(\lambda) = |\lambda E_2 - A| =$

$\left| \lambda \begin{pmatrix} 1 & 0 \\ 0 & 1 \end{pmatrix} - \begin{pmatrix} 1 & \alpha \\ \alpha & 1 \end{pmatrix} \right| = \begin{vmatrix} \lambda-1 & -\alpha \\ -\alpha & \lambda-1 \end{vmatrix} = (\lambda-1)^2 - (-\alpha)^2 =$

$(\lambda-1-\alpha)(\lambda-1+\alpha)$ である．よって，A の固有値は固有方程式 $\phi_A(\lambda) = 0$ を解いて，

$\lambda = 1 + \alpha,\ 1 - \alpha$ である.

(5)　まず, 問 5.7 (2) の計算より, ${}^t qAq + 2\,{}^t bq + 1 = {}^t bq + 1$ である. よって, (2) より,

$\alpha = 1$ のとき, 求める値は ${}^t bq + 1 = (\,1\ \ 1\,) \begin{pmatrix} c \\ -c-1 \end{pmatrix} + 1 = c - c - 1 + 1 = 0$ である.

また, $\alpha \ne \pm 1$ のとき, 求める値は ${}^t bq + 1 = (\,\alpha\ \ \alpha\,) \begin{pmatrix} -\frac{\alpha}{1+\alpha} \\ -\frac{\alpha}{1+\alpha} \end{pmatrix} + 1 = -\frac{2\alpha^2}{1+\alpha} + 1 =$

$\frac{1+\alpha - 2\alpha^2}{1+\alpha} = \frac{(1-\alpha)(1+2\alpha)}{1+\alpha}$ である.

(6)　まず, (2), (3) より, (5.107) が固有な有心 2 次曲線となるのは $\alpha \ne \pm 1, -\frac{1}{2}$ のときである. このとき, (4), (5) より, (5.107) の標準形は $(1+\alpha)x^2 + (1-\alpha)y^2 + \frac{(1-\alpha)(1+2\alpha)}{1+\alpha} = 0$ である. $\alpha < -1$ のとき, $1 + \alpha < 0$, $1 - \alpha > 0$, $\frac{(1-\alpha)(1+2\alpha)}{1+\alpha} > 0$ なので, (5.107) は双曲線である. $-1 < \alpha < -\frac{1}{2}$ のとき, $1 + \alpha > 0$, $1 - \alpha > 0$, $\frac{(1-\alpha)(1+2\alpha)}{1+\alpha} < 0$ なので, (5.107) は楕円である. $-\frac{1}{2} < \alpha < 1$ のとき, $1 + \alpha > 0$, $1 - \alpha > 0$, $\frac{(1-\alpha)(1+2\alpha)}{1+\alpha} > 0$ なので, (5.107) は空集合である. $\alpha > 1$ のとき, $1 + \alpha > 0$, $1 - \alpha < 0$, $\frac{(1-\alpha)(1+2\alpha)}{1+\alpha} < 0$ なので, (5.107) は双曲線である. 次に, (2), (3) より, (5.107) が固有な無心 2 次曲線となるのは $\alpha = -1$ のときである. このとき, 例 5.7 および定理 5.8 より, (5.107) は放物線である.

(7)　(3) より, (5.107) が非固有な 2 次曲線となるのは $\alpha = 1, -\frac{1}{2}$ のときである. $\alpha = 1$ のとき, (4), (5) より, (5.107) の標準形は $2x^2 = 0$ である. よって, (5.107) は重なった 2 直線である. $\alpha = -\frac{1}{2}$ のとき, (4), (5) より, (5.107) の標準形は $\frac{1}{2}x^2 + \frac{3}{2}y^2 = 0$ である. よって, (5.107) は 1 点である.

問題 5.4　(1)　$A = \begin{pmatrix} \alpha & 1 & 1 \\ 1 & \alpha & 1 \\ 1 & 1 & \alpha \end{pmatrix}$, $b = \begin{pmatrix} 1 \\ 1 \\ 1 \end{pmatrix}$ である.

(2)　(5.113) は $Aq = -b$ と同値である. 拡大係数行列の行に関する基本変形を行うと,

$(A \,|\, -b) = \begin{pmatrix} \alpha & 1 & 1 & -1 \\ 1 & \alpha & 1 & -1 \\ 1 & 1 & \alpha & -1 \end{pmatrix} \xrightarrow[\substack{\text{第 1 行} - \text{第 3 行} \times \alpha \\ \text{第 2 行} - \text{第 3 行}}]{} \begin{pmatrix} 0 & 1-\alpha & 1-\alpha^2 & -1+\alpha \\ 0 & \alpha - 1 & 1-\alpha & 0 \\ 1 & 1 & \alpha & -1 \end{pmatrix}$

$\xrightarrow[\text{第 1 行と第 3 行の入れ替え}]{} \begin{pmatrix} 1 & 1 & \alpha & -1 \\ 0 & \alpha-1 & 1-\alpha & 0 \\ 0 & 1-\alpha & 1-\alpha^2 & -1+\alpha \end{pmatrix} \xrightarrow[\text{第 3 行} + \text{第 2 行}]{}$

$\begin{pmatrix} 1 & 1 & \alpha & -1 \\ 0 & \alpha-1 & 1-\alpha & 0 \\ 0 & 0 & (1-\alpha)(2+\alpha) & -1+\alpha \end{pmatrix}$ となる. $\alpha = 1$ のとき

$\begin{pmatrix} 1 & 1 & \alpha & -1 \\ 0 & \alpha-1 & 1-\alpha & 0 \\ 0 & 0 & (1-\alpha)(2+\alpha) & -1+\alpha \end{pmatrix} = \begin{pmatrix} 1 & 1 & 1 & -1 \\ 0 & 0 & 0 & 0 \\ 0 & 0 & 0 & 0 \end{pmatrix}$ なので, 解を $q =$

5

$\begin{pmatrix} q_1 \\ q_2 \\ q_3 \end{pmatrix}$ とすると，$q_1 + q_2 + q_3 = -1$ となり，$q_3 = -q_1 - q_2 - 1$ である．よって，解

は $c_1, c_2 \in \mathbf{R}$ を任意の定数として，$\boldsymbol{q} = \begin{pmatrix} c_1 \\ c_2 \\ -c_1 - c_2 - 1 \end{pmatrix}$ である．$\alpha = -2$ のとき，

$$\begin{pmatrix} 1 & 1 & \alpha & -1 \\ 0 & \alpha - 1 & 1 - \alpha & 0 \\ 0 & 0 & (1-\alpha)(2+\alpha) & -1 + \alpha \end{pmatrix} = \begin{pmatrix} 1 & 1 & -2 & -1 \\ 0 & -3 & 3 & 0 \\ 0 & 0 & 0 & -3 \end{pmatrix}$$ なので，解は

存在しない．$\alpha \neq 1, -2$ のとき，基本変形を続けると，

$$\begin{pmatrix} 1 & 1 & \alpha & -1 \\ 0 & \alpha - 1 & 1 - \alpha & 0 \\ 0 & 0 & (1-\alpha)(2+\alpha) & -1 + \alpha \end{pmatrix} \xrightarrow[\text{第 3 行} \times \frac{1}{(1-\alpha)(2+\alpha)}]{\text{第 2 行} \times \frac{1}{\alpha - 1}}$$

$$\begin{pmatrix} 1 & 1 & \alpha & -1 \\ 0 & 1 & -1 & 0 \\ 0 & 0 & 1 & -\frac{1}{2+\alpha} \end{pmatrix} \xrightarrow{\text{第 1 行} - \text{第 2 行}} \begin{pmatrix} 1 & 0 & 1 + \alpha & -1 \\ 0 & 1 & -1 & 0 \\ 0 & 0 & 1 & -\frac{1}{2+\alpha} \end{pmatrix}$$

$$\xrightarrow[\text{第 2 行} + \text{第 3 行}]{\text{第 1 行} - \text{第 3 行} \times (1 + \alpha)} \begin{pmatrix} 1 & 0 & 0 & -\frac{1}{2+\alpha} \\ 0 & 1 & 0 & -\frac{1}{2+\alpha} \\ 0 & 0 & 1 & -\frac{1}{2+\alpha} \end{pmatrix}$$ となる．よって，解は $\boldsymbol{q} = \begin{pmatrix} -\frac{1}{2+\alpha} \\ -\frac{1}{2+\alpha} \\ -\frac{1}{2+\alpha} \end{pmatrix}$

である．したがって，(5.111) が有心であるための α の条件は $\alpha \neq -2$ である．

(3)　基本変形を行うと，$\tilde{A} = \begin{pmatrix} \alpha & 1 & 1 & 1 \\ 1 & \alpha & 1 & 1 \\ 1 & 1 & \alpha & 1 \\ 1 & 1 & 1 & \alpha \end{pmatrix} \xrightarrow[\text{第 3 行} - \text{第 4 行}]{\substack{\text{第 1 行} - \text{第 4 行} \times \alpha \\ \text{第 2 行} - \text{第 4 行}}}$

$$\begin{pmatrix} 0 & 1 - \alpha & 1 - \alpha & 1 - \alpha^2 \\ 0 & \alpha - 1 & 0 & 1 - \alpha \\ 0 & 0 & \alpha - 1 & 1 - \alpha \\ 1 & 1 & 1 & \alpha \end{pmatrix} \xrightarrow{\text{第 1 行と第 4 行の入れ替え}} \begin{pmatrix} 1 & 1 & 1 & \alpha \\ 0 & \alpha - 1 & 0 & 1 - \alpha \\ 0 & 0 & \alpha - 1 & 1 - \alpha \\ 0 & 1 - \alpha & 1 - \alpha & 1 - \alpha^2 \end{pmatrix}$$

$$\xrightarrow{\text{第 4 行} + \text{第 2 行}} \begin{pmatrix} 1 & 1 & 1 & \alpha \\ 0 & \alpha - 1 & 0 & 1 - \alpha \\ 0 & 0 & \alpha - 1 & 1 - \alpha \\ 0 & 0 & 1 - \alpha & 2 - \alpha - \alpha^2 \end{pmatrix} \xrightarrow{\text{第 4 行} + \text{第 3 行}}$$

$$\begin{pmatrix} 1 & 1 & 1 & \alpha \\ 0 & \alpha - 1 & 0 & 1 - \alpha \\ 0 & 0 & \alpha - 1 & 1 - \alpha \\ 0 & 0 & 0 & (1-\alpha)(3+\alpha) \end{pmatrix}$$ となる．よって，$\alpha = 1$ のとき，$\mathrm{rank}\,\tilde{A} = 1$，

$\alpha = -3$ のとき，$\mathrm{rank}\,\tilde{A} = 3$，$\alpha \neq 1, -3$ のとき，$\mathrm{rank}\,\tilde{A} = 4$ である．したがって，(5.111)

が固有であるための α の条件は $\alpha \neq 1, -3$ である.

(4)　A の固有多項式を $\phi_A(\lambda)$ とおくと, (3.36) より, $\phi_A(\lambda) = |\lambda E_3 - A| =$

$$\left| \lambda \begin{pmatrix} 1 & 0 & 0 \\ 0 & 1 & 0 \\ 0 & 0 & 1 \end{pmatrix} - \begin{pmatrix} \alpha & 1 & 1 \\ 1 & \alpha & 1 \\ 1 & 1 & \alpha \end{pmatrix} \right| = \begin{vmatrix} \lambda - \alpha & -1 & -1 \\ -1 & \lambda - \alpha & -1 \\ -1 & -1 & \lambda - \alpha \end{vmatrix} = (\lambda - \alpha)^3 -$$

$1 - 1 - (\lambda - \alpha) - (\lambda - \alpha) - (\lambda - \alpha) = (\lambda - \alpha)^3 - 3(\lambda - \alpha) - 2 =$
$\{(\lambda - \alpha) + 1\}\{(\lambda - \alpha)^2 - (\lambda - \alpha) - 2\} = \{(\lambda - \alpha) + 1\}^2\{(\lambda - \alpha) - 2\}$ である. よって,
A の固有値は固有方程式 $\phi_A(\lambda) = 0$ を解いて, $\lambda = \alpha - 1$ (重解), $\alpha + 2$ である.

(5)　まず, 問 5.7 (2) の計算より, ${}^t\boldsymbol{q}A\boldsymbol{q} + 2{}^t\boldsymbol{b}\boldsymbol{q} + \alpha = {}^t\boldsymbol{b}\boldsymbol{q} + \alpha$ である. よって, (2) より, $\alpha = 1$

のとき, 求める値は ${}^t\boldsymbol{b}\boldsymbol{q} + 1 = (\,1 \ 1 \ 1\,) \begin{pmatrix} c_1 \\ c_2 \\ -c_1 - c_2 - 1 \end{pmatrix} + 1 = c_1 + c_2 - c_1 - c_2 - 1 + 1 = 0$

である. また, $\alpha \neq 1, -2$ のとき, 求める値は ${}^t\boldsymbol{b}\boldsymbol{q} + \alpha = (\,1 \ 1 \ 1\,) \begin{pmatrix} -\frac{1}{2+\alpha} \\ -\frac{1}{2+\alpha} \\ -\frac{1}{2+\alpha} \end{pmatrix} + \alpha =$

$-\frac{3}{2+\alpha} + \alpha = \frac{\alpha^2 + 2\alpha - 3}{2+\alpha} = \frac{(\alpha-1)(\alpha+3)}{2+\alpha}$ である.

(6)　まず, (2), (3) より, (5.111) が固有な有心 2 次曲面となるのは $\alpha \neq 1, -2, -3$ のとき
である. このとき, (4), (5) より, (5.111) の標準形は $(\alpha-1)x^2 + (\alpha-1)y^2 + (\alpha+2)z^2 +$
$\frac{(\alpha-1)(\alpha+3)}{2+\alpha} = 0$ である. $\alpha < -3$ のとき, $\alpha - 1 < 0$, $\alpha + 2 < 0$, $\frac{(\alpha-1)(\alpha+3)}{2+\alpha} < 0$ なので,
(5.111) は空集合である. $-3 < \alpha < -2$ のとき, $\alpha - 1 < 0$, $\alpha + 2 < 0$, $\frac{(\alpha-1)(\alpha+3)}{2+\alpha} > 0$ な
ので, (5.111) は楕円である. $-2 < \alpha < 1$ のとき, $\alpha - 1 < 0$, $\alpha + 2 > 0$, $\frac{(\alpha-1)(\alpha+3)}{2+\alpha} < 0$
なので, (5.111) は二葉双曲面である. $\alpha > 1$ のとき, $\alpha - 1 > 0$, $\alpha + 2 > 0$, $\frac{(\alpha-1)(\alpha+3)}{2+\alpha} > 0$
なので, (5.111) は空集合である. 次に, (2), (3) より, (5.111) が固有な無心 2 次曲面となる
のは $\alpha = -2$ のときである. このとき, (4) より, (5.111) の標準形は $-3x^2 - 3y^2 + 2pz = 0$
($p > 0$) である. よって, (5.111) は楕円放物面である.

(7)　(3) より, (5.111) が非固有な 2 次曲面となるのは $\alpha = 1, -3$ のときである. $\alpha = 1$
のとき, (4), (5) より, (5.111) の標準形は $3x^2 = 0$ である. よって, (5.111) は重なった
2 平面である. $\alpha = -3$ のとき, (4), (5) より, (5.111) の標準形は $-4x^2 - 4y^2 - z^2 = 0$
である. よって, (5.111) は 1 点である.

問題 5.5 (1)　$A = \begin{pmatrix} \alpha & 0 & 1 \\ 0 & \alpha & 0 \\ 1 & 0 & \alpha \end{pmatrix}$, $\boldsymbol{b} = \begin{pmatrix} 0 \\ \frac{1}{2} \\ 0 \end{pmatrix}$ である.

(2)　(5.117) は $A\boldsymbol{q} = -\boldsymbol{b}$ と同値である. 拡大係数行列の行に関する基本変形を行うと,

$$(A \mid -\boldsymbol{b}) = \left(\begin{array}{ccc|c} \alpha & 0 & 1 & 0 \\ 0 & \alpha & 0 & -\frac{1}{2} \\ 1 & 0 & \alpha & 0 \end{array} \right) \xrightarrow{\text{第 1 行} - \text{第 3 行} \times \alpha} \left(\begin{array}{ccc|c} 0 & 0 & 1-\alpha^2 & 0 \\ 0 & \alpha & 0 & -\frac{1}{2} \\ 1 & 0 & \alpha & 0 \end{array} \right)$$

$\xrightarrow{\text{第 1 行と第 3 行の入れ替え}}$ $\left(\begin{array}{ccc|c} 1 & 0 & \alpha & 0 \\ 0 & \alpha & 0 & -\frac{1}{2} \\ 0 & 0 & 1-\alpha^2 & 0 \end{array}\right)$ となる. $\alpha = 1$ のとき,

$\left(\begin{array}{ccc|c} 1 & 0 & \alpha & 0 \\ 0 & \alpha & 0 & -\frac{1}{2} \\ 0 & 0 & 1-\alpha^2 & 0 \end{array}\right) = \left(\begin{array}{ccc|c} 1 & 0 & 1 & 0 \\ 0 & 1 & 0 & -\frac{1}{2} \\ 0 & 0 & 0 & 0 \end{array}\right)$ なので, 解を $\boldsymbol{q} = \left(\begin{array}{c} q_1 \\ q_2 \\ q_3 \end{array}\right)$ とす

ると, $q_1 + q_3 = 0$, $q_2 = -\frac{1}{2}$ となり, $q_3 = -q_1$ である. よって, 解は $c \in \mathbf{R}$ を任意の

定数として, $\boldsymbol{q} = \left(\begin{array}{c} c \\ -\frac{1}{2} \\ -c \end{array}\right)$ である. $\alpha = -1$ のとき, $\left(\begin{array}{ccc|c} 1 & 0 & \alpha & 0 \\ 0 & \alpha & 0 & -\frac{1}{2} \\ 0 & 0 & 1-\alpha^2 & 0 \end{array}\right) =$

$\left(\begin{array}{ccc|c} 1 & 0 & -1 & 0 \\ 0 & -1 & 0 & -\frac{1}{2} \\ 0 & 0 & 0 & 0 \end{array}\right)$ なので, 解を $\boldsymbol{q} = \left(\begin{array}{c} q_1 \\ q_2 \\ q_3 \end{array}\right)$ とすると, $q_1 - q_3 = 0$, $-q_2 = -\frac{1}{2}$

となり, $q_2 = \frac{1}{2}$, $q_3 = q_1$ である. よって, 解は $c \in \mathbf{R}$ を任意の定数として, $\boldsymbol{q} = \left(\begin{array}{c} c \\ \frac{1}{2} \\ c \end{array}\right)$

である. $\alpha = 0$ のとき, $\left(\begin{array}{ccc|c} 1 & 0 & \alpha & 0 \\ 0 & \alpha & 0 & -\frac{1}{2} \\ 0 & 0 & 1-\alpha^2 & 0 \end{array}\right) = \left(\begin{array}{ccc|c} 1 & 0 & 0 & 0 \\ 0 & 0 & 0 & -\frac{1}{2} \\ 0 & 0 & 1 & 0 \end{array}\right)$ なので,

解は存在しない. $\alpha \neq \pm 1, 0$ のとき, 基本変形を続けると, $\left(\begin{array}{ccc|c} 1 & 0 & \alpha & 0 \\ 0 & \alpha & 0 & -\frac{1}{2} \\ 0 & 0 & 1-\alpha^2 & 0 \end{array}\right)$

$\xrightarrow[\substack{\text{第 2 行} \times \frac{1}{\alpha} \\ \text{第 3 行} \times \frac{1}{1-\alpha^2}}]{}$ $\left(\begin{array}{ccc|c} 1 & 0 & \alpha & 0 \\ 0 & 1 & 0 & -\frac{1}{2\alpha} \\ 0 & 0 & 1 & 0 \end{array}\right)$ $\xrightarrow{\text{第 1 行} - \text{第 3 行} \times \alpha}$ $\left(\begin{array}{ccc|c} 1 & 0 & 0 & 0 \\ 0 & 1 & 0 & -\frac{1}{2\alpha} \\ 0 & 0 & 1 & 0 \end{array}\right)$ と

なる. よって, 解は $\boldsymbol{q} = \left(\begin{array}{c} 0 \\ -\frac{1}{2\alpha} \\ 0 \end{array}\right)$ である. したがって, (5.115) が有心であるための

α の条件は $\alpha \neq 0$ である.

(3) 基本変形を行うと, $\tilde{A} = \left(\begin{array}{cccc} \alpha & 0 & 1 & 0 \\ 0 & \alpha & 0 & \frac{1}{2} \\ 1 & 0 & \alpha & 0 \\ 0 & \frac{1}{2} & 0 & \alpha \end{array}\right)$ $\xrightarrow[\substack{\text{第 1 行} - \text{第 3 行} \times \alpha \\ \text{第 4 行} \times 2}]{}$

$\left(\begin{array}{cccc} 0 & 0 & 1-\alpha^2 & 0 \\ 0 & \alpha & 0 & \frac{1}{2} \\ 1 & 0 & \alpha & 0 \\ 0 & 1 & 0 & 2\alpha \end{array}\right)$ $\xrightarrow{\text{第 2 行} - \text{第 4 行} \times \alpha}$ $\left(\begin{array}{cccc} 0 & 0 & 1-\alpha^2 & 0 \\ 0 & 0 & 0 & \frac{1-4\alpha^2}{2} \\ 1 & 0 & \alpha & 0 \\ 0 & 1 & 0 & 2\alpha \end{array}\right)$

$$\xrightarrow[\text{第 2 行と第 4 行の入れ替え}]{\text{第 1 行と第 3 行の入れ替え}} \begin{pmatrix} 1 & 0 & \alpha & 0 \\ 0 & 1 & 0 & 2\alpha \\ 0 & 0 & 1-\alpha^2 & 0 \\ 0 & 0 & 0 & \frac{1-4\alpha^2}{2} \end{pmatrix} \text{となる. よって, } \alpha = \pm 1, \pm\frac{1}{2}$$

のとき, $\mathrm{rank}\,\tilde{A} = 3$, $\alpha \neq \pm 1, \pm\frac{1}{2}$ のとき, $\mathrm{rank}\,\tilde{A} = 4$ である. したがって, (5.115) が固有であるための α の条件は $\alpha \neq \pm 1, \pm\frac{1}{2}$ である.

(4) A の固有多項式を $\phi_A(\lambda)$ とおくと, (3.36) より, $\phi_A(\lambda) = |\lambda E_3 - A| = $

$$\left| \lambda \begin{pmatrix} 1 & 0 & 0 \\ 0 & 1 & 0 \\ 0 & 0 & 1 \end{pmatrix} - \begin{pmatrix} \alpha & 0 & 1 \\ 0 & \alpha & 0 \\ 1 & 0 & \alpha \end{pmatrix} \right| = \begin{vmatrix} \lambda - \alpha & 0 & -1 \\ 0 & \lambda - \alpha & 0 \\ -1 & 0 & \lambda - \alpha \end{vmatrix} = (\lambda - \alpha)^3 - $$

$(\lambda - \alpha) = (\lambda - \alpha)(\lambda - \alpha + 1)(\lambda - \alpha - 1)$ である. よって, A の固有値は固有方程式 $\phi_A(\lambda) = 0$ を解いて, $\lambda = \alpha, \alpha + 1, \alpha - 1$ である.

(5) まず, 問 5.7 (2) の計算より, ${}^t\boldsymbol{q}A\boldsymbol{q} + 2\,{}^t\boldsymbol{b}\boldsymbol{q} + \alpha = {}^t\boldsymbol{b}\boldsymbol{q} + \alpha$ である. よって, (2) より, $\alpha = 1$ のとき, 求める値は ${}^t\boldsymbol{b}\boldsymbol{q} + 1 = (\,0\ \frac{1}{2}\ 0\,) \begin{pmatrix} c \\ -\frac{1}{2} \\ -c \end{pmatrix} + 1 = -\frac{1}{4} + 1 = \frac{3}{4}$ である.

$\alpha = -1$ のとき, 求める値は ${}^t\boldsymbol{b}\boldsymbol{q} - 1 = (\,0\ \frac{1}{2}\ 0\,) \begin{pmatrix} c \\ \frac{1}{2} \\ c \end{pmatrix} - 1 = \frac{1}{4} - 1 = -\frac{3}{4}$ である. さらに,

$\alpha \neq \pm 1, 0$ のとき, 求める値は ${}^t\boldsymbol{b}\boldsymbol{q} + \alpha = (\,0\ \frac{1}{2}\ 0\,) \begin{pmatrix} 0 \\ -\frac{1}{2\alpha} \\ 0 \end{pmatrix} + \alpha = -\frac{1}{4\alpha} + \alpha = \frac{4\alpha^2 - 1}{4\alpha}$

である.

(6) まず, (2), (3) より, (5.115) が固有な有心 2 次曲面となるのは $\alpha \neq 0, \pm 1, \pm\frac{1}{2}$ のときである. このとき, (4), (5) より, (5.115) の標準形は $\alpha x^2 + (\alpha+1)y^2 + (\alpha-1)z^2 + \frac{4\alpha^2-1}{4\alpha} = 0$ である. $\alpha < -1$ のとき, $\alpha < 0$, $\alpha + 1 < 0$, $\alpha - 1 < 0$, $\frac{4\alpha^2-1}{4\alpha} < 0$ なので, (5.115) は空集合である. $-1 < \alpha < -\frac{1}{2}$ のとき, $\alpha < 0$, $\alpha + 1 > 0$, $\alpha - 1 < 0$, $\frac{4\alpha^2-1}{4\alpha} < 0$ なので, (5.115) は二葉双曲面である. $-\frac{1}{2} < \alpha < 0$ のとき, $\alpha < 0$, $\alpha + 1 > 0$, $\alpha - 1 < 0$, $\frac{4\alpha^2-1}{4\alpha} > 0$ なので, (5.115) は一葉双曲面である. $0 < \alpha < \frac{1}{2}$ のとき, $\alpha > 0$, $\alpha + 1 > 0$, $\alpha - 1 < 0$, $\frac{4\alpha^2-1}{4\alpha} < 0$ なので, (5.115) は一葉双曲面である. $\frac{1}{2} < \alpha < 1$ のとき, $\alpha > 0$, $\alpha + 1 > 0$, $\alpha - 1 < 0$, $\frac{4\alpha^2-1}{4\alpha} > 0$ なので, (5.115) は二葉双曲面である. $\alpha > 1$ のとき, $\alpha > 0$, $\alpha + 1 > 0$, $\alpha - 1 > 0$, $\frac{4\alpha^2-1}{4\alpha} > 0$ なので, (5.115) は空集合である. 次に, (2), (3) より, (5.115) が固有な無心 2 次曲面となるのは $\alpha = 0$ のときである. このとき, (4) より, (5.115) の標準形は $x^2 - y^2 + 2pz = 0$ $(p > 0)$ である. よって, (5.115) は双曲放物面である.

(7) (3) より, (5.115) が非固有な 2 次曲面となるのは $\alpha = \pm 1, \pm\frac{1}{2}$ のときである. $\alpha = 1$ のとき, (4), (5) より, (5.115) の標準形は $x^2 + 2y^2 + \frac{3}{4} = 0$ である. よって, (5.115) は空集合である. $\alpha = -1$ のとき, (4), (5) より, (5.115) の標準形は $-x^2 - 2y^2 - \frac{3}{4} = 0$ である. よって, (5.115) は空集合である. $\alpha = \frac{1}{2}$ のとき, (4), (5) より, (5.115) の標準形は $\frac{1}{2}x^2 + \frac{3}{2}y^2 - \frac{1}{2}z^2 = 0$ である. よって, (5.115) は楕円錐面である. $\alpha = -\frac{1}{2}$ のと

き，(4)，(5) より，(5.115) の標準形は $-\frac{1}{2}x^2 + \frac{1}{2}y^2 - \frac{3}{2}z^2 = 0$ である．よって，(5.115) は楕円錐面である．

問題 5.6　(1)　$A \in \mathrm{Sym}(n)$ とする．このとき，$A - A = O$ である．ここで，任意の $\boldsymbol{x} \in \mathbf{R}^n$ に対して，${}^t\boldsymbol{x}O\boldsymbol{x} = 0$ なので，O は半正定値である．よって，R の定義より，ARA である．したがって，R は反射律をみたす．

(2)　$A, B \in \mathrm{Sym}(n)$，ARB，BRA とする．このとき，R の定義より，$A - B$ および $B - A$ は半正定値である．よって，問題 5.1 (2) より，$A - B$ および $B - A$ の固有値はすべて 0 以上である．ここで，$B - A = -(A - B)$ より，$A - B$ の固有値の -1 倍は $B - A$ の固有値となる．したがって，$A - B$ の固有値はすべて 0 である．さらに，$A - B \in \mathrm{Sym}(n)$ なので，$A - B = O$ となり，$A = B$ である．すなわち，R は反対称律をみたす．

(3)　$A, B, C \in \mathrm{Sym}(n)$，$ARB$，$BRC$ とする．このとき，R の定義より，$A - B$ および $B - C$ は半正定値である．よって，$\boldsymbol{x} \in \mathbf{R}^n$ とすると，${}^t\boldsymbol{x}(A - C)\boldsymbol{x} = {}^t\boldsymbol{x}\{(A - B) + (B - C)\}\boldsymbol{x} = {}^t\boldsymbol{x}(A - B)\boldsymbol{x} + {}^t\boldsymbol{x}(B - C)\boldsymbol{x} \geq 0 + 0 = 0$ となる．すなわち，${}^t\boldsymbol{x}(A - C)\boldsymbol{x} \geq 0$ である．よって，$A - C$ は半正定値となり，R の定義より，ARC である．したがって，R は推移律をみたす．

索　引

【英数字】

1 次結合 24
1 次独立 83
1 対 1 の写像 50
2 次曲線 163
2 次曲面 163
2 次超曲面 163
G 集合 142
k 乗 62
n 次元実数ベクトル空間 2
n 次元複素数ベクトル空間 2
$\mathbf{R}$ 上 4
well-defined 54
well-definedness 54

【あ 行】

アーベル群 117
安定化部分群 145
位数 117
一葉双曲面 178
上への写像 50
オイラー図 11

【か 行】

外延的記法 9
解空間 45
階数 53
階数標準形 53
階段行列 54
回転行列 106
回転群 114
可換群 117
可逆 60
核 44

拡大係数行列 55
数ベクトル空間 2
加法群 117
関数 34
奇関数 62
奇置換 70
基底 83
基底変換 135
基底変換行列 135
軌道 152
軌道分解 153
基本ベクトル 25
基本変形 53
逆関数 58
逆行列 60
逆元 114
逆写像 58
逆像 34, 43
逆置換 69
逆ベクトル 8
鏡映 106
共通部分 16
行に関する基本変形 53
行列式 71
距離 87
距離空間 88
距離を保つ 89
空 10
偶関数 62
空集合 10
偶置換 70
グラフ 37
群 114
係数行列 45
計量ベクトル空間 79

結合律 3, 4
元 2
原像 34, 43
交換律 3
合成 47
合成写像 47
交代行列 31
交代群 121
交代性 75
合同 128
合同関係 130
恒等写像 35
恒等置換 68
恒等変換 41
合同変換 89
合同変換群 115
互換 69
コーシー・シュワルツの不等式 81
固定部分群 145
固有 183
固有空間 108
固有多項式 97
固有値 97
固有ベクトル 97
固有方程式 97

【さ　行】

差 16
サラスの方法 73
三角不等式 81
始域 34
次元 84
始集合 34
自然な射影 132
実一般線形群 118
実数値関数 34
実特殊線形群 119
実ユークリッド空間 81
自明群 118
自明な作用 143
自明な同値関係 129
自明な部分群 120
写像 33

終域 34
集合 1
終集合 34
巡回置換 69
順序関係 158
準同型写像 122
商 153
商空間 153
商集合 132
乗法群 117
初等変形 53
真部分集合 11
推移的 155
推移律 129
随伴行列 30
正規直交基底 85
制限 35
制限写像 35
斉次 14
生成される 24
正則 60
正値性 79
正定値 190
積 68, 114
線形空間 4
線形結合 24
線形写像 40
線形性 79
線形同型 59
線形同型写像 59
線形変換 41
全射 50
全単射 50
像 34, 42, 44
双曲柱面 187
双曲放物面 179
相似 140
相似関係 140
相等関係 8
属する 2

【た　行】

対称行列 31

対称群 119
対称差 29
対称性 79
対称律 129
代表 131
代表元 131
楕円錐面 187
楕円柱面 187
楕円放物面 178
楕円面 178
互いに素 16
多重線形性 74
たすき掛けの方法 73
単位群 118
単位元 114
単位置換 68
単射 50
値域 34, 42
置換 68
中心 176
中線定理 82
直積 36
直積群 156
直和 16
直交行列 65
直交群 114
直交する 85
定義域 34
定値写像 35
転置行列 30
同型 59, 122
同型写像 122
同次 14
同値 128
同値関係 128
等長写像 111
等長変換 89
等長変換群 115
同値類 131
等方部分群 145
特殊直交行列 78
特殊直交群 114
特性多項式 97

特性方程式 97
ド・モルガンの法則 22

【な　行】

内積 79
内積空間 79
内積を保つ 82
内部自己同型写像 158
内包的記法 9
二項関係 127
二面体群 152
二葉双曲面 178
ノルム 81
ノルム空間 83
ノルムを保つ 82

【は　行】

張られる 24
半群 115
反射律 128, 159
半正定値 190
反対称行列 31
反対称律 159
非アーベル群 117
非可換群 117
非固有 183
左から作用する 142
等しい 8
表現行列 137
標準基底 84
標準形 103, 168
標準内積 81
複素一般線形群 118
複素数値関数 34
複素特殊線形群 120
含まれる 2, 11
含む 2, 11
符号 70
部分空間 13, 24
部分群 120
部分集合 11
分配律 4
べき集合 31

べき零行列......................64
ベクトル.........................4
ベクトル空間....................4
変換群.........................142
ベン図..........................16
包含関係........................11
包含写像........................35
放物柱面.......................188

【ま 行】

交わる..........................16
無限...........................117
無限開区間......................51
無限群.........................117
無限集合........................11
無限閉区間......................51
無心...........................176
モノイド.......................115

【や 行】

有限群.........................117
有限集合........................10
ユークリッド距離................87
ユークリッド空間................81
有心...........................176
要素............................2

【ら 行】

離散距離.......................111
離散距離空間...................111
離散空間.......................111
零行列..........................7
零空間..........................5
零写像.........................41
零ベクトル......................3
列に関する基本変形.............53

【わ 行】

和.............................16
和空間.........................25

Memorandum

Memorandum

【著者紹介】

藤岡 敦（ふじおか あつし）

1996 年　東京大学 大学院数理科学研究科 博士課程 修了
現　在　関西大学 システム理工学部 教授・博士（数理科学）
専　門　微分幾何学
主　著　『手を動かしてまなぶ 線形代数』，裳華房（2015 年）
　　　　『具体例から学ぶ 多様体』，裳華房（2017 年）
　　　　『手を動かしてまなぶ 微分積分』，裳華房（2019 年）
　　　　『手を動かしてまなぶ 集合と位相』，裳華房（2020 年）
　　　　『入門 情報幾何』，共立出版（2021 年）
　　　　『手を動かしてまなぶ 続・線形代数』，裳華房（2021 年）
　　　　『手を動かしてまなぶ ε-δ 論法』，裳華房（2021 年）
　　　　『学んで解いて身につける 大学数学 入門教室』，共立出版（2022 年）
　　　　『手を動かしてまなぶ 曲線と曲面』，裳華房（2023 年）

幾何学 入門教室
—線形代数から丁寧に学ぶ—

*Introduction to Geometry
from Linear Algebra*

2024 年 1 月 15 日　初版 1 刷発行

著　者　藤岡　敦　ⓒ 2024
発行者　南條光章
発行所　**共立出版株式会社**

〒112–0006
東京都文京区小日向 4–6–19
電話 03–3947–2511（代表）
振替口座 00110–2–57035
www.kyoritsu-pub.co.jp

印　刷　藤原印刷
製　本　加藤製本

一般社団法人
自然科学書協会
会員

検印廃止
NDC 414
ISBN 978–4–320–11555–2

Printed in Japan